常见的草坪草种类

1. 高羊茅植株与花序

2. 紫羊茅植株与花序

3. 草地早熟禾植株与花序

4. 一年生早熟禾

5. 黑麦草植株与花序

6. 匍匐剪股颖植株与花序

7. 狗牙根植株与花序

8. 结缕草植株与花序

9. 沟叶结缕草植株与花序

10. 细叶结缕草植株与花序　　　　　　　　11. 假俭草

12. 地毯草植株与花序

13. 钝叶草植株与花序

14. 双穗雀稗

15. 百喜草与花序

16. 海滨雀稗

17. 野牛草

18. 白三叶

19. 马蹄金

20. 麦 冬

各类常见草坪

高尔夫草坪

公园草坪

观赏草坪

广场草坪

护坡草坪

看台草坪

林下草坪

墓地草坪

园路草坪

庭院草坪

停车场草坪

网球场草坪

足球场草坪

无土草坪

游憩草坪

住宅区休闲草坪

缀花草坪

自然式草坪

"十四五"职业教育国家规划教材
"十三五"职业教育国家规划教材
"十二五"职业教育国家规划教材
高等职业教育农业农村部"十三五"规划教材

草坪建植与养护

CAOPING JIANZHI YU YANGHU

第二版

周兴元 主编

中国农业出版社
北京

内容简介

《草坪建植与养护》是全国高职高专院校园林专业的专业核心课教材，也是农学、生态和资源环境类各专业的专业课教材。本教材的编写为适应新时期城镇规划与园林绿化工作的需要，较好地吸收了目前园林技术专业与草业科学专业发展的新知识、新技术、新内容和新观点。教材系统地介绍了草坪草与草坪的基础知识、建植坪地制作、草坪建植方法、草坪养护措施、草坪应用等方面的知识与技能。

本教材采用"项目—任务"式体例进行编写。由课程导言、草坪草的认识、草坪建植前规划及坪地准备、草坪的建植方法、草坪养护技术、草坪病虫草害防治、不同类型草坪综合应用等7个部分组成，共6个项目、24个任务。

本教材可作为农学、园林、园艺、生态、环境等专业的高职高专与成人教育的教材，亦可作为相关专业的教师、农技推广人员、工程技术人员的参考用书。

第二版编写人员名单

主　编　周兴元

副主编　刘南清　于　娜

编　者（以姓氏笔画为序）

　　　　于　娜（山西林业职业技术学院）

　　　　马金萍（甘肃林业职业技术学院）

　　　　王　齐（云南林业职业技术学院）

　　　　刘南清（江苏农林职业技术学院）

　　　　张兆松（江苏洋通开发投资有限公司）

　　　　周兴元（江苏农林职业技术学院）

　　　　郑　凯（江苏农林职业技术学院）

　　　　章　明（镇江句容市园林管理处）

第一版编写人员名单

主　编　周兴元

副主编　刘南清　张先平

编　者（以姓氏笔画为序）

丁久玲　马金萍　王　齐

左　昆　刘南清　张先平

张兆松　周兴元　郑　凯

章　明

第二版前言

《草坪建植与养护》第一版于2014年出版，作为"十二五"职业教育国家规划教材、高等职业教育农业农村部"十二五"规划教材，教材在使用过程中获得较为中肯的评价，得到普遍好评，对促进我国草业与园林建设事业的发展都发挥了积极作用。

自第一版至今，草坪产业的发展也与时俱进，发生了较大的变化，草坪建植与养护的理念同样出现了新的动向，尤其在生态草坪的生产与养护的理论与实践方面有了飞跃式发展。随着高职教育改革的不断深入，对教材的建设也提出了新的要求。及时反映草坪产业以及草坪建植与养护行业的新动向、新进展，使得教材可以与时俱进，更好服务于实践，发挥更好的作用，成为了高职院校师生与广大读者的迫切要求，也是编写人员力求实现的愿望。本次修订具有以下特点：

1. 由于我国的草坪产业的发展与应用状况与经济发展密切相关，我国当前草坪产业发展最快、发展水平最高的地区是长江中下游地区等。因此第二版增加了长江中下游地区常用草坪草种（以二维码的方式呈现）介绍部分的内容，教材内容更加丰富，且更具地域特色与针对性，更有实用参考价值。

2. 增加的草种介绍部分的内容抛弃了传统教材编写时侧重文字描述的编写方式，我们根据实际教学过程中，高职学生以及草坪建植与养护一线技术人员对知识与技能的掌握能力与特点，采用最为简单的问答式编写方式，通过问与答，突出重点，针对性极强，易学易懂，不易忘记。

3. 更多采用图片与流程图等形式进行知识呈现以及指导实践，内容更加直观易懂，更加适合高职学生与一线技术人员的学习特点。

本教材修订工作分工如下：周兴元同志修订修改方案与编写提纲，编写本教材导言部分以及项目五中的任务一，并负责全书审稿与统稿工作。刘南清同志负责协调统一项目二的修订工作，完成新增部分（长江中下游地区常用草坪草种）的编写内容。于娜同志负责协调统一项目五的任务二与任务三的修订工作。郑凯同志负责协调统一项目四的修订工作。马金萍同志负责协调统一附录的修订工作。王齐同志负责协调统一项目一和项目三的修订工作。章明与张兆松同志负责协调统一项目六的修订工作。教材修订过程中参阅、引用了有关专家、学者的部分专著与论文，也引用了草坪建植与养护一线技术人员的部分图片，在此一并表示感谢。

尽管编者对修订工作十分认真，做出了最大的努力，完成了教材的第二版修订，然而由于编者水平有限，时间仓促，漏编、错误等不妥之处仍然难免，敬请读者批评指正。

编 者

2019 年 7 月

第一版前言

草坪起源于天然草地，是人类诞生时就伴随着的绿色。随着社会的进步，草坪进入了庭院、运动场等，形成了园林意义上的草坪。至今，草坪已经成为现代人类社会文明的有机组成部分。

我国草坪起源较早，在《诗经》中就有文字记载，但是在漫长的历史中发展缓慢。改革开放后，特别是 20 世纪 90 年代以来，我国草坪业步入了快速发展的新时期，经过二三十年的发展，至今已经形成了包括草坪生产、流通、建植、养护、经营、教育和科研在内的一个大产业。为满足草坪业的快速发展，迫切需要既有一定理论基础又有较强技能的草坪生产、经营和管理的技术性人才。

本教材依托江苏农林职业技术学院园林技术国家资源库建设项目的草坪建植与养护子课程项目的建设资源，由具有深厚理论功底及在行业内有工作实践经验的相关专业人员编写，也是为适应高职高专园林、园艺、林学类专业的教学工作而编写的一本专业课教材。教材的编写本着理论部分以适度、够用为度，技能方面坚持实用性、实践可操作性的原则，突出对学生综合能力、专业技术能力的培养。

本教材是根据项目式教学的需要进行编写的，分为：课程导言、课程教学项目、附录三个部分。其中课程教学项目部分为核心，共分为 6 个项目：草坪草的认识、草坪建植前规划及坪地准备、草坪的建植方法、草坪的养护技术、草坪的病虫草害综合防治技术、不同类型草坪综合应用。本教材所有内容均围绕如何进行草种识别、草坪建植、草坪养护与不同类型草坪建植与养护应用四个核心进行编写，通过项目的实施与项目任务的完成以及案例的分析，将草坪建植与养护知识和技能贯穿到一起。学生可以在完成每一项目的具体任务时掌握相关专业知识与实践技能，项目教学以技能培养为主，突出应用性、实用性与可操作性，体现当前高职教育的特点。

本教材由江苏农林职业技术学院周兴元主编。参加编写的还有：江苏农林职业技术学院刘南清、左昆、丁久玲、郑凯，甘肃林业职业技术学院马金萍，云南林业职业技术学院王齐，山西林业职业技术学院张先平，江苏南通小洋口乡村俱乐部高尔夫球场张兆松，镇江句容市园林管理处章明。具体编写分工如下：课程导言以及项目五的任务一由周兴元编写；项目二与项目四由刘南清编写；项目一、项目三以及附录由左昆与王齐编写；项目五的任务二与任务三由郑凯与马金萍编写；项目六由章明与张兆松编写；本教材的彩图由丁久玲提供。本教材由周兴元、刘南清和张先平统稿。

参与编写的人员是具有从事草坪建植与养护教学科研工作以及在园林行业从事一线技术指导工作多年经验丰富的教师或工程师，均具有草业科学方面较为全面的专业知识与丰富实践经验。在编写过程中，教材编写团队态度严谨，互相交流合作，付出了辛勤的劳动，完成了教材的编写，但由于编者水平有限，不妥之处难免，敬请读者批评指正。

编 者

2014.1

目 录

第二版前言
第一版前言

课程导言 ·· 1

项目一　草坪草的认识 ·· 6
　　任务1　草坪草特性 ··· 6
　　任务2　草坪草器官及形态特征识别 ·· 12
　　任务3　草坪草识别 ·· 23

项目二　草坪建植前规划及坪地准备 ·· 31
　　任务1　草坪坪址环境调查与草种选择 ··· 31
　　任务2　草坪坪地制备 ··· 37

项目三　草坪的建植方法 ··· 44
　　任务1　种子直播法建植草坪 ··· 44
　　任务2　草皮铺植法建植草坪 ··· 52
　　任务3　草茎撒播法建植草坪 ··· 65
　　常用几种草坪建植方法操作图示 ··· 70

项目四　草坪养护技术 ·· 83
　　任务1　草坪幼苗期养护管理 ··· 83
　　任务2　草坪水分管理 ··· 88
　　任务3　草坪营养管理 ··· 94
　　任务4　草坪修剪管理 ·· 102
　　任务5　草坪坪地通透技术 ·· 109
　　任务6　草坪更新复壮 ·· 114

项目五　草坪病虫草害防治 ··· 120
　　任务1　草坪常见病害防治 ·· 120
　　任务2　草坪常见虫害防治 ·· 133
　　任务3　草坪常见杂草防除 ·· 142

项目六　不同类型草坪综合应用····· 154

任务1　居住区绿化草坪的建植与养护····· 154
任务2　企事业单位草坪的建植与养护····· 159
任务3　城市公共绿地草坪的建植与养护····· 163
任务4　足球场草坪的建植与养护····· 169
任务5　高尔夫球场草坪的建植与养护····· 174
任务6　防护草坪的建植与养护····· 189
任务7　屋顶绿化草坪的建植与养护····· 193

附录

附录1　常见草坪草····· 197
附录2　长江中下游地区常用草坪草种介绍····· 210

参考文献····· 212

课程导言

一、草坪的概念

广义上的草坪包括所有的天然草地与人工草地。草坪在《辞海》一书中的注释为:"草坪亦称草地"。

在园林绿化中,草坪是由低矮密集的草本植物,经人工建植与养护管理而形成的相对均匀、平整的草地。它包括草坪植物的地上部分以及根系和表土层构成的整体,还包括草坪上的设施。

园林领域中,草坪这个概念主要包括以下3个方面的内容:

1. 草坪的性质为人工植被 它由人工建植并需要定期修剪等养护管理,或由天然草地经人工改造而成,具有强烈的人工干预的性质,以此和纯天然草地相区别。

2. 低矮草本植物为主体并均匀覆盖地面 草坪的景观特征是以低矮的多年生草本植物为主体相对均匀地覆盖地面,以此和其他的园林地被植物相区别。

3. 草坪具有明确的使用目的 即为了保护环境、美化环境,以及为人类娱乐和体育活动提供优美舒适的场地。当草坪被铲起用来栽植时称之为草皮。

二、草坪的功能与作用

(一)环境保护作用

草坪具有较明显的改善局部小气候的作用,能调节草坪地面附近环境的湿度,并能降低草坪地面附近的风速。

1. 调节湿度 夏季,草坪植物体内水分蒸发,增加空气湿度,在无风情况下,草坪近地层空气湿度比裸露地面高5%~18%。

2. 降低风速 草坪表面风速比裸露地面低约10%。

3. 杀菌作用 许多草坪植物能分泌杀菌素而具有杀菌作用,草坪近地层空气中细菌含量仅为公共场所的1/30 000。尤其在修剪时,植物受伤后产生杀菌素的作用更趋强烈。禾本科植物以红狐茅(*Festuca rubra* L.)杀菌能力最强。

4. 减弱噪声 草坪与乔、灌木组合可减低噪声。据北京市园林科学研究所测定,20m宽草坪可降低噪声2dB。

5. 吸滞粉尘 草坪叶面积相当于占地面积的20~28倍,所以滞尘量大大超过裸露地面,吸滞的粉尘可随雨水、露水和人工灌水流至土壤中。据测定,草坪近地层空气含尘量比裸露地面少30%～40%。

6. 净化空气 最为明显的是吸收CO_2释放O_2。据测定，$25m^2$的草坪就可吸收并还原一个人呼出的CO_2并释放所需的O_2。此外，草坪还能吸收氨（NH_3）、硫化氢（H_2S）、二氧化硫（SO_2）、氯化氢（HCl）及臭氧（O_3）等有毒气体。

7. 改善土壤结构 草坪的根系能改善土壤结构，促进微生物的分解活动，促进土壤中有害的有机物无机化。

8. 保持水土 草坪植物能巩固土壤，减低地表径流，减少水土冲刷，保护露天水体免受污染。

（二）对人类活动的作用

草坪是人类活动的良好场所。草坪表面的特点，适宜于进行一些体育运动。提供休闲场所。而且在自然绿色的草坪上活动对陶冶人们的情操、增进身心健康都有良好的效果。

（三）在造景上的作用

草坪具有绿色宜人且开阔平坦等特点，成为园林景观中不可缺少的要素，它与其他园林要素如地形、水体、建筑、小品及其他植物材料等相配合，能构成美丽的园林景色。

（四）其他方面的作用

草坪是最为经济的护坡护岸及覆地材料，是预留建筑用地的最适合的绿化材料，当地表下面有工程设施或岩层、石砾，而且地表土层厚度在30cm以内时，草坪是首选的绿化材料。另外，大面积草坪可以在紧急时刻，如火灾、地震时，起到集散人群的作用。

三、草坪的类别

草坪与人类的生产与生活有着密切联系，随着人们对草坪需求的不断增加，对草坪的应用方法也多种多样，从不同的标准及不同的角度出发，我们可以把草坪分为以下各类草坪。

（一）根据草坪的用途与功能分类

1. 游憩草坪 供散步、休息、游戏及户外活动用的草坪，称为游憩草坪。游憩草坪管理粗放，一般允许人们入内游憩活动。草种选择上一般选用叶细、韧性较大、较耐踩踏的草种。

2. 观赏草坪 观赏草坪专供观赏使用，一般不允许游人入内游憩或践踏，属于封闭式草坪。观赏草坪常铺设在广场雕像、喷泉周围和纪念物前等处，作为景前装饰或陪衬景观。一般选用色泽宜人、质地均一、绿色期长的草种建植。

3. 运动场草坪 供体育活动用的草坪，如足球场草坪、网球场草坪、高尔夫球场草坪、木球场草坪、滑草场草坪、赛马场草坪等。运动草坪应根据不同体育项目的要求选用不同草种，有的要选用草叶细软的草种，有的要选用草叶坚韧的草种，有的要选用地下茎发达的草种。

4. 交通安全草坪 主要设置在陆路交通沿线，尤其是高速公路两旁，以及飞机场的停机坪上。交通安全草坪要求覆盖度好，适应性强，耐粗放管理。

5. 保土护坡的草坪 凡是在坡地、水岸为保持水土流失而铺的草坪，称为保土护坡草坪或护坡固土草坪。这类草坪主要用以防止水土被冲刷，防止尘土飞扬。建植保土护坡草坪应选用适应性强、抗性强、生长迅速、草层紧密、根系发达或具有发达匍匐茎的草种。

6. 牧草坪 以供放牧为主，结合园林游憩的草地，普遍多为混合草地，营养丰富的牧草为主，一般多在森林公园或风景区等郊区园林中应用。应选用生长量大、营养丰富的优良牧草。

(二) 根据草坪草的组成分类

1. 单纯草坪 由一种草坪草组成，又称为单一草坪或者纯一草坪。例如，草地早熟禾草坪、结缕草草坪、狗牙根草坪等。在我国北方选用野牛草、草地早熟禾、结缕草等植物来铺设单一草坪。在我国南方等地则选用马尼拉草、中华结缕草、假俭草、地毯草、高羊茅等。单一草坪生长整齐、美观，草坪质量高。

2. 混合草坪 由两种或者两种以上的草坪草混合建植而形成，称为混合草坪。可按草坪功能性质、抗性不同和人们的要求，合理地按比例配比混合以提高草坪效果。例如，在我国北方草地早熟禾＋紫羊茅＋多年生黑麦草，在我国南方狗牙根、地毯草或结缕草为主要草种，可混入多年生黑麦草等。混合草坪观赏性往往不如单一草坪，但是在适应性与抗逆性方面具有优势。

3. 缀花草坪 在以禾本科植物为主体的草坪上（混合的或单纯的），配置一些多年生草本花卉，称为缀花草坪。例如，在草地上，自然疏落地点缀有二月兰、葱兰、鸢尾、石蒜、丛生福禄考、马蔺、玉簪、红花酢浆草等草本和球根花卉。

(三) 根据草坪与树木的组合情况分类

1. 空旷草坪 草坪上不栽植任何乔、灌木或在周边少量种一些。这种草地由于比较开阔，主要是供体育游戏、群众活动用的草坪，平时供游人散步、休息，节日可作演出场地。在视觉上比较单一，一片空旷，在艺术效果上具有单纯而壮阔的气势。

2. 稀树草坪 草坪上稀疏的分布一些单株乔、灌木，株行距很大，树木的覆盖面积（郁闭度）为草坪总面积的20％～30％时，称为稀树草坪。稀树草坪主要是供大量人流活动游憩用的草坪，又有一定的庇荫条件，有时则为观赏草坪。

3. 疏林草坪 在草地上布置有高大乔木，其株距在10m左右，其郁闭度在30％～60％。空旷草坪，适于春、秋假日或亚热带地区冬季的群众性体育活动或户外活动；稀树草坪适于春季假日及冬季的一般游憩活动。但到了夏日炎热的季节，由于草地上没有树木庇荫，因而无法利用。疏林草坪既可进行小型活动，也可供游人在林荫下游憩、阅读、野餐、进行空气浴等活动。

4. 林下草坪 在郁闭度大于70％以上的密林地下面建植的草坪为林下草坪。林下草坪由于树木的株行距很密，不适于游人在林下活动，同时林下的阴性草本植物，组织内含水量很高，不耐踩踏，因而这种林下草坪，以观赏和保持水土流失为主。

(四) 根据园林规划的形式不同

1. 自然式草坪 充分利用自然地形或模拟自然地形起伏，创造原野草地风光，这种大面积的草坪有利于修剪和排水。不论是经过修剪的草坪或是自然生长的草坪，只要在地形面貌上，是自然起伏的，在草坪上和草坪周围布置的植物是自然式的，草坪周围的景物布局、草坪上的道路布局、草坪上的周界及水体均为自然式时，这种草坪称为自然式草坪。

2. 规则式草坪 草坪的外形具有整齐的几何轮廓，多用于规则式园林中，如花坛、路边、衬托主景等。凡是地形平整，或为具有几何形的坡地，阶地上的草坪与其配合的道路、水体、树木等布置均为规则式时，则称为规则式草坪。

四、国内外草坪的发展概况

草坪的生产和利用有着悠久的历史，人类最初利用草地美化环境有史料记载可以追溯到 2000 多年前。有文字记载草坪始于公元前 500 年，古波斯（今伊朗）用草坪配合花木装饰宫廷院落。后来在公元前 350 年传入古罗马，在古罗马史料中有所记载。伴随古罗马入侵英国，草坪传入英国。中世纪时，有关于草坪的描述。到 13 世纪时产生了用单一禾草建植草坪的技术，并建植滚木球场草坪。16 世纪，草坪传入德国、法国、荷兰、比利时、奥地利及北欧其他国家。到了 16~17 世纪，草坪的应用得到进一步发展，城镇、乡村都有大量建植。同时，高尔夫球场的建植和一些娱乐性草坪开始出现，草坪主要是羊茅属（Festuca Linn.）和翦股颖属（Agrostis Linn.）植物。到 17~18 世纪，草坪开始广泛应用于风景区、公园、花园、庭院及运动场中，并开始用低矮草种建植草坪。

美国受英国影响，草坪发展也较早，1885 年美国康涅狄格州的奥特尔科特草坪公园最早研究园林草坪，内容是选育优良草坪草种，他们从数千个体中选出 500 个品系，发现并确定了翦股颖属和羊茅属中最优良的品种。到了 20 世纪初，美国许多州立大学和实验站，纷纷开始草坪研究工作。

美国的现代草坪产业，是第二次世界大战后随着经济的繁荣和人口增加而飞速发展起来的，现在已经十分发达，成为农业中的一大产业。据统计，全美国大约有 5 000 万块庭院草坪和 14 000 座高尔夫球场，草坪草的种植面积均超过 1 800 万 hm^2。据 1994 年统计，全美国草坪业收入约为 84 亿美元。尤其冷季型草坪草籽的生产，集中在俄勒冈州 Willamette Valley 一带，大部分草籽公司的总部及试验基地亦设于此，该地区因而被称为"世界草籽之都"。据统计 1997 年草籽田面积达 7.78 万 hm^2。

20 世纪 60 年代，美国许多产业加入到草坪业，如草坪专用肥料、专用养护机具、除草剂、防治病虫药剂等，使美国草坪业不断发展壮大，成为世界上草坪业最发达国家。

中国被誉为"园林之母"，在古代，草坪的应用也是非常早的。根据司马相如《上林赋》的描写"布结缕，攒戾莎"，在汉武帝的上林苑中，已开始布置结缕草。在《史记》与《后汉书》中也有文字记载。而清乾隆二十九年（1764 年），清宫内务档案曾记载："奉旨……将新堆土山在北京北海岸……满铺草坪"，面积约 2.8 hm^2。1840 年以后，随着外国领事馆在中国建立，草坪开始比较多的应用于庭院、公园、花园、运动场等地。新中国成立后，新建的公园中，应用大面积草坪如上海长风公园、杭州花港观鱼、北京紫竹院公园等。

随着改革开放和现代化建设步伐的加快，经济的高速发展，草坪业有了飞速发展，无论从草坪植物学研究上，还是园林绿化，草坪是一个不可缺少的因素，从而草坪被广泛用于风景区、公园、游园、广场、小区、庭院、街道及高尔夫球场、足球场等。在用种量的变化上，可见一斑。有资料报道，1985 年我国草坪用种量不足 10t，而 1999 年用种量达 5000t。我国不但在草坪建植面积上迅速地扩大，而且在草坪建植的质量及管理技术要求上也大幅度提高。90 年代以后，中国各地掀起了建植草坪的热潮，质量及管理水平上逐渐向世界发达国家靠拢。尤其在北京、上海、大连、广州、深圳、青岛、南京等经济发展较快的城市和地区，草坪每年以 5%~15% 的速度扩展。而从事草坪业的企业十几年来也应运而生，截至 2010 年年底，我国注册的草坪公司已经超过 5 000 家，其中年产值在 500 万元以上的 50 多家。

我国草坪业的迅猛发展是在 20 世纪 80 年代以后，以亚运会的举办为契机出现的；第二次是 1995—2000 年，由香港、澳门回归和国庆 50 周年大庆等重大活动带来的；第三次发展高峰是 2008 年北京奥运会以及 2010 年上海世博会。

随着我国综合国力的不断提高，国家城市化进程加速，各项事业的发展，草坪业的发展将有极大的发展空间，正在迎来一个新的快速发展高峰。但目前来看，我国草坪业仍存在许多问题，最突出的就是对国外进口种子的依赖性太强。目前中国市场上的草种绝大部分都是从美国、加拿大、丹麦、德国、澳大利亚等国家进口。在使用进口草种建植草坪的初期是比较有利的，能从一个较高的起点并快速的发展，但从长远发展来看，对我国草坪业是极其不利的，不仅大量资金外流，而且存在诸如种子价格混乱、质量不能保证、草种适应能力差、草坪建植质量不稳定、草坪业产业脆弱、发展没有后劲等问题。因此，要保证我国草坪业快速健康发展，关键是必须摒弃生产草种不如进口草种的目光短视的观点，充分利用我国丰富的种质资源、优良的自然条件、巨大的市场和强大的发展潜力，尽快实现草坪种子国产化。

知识小结

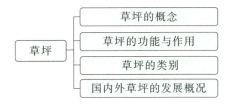

课后思考

1. 什么是草坪？
2. 在日常生活中草坪有哪些不同的类别？它们各自有何区别或特点？
3. 草坪在生活中有哪些功能？人们为什么要种植草坪？

项目一
草坪草的认识

准确掌握草坪草的各种不同分蘖类型的形态特征及其成坪特点，掌握草坪草的茎、叶、花序等各个主要器官的形态特征，学会运用所学知识准确鉴别常见草坪草种，熟悉常见草坪草种形态特征及栽培养护特点，为建植与养护草坪奠定知识与技能基础。

编　号	名　　　称	内　容　提　要
任务1	草坪草特性	草坪草概念、特性及分类
任务2	草坪草器官及形态特征识别	草坪草各器官组成及分蘖类型
任务3	草坪草识别	常见草坪草种类及特点

任务 1　草坪草特性

掌握草坪草的概念、基本特征，了解草坪草生物结构、各个器官及组成，掌握草坪草的基本类型。

能辨识草坪草各器官及其组成，为不同类型器官及形态特征识别奠定知识和技能基础。

问题提出

(1) 什么是草坪草？它与其他的植物相比又有哪些特性呢？
(2) 寒冷的地方和温暖的地方种植的草是一样的吗？
(3) 是不是所有的草坪草都喜欢生长在阳光充足的地方呢？
(4) 草坪草是不是四季常绿的呢？

一、草坪草的概念

草坪草起源于天然野草，如天然牧草和经受长期践踏的野生草种，天然牧草在特定的环境条件下，如长期重牧下，经历长期的自然选择，分化成一些矮生、密集、耐践踏、抗逆性强的草本植物，这些植物能形成低矮平整的植物景观。这些植物经过人们的选择利用，就能进一步驯化成现在的草坪植物。

总之，凡是能用于建植草坪，形成草坪或者草皮的草本植物，统称为草坪草。具体而言，草坪草是指能够形成草皮或者草坪，并能耐受定期修剪和使用的一些草本植物的种或品种。

草坪草资源十分丰富，世界已被利用的已达 1 500 多种，目前广泛应用的草坪草种大多数是叶片质地细腻、植株低矮、具有易扩展特性的根茎型和匍匐茎型，或者具有较强分蘖能力的多年生禾本科植物，也有少数禾本科一二年生植物，此外，一些莎草科、豆科、旋花科、百合科等非禾本科矮生草本植物也被用作草坪草。

二、草坪草的特性

（一）草坪草一般特性

草坪草大部分为禾本科草，少数为其他单子叶草和双子叶草，它们一般均具有以下主要特征：

（1）植株低矮，分枝（蘖）力强，有强大的根系，或兼具匍匐茎、根状茎等器官，营养生长旺盛，有较强的覆盖能力，易形成一个以叶、茎为主体的草坪层面。

（2）地上部生长点低，于土表或土中。具坚韧的叶鞘保护，因而修剪和滚压对草坪造成的伤害较小，利于分枝（蘖）与不定根的生长发育。

（3）叶片直立、细小，数量多，寿命较长。在高度密植的条件下，阳光仍能照射到植株的中下部，老叶能保持较长时间的绿色，修剪后依旧一片碧绿。

（4）软硬适度，有一定的弹性，对人、畜无害。柔软多汁或分泌乳液，硬而有刺等草本植物不宜用作草坪草。

（5）繁殖力强，产种量高，种子发芽性能好；或具有强大的匍匐茎、根状茎等营养繁殖器官；或两者兼有，易于成坪，受损后自我修复能力强。

（6）适应性广而强，抗逆性强，易于管理，容易保存。

（7）一般为多年生草本，如为一二年生草种，则应具有较强的自繁能力。

（二）草坪草生物学特性

在园林绿化中，高质量的草坪一般应具备低矮平整、植株密度大、覆盖地面能力强、草层厚度适宜、色泽宜人、质地均匀、绿色期长、杂草危害小等特征。因此，作为建植草坪所用的草坪草，则应该具备叶丛低矮、叶片纤细、色泽美观、覆盖度大、再生力强、与杂草竞争能力强、绿色期长等特征。

1. 叶丛高度 草坪草叶丛低矮不仅可以提高草坪的观赏性，还可以降低修剪频率，减少修剪养护的费用。常用的草坪草，如冷季型的草地早熟禾、匍匐翦股颖、紫羊茅及羊茅，以及暖季型的杂交狗牙根、野牛草、结缕草、沟叶结缕草、细叶结缕草、假俭草、钝叶草等，都具有叶丛低矮的特性。

2. 叶片质地 草坪草的叶片越纤细，观赏价值越高。叶片极细的草坪草，宽度为0.5～1.5mm，例如紫羊茅、细羊茅、细叶结缕草等；叶片较细，宽度为1.0～1.5mm的如野牛草；中等宽度1.5～3.0mm的如匍匐翦股颖、沟叶结缕草、黑麦草、草地早熟禾等；宽度3.0～5.0mm的如结缕草、假俭草、高羊茅等。宽度5.0mm以上的如地毯草、钝叶草等。

3. 草坪色泽 整片草坪的色泽直接影响到绿化效果的优劣以及观赏价值的高低。因此，草坪草的色泽是一个极为重要的特性。通常草坪草叶片的色泽有浅绿色、黄绿色、灰绿色、深绿色、青绿色或浓绿色等。不同地区的人对草坪色泽的喜好不尽相同，以观赏价值论，具有深绿色及浓绿色特性的草坪草其绿化、美化的效果更好。

4. 覆盖度 草坪草覆盖度是指草坪草地上部分覆盖地面的百分率。覆盖度达到95%以上，才是符合标准盖度的草坪；覆盖度85%～95%，属于中等盖度的草坪；覆盖度只有60%以下，属于低盖度草坪。冷季型的草坪草一般不具有匍匐茎，如草地早熟禾、黑麦草、高羊茅等，需要经过精细管理后，覆盖度才能达到95%以上，若养护管理粗放，很难建成合格的草坪。具有发达匍匐茎的暖季型草坪，其覆盖度一般较高，如沟叶结缕草、杂交狗牙根、细叶结缕草、假俭草、钝叶草、地毯草等，通常这些草坪覆盖地面的百分率达到100%。

5. 再生能力 再生力是指修剪、受践踏或滚压以后草坪草营养器官恢复生长的能力。草坪草再生力越强，修剪后的分蘖及踩压后的恢复越为有利。剪草的高度与再生力密切相关，草地早熟禾的多数品种剪草留茬高度为2～5cm，苇状羊茅则不能低于3cm，匍匐翦股颖叶片含水量高，十分柔嫩，受到频繁践踏或机具滚压后，恢复生长能力弱且慢。具有匍匐茎的暖季型草坪，如杂交狗牙根、结缕草、假俭草、钝叶草、地毯草等具有较强的恢复再生能力。

根颈是禾本科草坪草的再生部位，位于植株的基部，靠近地面，与茎、叶和根相连，下面的几片叶鞘包裹着生长点。草坪草经常需要采取修剪措施，但每次剪草都剪不到分生组织，因为分生组织在被剪叶的下面，由基部叶鞘保护着，这也是禾本科草坪草与双子叶植物的生长点的显著区别。双子叶植物的生长点位于地表面以上较高处，若留茬高度与禾本科草类一样，那么修剪时会剪掉生长点而死亡。禾本科草坪草在修剪后、被踩压后或受到病虫危害后，依靠分生组织恢复生长。各草种恢复生长能力差异较大，狗牙根、结缕草、假俭草具有最好的恢复能力；草地早熟禾和钝叶草等恢复生长能力良好，雀稗、多年生黑麦草和猫尾草较差。

6. 抗杂草力 草坪中的杂草对草坪具有很大的威胁，如果草坪草的生长势竞争不过杂草。它就有被杂草淘汰的危险，依绿化效果论，草坪内混生着植株高低不匀，叶片宽窄不齐的杂草，会降低草坪的质量。因此，草坪草与杂草竞争能力的强弱是能否建成质量较好草坪的重要特征之一。草坪草生长迅速、成坪快，或具有发达匍匐茎，或具有强的侵占力等，其竞争力就强。根据调查观察，用匍匐枝栽植行距20cm的繁殖方法建植野牛草、假俭草等匍匐型草坪，通常2～2.5个月后即能建成绿色草坪，最快可在1个月内形成草坪。建成草坪后杂草侵入很少，由此可证实这类草坪与杂草竞争能力相当强。结缕草与沟叶结缕草在建植初期，与杂草竞争能力较弱，但一旦覆盖度达到100%，草坪成坪后，其竞争力极大增加，杂草就很难进入草坪。在采用播种繁殖法建植草坪时，在草坪的幼苗期，由于草坪幼苗生长缓慢，杂草侵入较多，防除杂草应作为养护管理重要措施之一。

7. 绿色期 草坪草的绿色期是指草坪二分之一返青至草坪二分之一枯黄所间隔的天数。草坪绿色期越长，草坪能提供观赏以及其他利用的价值就越高，因此，草坪绿色期长短，是衡量草坪质量高低的重要依据。

在同一地区，不同的草种其绿色期不同，如在华东地区，杂交狗牙根的绿色期能达到240d甚至更长，比假俭草、钝叶草等的绿色期长15d以上；同一草种在不同的地区，由于受气候等自然条件的影响，其绿色期也不同。如在北京地区，草地早熟禾、紫羊茅、高羊茅等冷季型草坪草的绿色期为220～250d，野牛草、结缕草等暖季型草坪草为180～190d。而在长江中下游或者以南地区，冷季型草坪草如草地早熟禾、紫羊茅等，在自然露地情况下，基本难以越夏，绿色期极短，高羊茅则存在夏季高温下枯黄以及冬季低温下枯黄的"两黄现象"，绿色期也不理想。草坪草的绿色期还受到养护水平的影响，在华东地区，建植在遮阳环境下的匍匐翦股颖、草地早熟禾等冷季型草坪，若养护管理措施得当和精细，全年绿色期可达到330d及以上，甚至可以达到四季常绿。

三、草坪草的分类

草坪草的种类资源极其丰富，目前已被利用的草坪草大约一千五百个品种。随着草坪业的发展以及草坪草育种工作的深入，将会不断地发现和繁育出新的草坪草种或者品种。如此繁多的草坪草种、品种，为了对其正确利用，人们根据草坪草与人类生活广泛而密切的联系及其丰富的表现形式和特性，从不同的角度对草坪草进行分类。

（一）按气候地带分类

各草坪草起源、分布在不同的气候地带，反映出各自的生态特征特性，以此分类，有助于建坪草坪草种的选择以及栽培管理措施的确定。通常粗略地将草坪草分为暖地型（热带、亚热带型）与寒地型（温寒带型）两类。

1. 暖地型 暖地型草坪草是指最适生长气温在26～32℃，生长的主要限制因子是低温强度、持续时间以及干旱。

2. 寒地型 寒地型草坪草是指最适生长气温在15～25℃，生长的主要限制因子是高温强度、持续时间以及干旱。

（二）按温度生态分类

以草坪草对季节性温度变化的适应性为依据，分为暖季型和冷季型草坪草两类。

1. 暖季型 暖季型草坪草是指夏季生长最为旺盛的草坪草，其生长曲线为单峰型，夏季生长最好，冬季枯黄，晚春夏初返青。

2. 冷季型 冷季型草坪草是指春、秋季各有一个生长高峰，而冬季能维持绿色的草坪草。也有一系列的过渡类型。这种分类方法与气候地带分类有相当程度的重叠。

（三）按绿期分类

绿期是草坪的一项重要质量指标。以草坪草在建坪地区的绿色期为依据，可分为夏绿型、冬绿型和常绿型三类。

1. 夏绿型 夏绿型草坪草是指春天发芽返青，夏季生长旺盛，经秋季入冬而枯黄休眠的一类草坪草，绿期与当地的无霜期相当。

2. 冬绿型 冬绿型草坪草是指秋季返青，进入秋季生长高峰，整个冬季保持绿色，春季再一个生长高峰，至夏季枯黄休眠的一类草种。

3. 常绿型 常绿型草坪草是指一年四季均能保持绿色的草坪草。

同一草坪草在不同的地区，其绿期有较大差异，例如，狗牙根在我国岭南地区表现为常绿，而在五岭山脉以北，则属夏绿型；匍匐翦股颖在南京地区表现为冬绿型，而在北京、天津等地则为夏绿型。同时，同一草种，即使在同一地区，不同年份、不同的管理水平，其绿期也是不一样的。

（四）按光照生态分类

以草坪草对光照度的适应性为依据，分为喜光型和耐阴型草坪草两类。

1. 喜光型 喜光型草坪草是指在光照充足的条件下才能正常生长发育的草坪草，而在光照不足或者遮阳的环境下则不能正常生长，或者生长不良，甚至萌发困难。大部分的禾本科草坪草都属于喜光型。

2. 耐阴型 耐阴型草坪草是指能在光照不足或者遮阳的条件下也能正常良好生长发育的草坪草，如草地早熟禾、早熟禾、假俭草、白三叶等，有些耐阴型草坪草在强光下甚至生长不良，如百合科的沿阶草。

（五）按自然地带分类

草坪草自然地带分类是指将草坪草生态分类与自然地理学中"自然地带"学说相结合，将草坪草分成世界广布型、大陆东岸型、大陆西岸型、地中海型、热带型、热带高原型和温、寒地带型7个类型。

1. 世界广布型 世界广布型指普遍分布于世界或几乎分布于全球的草坪草种。它们对气候、土壤具有广泛的适应性与忍耐力，有较强的竞争力。常见的如狗牙根，因其能在年降水量600～1 000mm地区的不同土壤条件下生长，是世界上分布最广的禾草之一。它在南、北回归线之间，四季常绿；越过回归线之后，随着纬度的升高，温度相应下降，只能在当地的春、夏、秋三季生长，尤以夏季为盛，成为所谓的暖季型、夏绿型草。

2. 大陆东岸型 大陆东岸型指主要分布在东亚（中国大陆东部北回归线以北地区、蒙古东部、朝鲜半岛和日本等）、北美洲东部、巴西南部、澳大利亚东部以及非洲东南部的草坪草种。此类草种适应于冬寒、夏热、年温差大、夏季雨量多而形成"梅雨季"的气候条件。可以进一步细分为：

（1）温带亚型，如：草地早熟禾和粗茎（普通）早熟禾。

（2）亚热带亚型，如：中华结缕草、结缕草、假俭草等。

（3）过渡带亚型，如：结缕草、野牛草、高羊茅等。

3. 大陆西岸型 指分布在欧洲大部、北美西海岸中部、南美西南部以及新西兰、澳大利亚东南角及塔斯马尼亚岛等地的草坪草种。此类草种适应于常年温和湿润，夏季凉爽（最热月平均气温10℃以上），冬季温暖（最冷月平均气温0℃以上），降水丰富，多雨多雾的气候条件。代表性草种为匍匐翦股颖、细弱翦股颖、小糠草等。它们的生长最适温度在15～30℃，0℃尚能缓慢生长。适宜pH 5.5～6.5。喜排水良好、湿润肥沃的沙质壤土。

4. 地中海型 指分布在地中海沿岸以及具有类似气候的非洲南部好望角附近，澳大利亚南和西南部，南美洲智利中部以及北美加利福尼亚等地的草坪草种。而以地中海沿岸最为典型。此类草坪草适应于夏季凉爽干燥、冬暖多雨的气候条件。代表草种为黑麦草。其生长最适温度20～27℃，10℃生长较好，35℃生长不良，39～40℃分蘖枯萎，甚至全株死亡。

5. 热带型 指分布全球热带地区（通常指南、北回归线之间，有些地方延伸至南、北纬25°甚至30°），主要生长在稀树草原的草坪草种。此类草坪草适应全年皆高的气温，最冷月平均气温15~18℃，年温差小，无霜，降水量较大的气候条件。如竹节草、沟叶结缕草、长花马唐、地毯草、近缘地毯草、百喜草等。

6. 热带高原型 分布在热带高海拔地区的草坪草种，称为热带高原型。热带高原，主要有中国云贵高原南部，尤以云南省典型；中、南美洲的墨西哥高原及安第斯山脉以及中非高原和马达加斯加东部山区。这些地区地处热带，但由于高海拔的影响，形成了特有的"四季如春"的气候。常年温度14~17℃，温差较小。代表草种为蜈蚣草和钝叶草等；中、南美洲为垂穗草和毛花雀稗等；非洲则由隐花（铺地）狼尾草和弯叶画眉草（*Eragrostis* sp.）为代表。

7. 温、寒地带型 分布在欧亚大陆草原与北美大陆草原北部，以及向南延伸到高寒山区的草坪草种。如加拿大早熟禾、紫羊茅与羊茅。

（六）按叶片宽度分类

按照草坪草叶片宽度可分宽叶草坪草和细叶草坪草。宽叶草坪草一般叶宽、茎粗壮、生长健壮、适应性强，适于较大面积的草坪建植，如高羊茅、结缕草、地毯草、钝叶草、假俭草等。细叶草坪草叶片细腻、茎秆纤细，可以形成致密的草坪，但是一般生长势较弱，要求较好的环境条件与较高的管理水平，如细叶结缕草、草地早熟禾、小糠草等。

知识小结

一、重点名词解释

草坪草、叶丛高度、叶片质地、草坪色泽、覆盖度、再生能力、抗杂草力、绿色期（绿期）、暖地型、寒地型、暖季型、冷季型、夏绿型、冬绿型、常绿型、喜光型、耐阴型、宽叶草坪草、细叶草坪草。

二、知识结构图

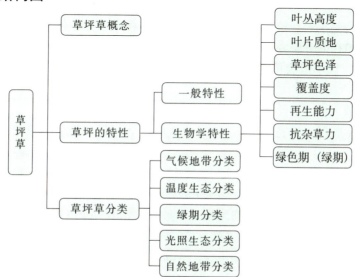

1. 什么是草坪草?
2. 草坪草的一般特性有哪些?
3. 草坪草的生物学特性主要包括哪些指标?
4. 按照不同的分类方式草坪草可以划分为哪些种类?

任务 2　草坪草器官及形态特征识别

掌握草坪草的茎、叶、花序等各个主要器官的形态特征,掌握草坪草的各种不同分蘖类型的形态特征及其成坪特点,学会运用所学知识准确进行草坪草各器官及形态特征的识别鉴定。

能借助简单工具对草坪草器官及形态特征进行准确的观察识别,能熟练掌握草坪草器官及形态的鉴定识别技巧。

1. 问题提出

(1) 草坪草的基本形态结构由哪些部分所组成,草坪草主要有哪些器官?
(2) 草坪草植株的分蘖方式有哪些,由此可以将草坪草分为哪些类型?

2. 实训条件　以小组为单位,建议 3～5 人一组,在教师的指导下进行观察及实训操作,每组配备:

(1) 镊子、放大镜、刀片、记录本、解剖刀、解剖针、记录笔等。
(2) 结合当地情况,准备至少 10 种当地常用的草坪草(要求植株完整,至少包括茎、叶、根等)。

如:草地早熟禾(*Poa pratensis* L.)、一年生早熟禾(*P. annua* L.)、高羊茅(*Festuca arundinacea* Schreb.)、紫羊茅(*F. rubra* L.)、多年生黑麦草(*Lolium perenne* L.)、多花黑麦草(*L. multiflorum* Lam.)、狗牙根[*Cynodon dactylon* (L.) Pers.]、日本结缕草(*Zoysia japonica* Steud.)、细叶结缕草(*Z. tenuifolia*)、沟叶结缕草[*Z. matrella* (L.) Merr.]、假俭草[*Eremochloa ophiuroides* (Munro) Hack.]、地毯草[*Axonopus compressus* (Swartz) Beauv.]、野牛草[*Buchloe dactyloides* (Nutt.) Engelm.]、钝叶草(*Steno-*

taphrum helferi）、矮生沿阶草（*Ophiopogon japonicus*）；马蹄金（*Dichondra repens* Forst.）、白三叶（*Trifolium repens*）。

知识储备

一、草坪草的形态特征

（一）草坪草的基本形态结构

草坪草共同的形态特征是植株低矮，分枝密集（分蘖），且大部分的草坪草为禾本科草本植物，具有禾本科植物的典型基本形态结构（图1-2-1）。但是，不同的草种，在各个器官的形态结构上存在差异。

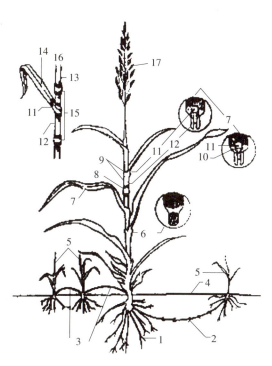

图1-2-1 禾本科草坪草典型的基本形态结构
1. 须根 2. 根茎 3. 匍匐茎 4. 土表
5. 新植株 6. 叶颈 7. 叶片 8. 节 9. 叶
10. 叶耳 11. 叶舌 12. 叶鞘 13. 茎秆
14. 叶片中脉 15. 节间 16. 茎 17. 花序

（二）草坪草的器官与形态特征

草坪草的器官有营养器官与生殖器官两类，营养器官包括根、茎、叶等，生殖器官主要指草坪草的花序。

1. 根的形态构造 根是草坪草生长在地下的器官，其主要的功能是在土壤中吸收水分和养分，供给草坪草生长发育用，并且同时起着机械支撑的作用，使植株固定在土壤中，此外，很多草坪草的根系同时还起着储存养分的作用。

(1) 胚根与不定根。胚根是种子萌发时最先产生的初生根,它将发芽的幼苗固定在土壤中,并吸收无机盐与水分。胚根生长到一定的限度时,长出侧根(图1-2-2)。侧根的周围密生着毛状的根毛,根依靠根毛吸收无机盐和水分。此后,从直立茎的基部长出不定根(图1-2-3)。不定根的产生有三种情况:

①用种子繁殖时,生长出的地下茎伸长到地面,此时在生长的直立茎下端的基部生出不定根。

②由匍匐茎的茎节上长出不定根。

③由匍匐茎长出的直立茎基部的数节上产生不定根。

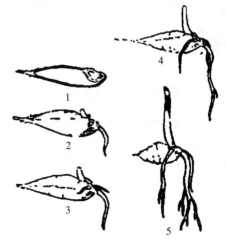

图1-2-2 草坪草萌发过程根系的生长发育
1. 末端有胚的颖果 2. 初生根向下长出
3. 初生根继续生长,并长出侧根
4、5. 侧根继续不断长出,出现根分枝

(2) 草坪草的须根系(图1-2-4)。草坪草大部分属于单子叶禾本科植物,其每条根大小几乎一样,没有主根,因此称为须根系。它是由种子根和不定根组成的,由胚根生长形成的一条主根就是种子根,在幼苗期起吸收水分和支撑作用,一般在不定根形成以后就逐渐枯死。因此须根系主要由不定根组成。

图1-2-3 草坪草幼苗
1. 不定根 2. 胚根 3. 种子 4. 直立茎

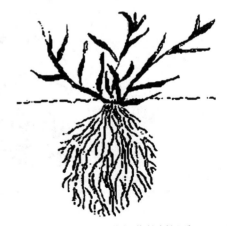

图1-2-4 草坪草的须根系

(3) 根系的分布。草坪草的根系70%以上分布在地面以下0~20cm土层中。掌握和了解根系的深度,有助于建坪前考虑需要整理坪地的深度、施用基肥的数量及供、排水系统的设计。冷季型草如草地早熟禾、匍匐翦股颖、紫羊茅、高羊茅及多年生黑麦草等对坪地深度要求要达到30~50cm。

暖季型草如结缕草、狗牙根等根状茎型与冷季型相差不多,如雀稗等丛生型用作保持水土的禾草,它的根系可达2m以上。

根系的深度与耐旱能力密切相关。通常根系越深,耐旱能力越强,反之则耐旱能力越差。

2. 茎的形态结构 茎是草坪草地上部分连接根系与叶片以及花序的器官，主要由胚轴生长发育而成。茎是草坪草着生叶片、分蘖与分枝的部位。

（1）茎的形态。草坪草的茎在形态上主要分为两类：一是横走茎，二是直立茎（图1-2-5）。

①横走茎（图1-2-6）。朝水平方向生长的茎称为横走茎。横走茎也分为两类：位于土壤表面之上的匍匐茎以及位于土壤表面之下的根状茎。

横走茎覆盖地面能力强，覆盖度大，建成草坪迅速，通常高尔夫球场果岭及发球台、草坪足球场均采用这类草坪草。例如，具有匍匐茎的匍匐剪股颖、短根状茎的草地早熟禾、匍匐茎和根状茎的百慕大杂交种、结缕草等。

  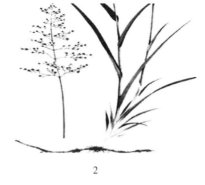

图1-2-5 草坪草的茎
1. 直立茎 2. 横走茎

图1-2-6 草坪草的横走茎
1. 地表匍匐茎 2. 地下根状茎

②直立茎（图1-2-7）。直立茎不具匍匐茎或根状茎，依靠分蘖生长繁殖。分蘖是从根颈或横走茎上长出来的新茎、叶，具有向上或斜上生长的习性，不具横向生长习性，扩展形成草坪的速度较慢。例如，高羊茅、多年生黑麦草等。

（2）茎的结构。

①茎基结构（图1-2-8）。茎基（根颈）是重要的分生组织，位于植株基部，靠近土壤表面。根、茎、叶从茎基长出，即是所有新的生长都从茎基开始，与双子叶植物区别很

 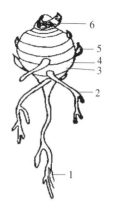

图1-2-7 草坪草的直立茎
1. 直立茎 2. 根状茎

图1-2-8 草坪草茎基结构
1. 初生根 2. 不定根 3. 节 4. 节间
5. 腋芽 6. 生长点

大，草坪草等单子叶禾草的生长点位于根颈，而双子叶植物的生长点则在植株的顶端。

②茎节与节间（图1-2-9）。草坪的茎上有茎节，茎节与茎节之间称为节间。叶鞘、叶片以及腋芽、分枝、不定根等都从茎节上长出。节间长的草坪草相对不耐践踏，节间短，茎节密集的草坪草较耐践踏。

图1-2-9 茎节与节间

3. 叶的形态构造 叶主要起着光合作用，而且是草坪草的主要观赏部位。草坪草的完全叶一般包括叶片、叶鞘、叶舌、叶耳等部位（图1-2-10）。

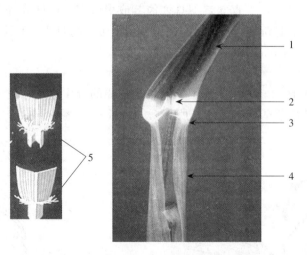

图1-2-10 草坪草完全叶的结构
1.叶片 2.叶舌 3.叶耳 4.叶鞘 5.纤毛状叶舌

（1）叶片。叶片是指叶鞘以上的部分，草坪草的叶片形态各不相同，叶形、叶片弯度、叶片先端形态、叶片质地、叶面以及叶脉特征等在草坪草种的识别鉴定中有一定的作用。草坪叶片形态有条形、狭三角形、线形、披针形、心形与卵圆形等形状（图1-2-11、图1-2-12）。草坪草叶片尖端主要有锐尖、渐尖以及钝圆形三种形态。

图 1-2-11 条形叶片　　　　图 1-2-12 狭三角形叶片

（2）叶鞘（图 1-2-13）。叶鞘是连接草坪草叶片基部与茎节的部位，大部分的草坪草其叶鞘紧贴着茎、包围着茎生长，在颜色上比叶片色泽稍浅，叶鞘对草坪草的茎具有保护作用。

（3）心叶形态。草坪草的心叶是指草坪草每个分蘖上最顶端，最中心，最幼嫩的叶片。草坪草的心叶形态特征是草种识别中最重要的识别部位之一。通常草坪草具有两种类型的心叶形态特征：一是折叠型，即未展开的心叶以中脉为中心对折，折叠型心叶呈扁平状；二是卷曲型，即未展开心叶为圆形卷曲，呈针状。

（4）叶舌（图 1-2-13）。叶舌是指在叶片与叶鞘相接处的腹面，着生的呈膜状或者纤毛状的附属物，叶舌可以起到密封叶鞘与茎秆连接处的作用，防止水分、昆虫等落入叶鞘内。

（5）叶耳（图 1-2-13）。叶耳着生与叶片基部的边缘，叶舌的两旁，形如耳状。叶耳的有无、大小、形状是草坪草识别鉴定的依据之一。

   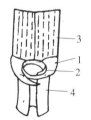 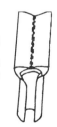

图 1-2-13 叶鞘、叶舌、叶耳形态
1. 叶耳　2. 叶舌　3. 叶片　4. 叶鞘

4. 花序的形态特征　草坪草的花序属于草坪草的生殖器官，生殖器官是植物最异化的器官，因此不同的草种其花序的类型不同，外观形态特征差异较大，是草种识别中最重要的识别部位。

草坪草的花序常见的有穗状花序、圆锥花序、指状花序、头状花序四种。

（1）穗状花序（图1-2-14）。

图1-2-14　草坪草的穗状花序

穗状花序是总状花序的一种类型。花序轴较长，排列着许多无柄花，草坪草的穗为复穗，称为复穗状花序，其中每个穗状花序，称为小穗。

（2）圆锥花序（图1-2-15）。圆锥花序或称为复总状花序。在长花轴上分生许多小枝，每小枝自成一总状花序，通常圆锥花序底部的花枝较长，顶部较短，形成类似于圆锥形的整个花序。

图1-2-15　草坪草的圆锥花序（引自网络）

（3）指状花序（图1-2-16）。总状花序指状排列或聚生于茎的上部，或者小穗集中生于穗轴一侧形成穗状花序再作指状排列。

图 1-2-16　草坪草的指状花序

（4）头状花序（图 1-2-17）。头状花序是无限花序的一种。其特点是花轴极度缩短、膨大成扁形；花轴基部的苞叶密集成总苞，多数花集生于一花托上，形成状如头的花。

图 1-2-17　草坪草的头状花序

二、草坪草的分蘖类型

草坪草的分蘖类型是草坪草适应环境的综合外观（如体态、外貌等）的表现形式（图 1-2-18）。根据不同草坪草的植株体态、外貌形态等特征，可以把草坪草分为直立丛生型、匍匐蔓生型与复合型等三类分蘖类型。

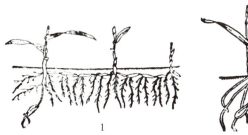  

图 1-2-18　草坪草的分蘖类型
1. 根茎类　2. 疏丛型　3. 密丛型

丛生型的草坪草其植株垂直地面生长；蔓生型草坪草的植株匍匐于地面生长或者横走于地表下生长；复合型的草坪草则具有丛生型与蔓生型的共同特征。

（一）直立丛生型

直立丛生型草坪草是指草坪草的茎直立生长，与地面垂直，直立丛生型又分为密丛型与疏丛型。疏丛型草坪草的分蘖之间距离较大，分蘖与主株之间形成较大的夹角，密丛型草坪草则分蘖之间距离较小，分蘖与主株紧密相依。

1. 疏丛型 又称为疏蘖型。分蘖与不定根从地下（通常1～5cm）的分蘖节发生，叶鞘往往松弛，抱茎不紧密，使分蘖向上倾斜伸出地面，形成疏散的株丛。疏丛型草每年的新分蘖自株丛边缘发生，年代较久，株丛中央会积累大量的枯死残余物，不及时梳理不仅影响草坪观赏性，而且容易滋生病虫害。对土壤的通透性要求一般，往往能耐短期的涝、渍。在通透性好的黏壤土、腐殖质土内生育良好。这类草大多苗期生长迅速，但寿命不长，属短期多年生禾草。例如，黑麦草、苇状羊茅等。

2. 密丛型 又称为密蘖型。分蘖与不定根自近地面分蘖节或茎节发生，叶鞘往往紧密抱茎，使分蘖与茎平行伸展，形成稠密的株丛。株丛中心接近地表，外围通常稍隆起。直径随年龄增长而增加，往往形成中心凹陷的小草丘。成年株丛的中心，到一定年龄（各草种年限不一）则衰老死亡，而成为"秃顶草丘"，甚至"圈状草丘"。这类草大多数生长缓慢，能形成很密的草丛，寿命也较长，年久后草坪也成为坑坑洼洼的景观。例如，羊茅、硬羊茅等。

（二）匍匐蔓生型

草坪草的茎匍匐于地面生长，茎呈水平匍匐地表生长，茎节上生长出新的枝叶和不定根，并固定在地面上。大多暖季型草坪草属于此类，适合于营养繁殖，也能种子繁殖。

1. 根茎类 根茎在地表下5～10cm的茎节上发生，大体上按水平方向伸展，节四周生根，直立枝或生殖枝出土成绿色的苗。苗根发生后，又能形成根状茎，于是地下形成大量根茎组成的根茎网络，地上则形成连片的植株。要求通透性良好的土壤，一旦表土板结，直立株与生殖枝出土均受影响，甚至出不了土，即成不了连片的绿苗。例如，白茅（俗称茅草）、芦苇等。

2. 匍匐茎类 匍匐茎于地表扩展，节着地生根，节上之芽发育成直立枝或生殖枝。一旦直立枝形成苗根，又能发生匍匐茎（枝），匍匐茎在地表扩展，节着地生根，这个过程的一再重复，导致地表形成致密的草坪。例如，小花马蹄金、狗牙根等。

（三）复合型

许多禾本科禾草并不是属于严格意义上的特定分蘖类型，大多数的禾草的株型表现得比较复杂，经常同时拥有两种甚至两种以上的分蘖类型特点，可以说属于复合型，许多著名的草坪草都是复合型，如草地早熟禾、加拿大早熟禾，应该称之为根茎—疏丛，其根茎自土表以下的茎节产生分枝，略呈倾斜地水平扩展，节四周生根，节上直立枝形成幼苗。直立枝发生苗根后，一方面可以再发生根状茎，另一方面能进一步分蘖，形成直立枝与生殖枝以及不定根，于是株丛与丛丛之间的短的根茎联系，株丛本身呈疏丛型，鉴于根茎型和疏丛型二者外形特点的互补，能形成富有弹性、坚固的草坪。匍匐翦股颖则属于匍茎—疏丛型；狗牙根、结缕草两个属的草坪草种，则属于匍茎、根茎—疏丛型。由于复合型兼具丛生、蔓生型的特点，两者得到互补，因而能形成优良的草坪。

 任务实施

一、任务分析及要求

(一) 任务分析

1. 草坪草器官形态识别任务分析

（1）观察常见草坪草的叶形种类以及每个类别的特征。

（2）学会迅速准确识别草坪草的心叶类型。

（3）学会迅速准确识别草坪草的各种花序。

2. 草坪草分蘖类型识别任务分析

（1）正确鉴别常见 15 种以上草坪草属于何种分蘖类型。

（2）准确描述不同分蘖类型的草坪草种的成坪特点。

(二) 实训要求

要求能根据所学知识及实训方法步骤，准确观察识别草坪草标本的分蘖类型，并准确识别草坪草各个器官及形态特征。

二、实训内容

1. 草坪草器官的观察识别

（1）观察草坪草种的根系，区分出根茎与根系在形态特征及结构与功能上的不同。

（2）识别匍匐茎与直立茎，区分匍匐茎与直立茎在形态上的差异。

（3）观察草坪草种的地上部叶片，准确识别心叶的着生部位，区分出卷曲心叶与折叠心叶两种形态不同的心叶类型。

（4）观察草坪草种的各种花序，准确区分穗状花序、圆锥花序、指状花序、头状花序。

2. 分蘖类型观察识别

（1）观察不同草坪草种的主株与分枝的关系，包括主株与分枝的夹角、分枝的着生部位。

（2）对分蘖与主株的空间关系进行正确描述，正确判断草坪草的分蘖类型，并正确描述不同分蘖类型的草坪草种的成坪特点。

三、实训操作

1. 草坪草器官的观察识别

（1）准备好具有各种不同形态器官的草坪草植株。

（2）教师讲解相关理论知识与实践操作注意事项。

（3）观察草坪草各个器官，进行现场识别。

（4）教师提问学生识别判断的结果以及依据，并进行点评，强调正确识别方法，纠正错误识别方法。

（5）按照教师讲解的正确方法进行重新观察鉴定。

（6）根据观察鉴定结果完成实训报告。

2. 分蘖类型观察识别

（1）准备好不同分蘖类型的草坪草标本。

（2）教师讲解相关理论知识与实践操作注意事项。

（3）观察标本，进行现场识别。

（4）教师提问学生识别判断的结果以及依据，并进行点评，强调正确识别方法，纠正错误识别方法。

（5）按照教师讲解的正确方法进行重新观察鉴定。

（6）根据观察鉴定结果完成实训报告。

四、实践技巧

1. 草坪草各器官形态的观察与判断

（1）观察草坪草的心叶，心叶为扁平，沿中脉对折的，属于折叠型心叶；心叶圆形的，为卷曲型心叶。

（2）观察草坪草的叶形，叶片沿着基部向叶尖宽度慢慢变小的，为狭三角形叶片；叶片的基部与中部宽度差别不大的，为条带形叶片；叶片中间宽，叶基部稍窄，叶前端细尖的为披针形叶片；叶片细窄如线的为线形叶片。

（3）根据花序形态的分类观察草坪草的花序，花序有主轴，基部花枝长，顶部花枝短，形成圆锥形的为圆锥花序；花序有主轴，但是二级花枝退化，小花直接紧贴主轴生长的，为穗状花序；小花如头状为头状花序；总状花序如指状，为指状花序。

2. 分蘖类型观察与判断

（1）首先区分草坪草的分蘖类型为三类：一是匍匐蔓生型，二是直立丛生型，三是复合型。如果观察到草坪草的茎属于贴地生长，则可以判断其分蘖类型为匍匐茎型，而观察到草坪草的茎垂直于地面生长，则可以判断草坪草的分蘖类型为丛生型。

（2）在直立丛生型的草坪草株型中，根据分蘖与主株之间的空间距离以及夹角，分为疏丛型与密丛型。当观察到草坪草的分蘖之间有较大的空间距离，形成一定夹角，分蘖从地表下面长出，可以判断为疏丛型，当观察到草坪草的分蘖与分蘖之间紧密相靠，密不可分，分蘖从地表上部长出，可以判断为密丛型。

五、评价考核

（1）现场考核对草坪草的识别方法，考核识别准确率。

（2）审阅实训报告，根据实训报告观察结果进行评分。

知识小结

一、重点名词解释

营养器官、生殖器官、胚根、不定根、须根系、直立茎、横走茎、匍匐茎、根状茎、茎节、节间、叶片、叶鞘、叶舌、叶耳、心叶、穗状花序、圆锥花序、指状花序、头状花序、分蘖、直立丛生型、匍匐蔓生型、复合型、密丛型、疏丛型。

二、知识结构图

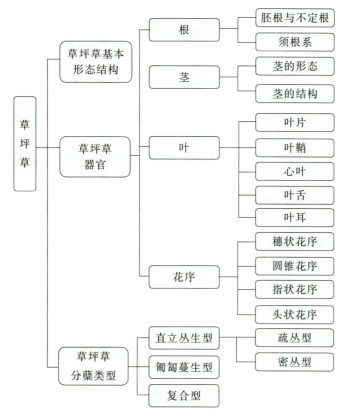

1. 草坪草由哪些器官所组成？各个器官又包括哪些部分？
2. 草坪草的茎有哪些不同的形态？它们各自的特点是什么？
3. 叶片由哪些部位所组成？
4. 草坪草分蘖有哪些不同的类型？每种类型各自有何特点？

任务 3　草坪草识别

准确掌握各种不同草坪草的分蘖类型的形态特征及其成坪特点，掌握常见草坪草的茎、叶、花序等各个主要器官的形态特征，了解植物检索表的相关知识，并学会运用所学知识准确进行草坪草种识别鉴定。了解常见的冷季型草坪草、暖季型草坪草以及非禾本科草坪草的生态习性、栽培特点、形态特征。

 **技能要求**

能借助简单工具对常见草坪草进行准确的观察识别,并熟练使用植物检索表鉴定识别草种,掌握准确识别并鉴定草坪草种的技能。

 **情景设计**

1. 问题提出

(1) 常见的草坪草有哪些呢,它们各自又有什么特点,从哪些方面去准确识别草坪草?

(2) 在本地区草坪建植应用的比较多的草坪草是哪些?

2. 实训条件 以小组为单位,建议3~5人一组,在教师的指导下进行观察及实训操作,每组配备:

(1) 镊子、放大镜、刀片、记录本、解剖刀、解剖针、笔等。

(2) 准备15种以上草坪草(要求植株完整,至少包括茎、叶、根等)。

如:草地早熟禾(*Poa pratensis* L.)、一年生早熟禾(*P. annua* L.)、高羊茅(*Festuca arundinacea* Schreb.)、紫羊茅(*F. rubra* L.)、多年生黑麦草(*Lolium perenne* L.)、多花黑麦草(*L. multiflorum* Lam.)、狗牙根〔*Cynodon dactylon*(L.) Pers.〕、日本结缕草(*Zoysia japonica* Steud.)、细叶结缕草(*Z. tenuifolia*)、沟叶结缕草〔*Z. matrella*(L.) Merr.〕、假俭草〔*Eremochloa ophiuroides*(Munro) Hack.〕、地毯草〔*Axonopus compressus*(Swartz) Beauv.〕、近缘地毯草(*A. affinis chase*)、野牛草〔*Buchloe dactyloides*(Nutt.) Engelm.〕、矮生沿阶草(*Ophiopogon japonicus*)、马蹄金(*Dichondra repens* Forst.)、白三叶(*Trifolium repens*)。

 **知识储备**

草坪草是建植草坪的草本植物,是建坪的基本材料。草坪草大多数是质地纤细、植株低矮的禾本科草种,大多数集中于黑麦草属、早熟禾属、羊茅属、狗牙根属、结缕草属、雀稗属、雀麦属、翦股颖属等,此外还包括其他一些科、属的草本植物,如旋花科、百合科、豆科、莎草科等一些植物。所有这些草坪植物都具备特殊的坪用习性,如耐践踏、繁殖力强、耐修剪、耐人工水肥管理、扩展力强、适应性广的特点,或具备其中的一些特点。

常见草坪草种类及特点详见附录。

 **任务实施**

一、任务分析及要求

1. 任务分析

(1) 识别10种以上常见草坪草种。

(2) 借助工具观察草坪草种标本的分蘖类型以及各个器官的形态特征。

(3) 使用检索表以及草坪识别鉴定器识别鉴定草坪草种标本所属的科、属、种。

(4) 综合总结并记录识别鉴定的结论，完成实训报告。

2. 实训要求

(1) 准确把握草坪草种的分蘖类型、叶片形态、心叶形态以及花序类别。

(2) 熟练运用植物检索表以及草坪识别鉴定器。

(3) 准确识别鉴定出各种草坪草种。

(4) 认真完成实训报告。

二、实训内容

借助镊子、放大镜与检索表，通过观察草坪草的分蘖类型、叶形、叶色、心叶形态、叶片长度、宽度、被毛、花序类型等，准确识别鉴定出草坪草种。

三、实训操作

1. 草坪草标本准备

2. 仪器准备 镊子与放大镜等器具准备、检索表准备、草坪识别鉴定器（江苏农林职业技术学院国家发明专利）准备

3. 现场识别操作

(1) 简单观察草坪草茎叶特征，初步判断草坪草科、属。

(2) 观察草坪草的株型，鉴定出其分蘖类型。

(3) 观察比较不同草种的叶形、叶色、心叶形态、花序类别。

(4) 利用植物检索表或者草坪识别鉴定器识别鉴定草坪草种。

四、实践技巧

草坪草在形态特征上有很大的差异，不同的草坪草，其器官形态特征不同。实践中，根据草坪草的分蘖类型、草坪草心叶形状、草坪草叶形、草坪草的花序等方面的形态特征，可以识别草坪草种。

草坪草识别时，要到草坪现场进行仔细观察，并取样回实验室，借助必要的器具观察草坪草的各个器官形态特征，最后综合判断草坪草属于何种草种。

1. 草坪草科属判断 观察草坪草的茎叶形态特征，判断草坪草是禾本科草种还是非禾本科草种。禾本科草种的茎由节与节间组成，茎一般是圆形或者近似圆形，叶片多为条形叶片，着生在茎节上。

2. 分蘖类型 草坪草的茎紧贴地面生长，在地面生长蔓延的为匍匐蔓生型分蘖类型，大部分的禾本科暖季型草种属于匍匐蔓生型，冷季型草种中，匍匐翦股颖也具有发达匍匐茎；大部分禾本科冷季型草种属于直立丛生型。

现场观察草坪草是贴地生长还是垂直于地面生长，贴地生长的属于匍匐蔓生型，一般茎节上还有不定根长出，垂直地面生长的是直立丛生型。

3. 心叶形态特征 草坪草最中间、最顶端的幼嫩叶片就是心叶，用解剖针与放大镜仔细观察草坪草心叶，判断是圆形还是扁平形。心叶扁平，沿中脉对折的是折叠型心叶；心叶

圆形的是卷曲型心叶。

4. 叶形特征 仔细观察草坪草的叶形，以及叶尖的形态特征，正确判断叶片的类别。观察草坪草的叶形，叶片沿着基部向叶尖宽度慢慢变小的，为狭三角形叶片；叶片的基部与中部宽度差别不大的，为条带形叶片；叶片中间宽，叶基部稍窄，叶前端细尖的为披针形叶片；叶片细窄如线的为线形叶片。

5. 花序形态特征 草坪草一般没有花序长出，如果有花序长出，观察花序，根据其形态特征，是最容易识别草种的方法。根据花序形态的分类观察草坪草的花序，花序有主轴，基部花枝长，顶部花枝短，形成圆锥形的为圆锥花序；花序有主轴，但是二级花枝退化，小花直接紧贴主轴生长的，为穗状花序；小花如头状为头状花序；总状花序如指状，为指状花序。

五、评价考核

1. 现场考核草坪草识别准确率

2. 完成实训报告（表1-3-1）

表1-3-1　草坪草识别鉴定

草种代号	分蘖类型	叶					花序	茎基颜色	其他	鉴定结论
		叶形	叶色	质地	披毛有无	心叶				
1										
2										
3										
4										
5										
6										
7										
8										
9										
10										

草坪草检索表应用

一、检索表基本知识

检索表是植物分类中识别和鉴定植物不可缺少的工具，是根据法国拉马（Lamarck，1744—1829）二歧分类原则，把原来一群动、植物相对的特征、特性分成对应的两个分支。再把每个分支中相对的性状又分成相对应的两个分支，依次下去直到编制到科、属或种检索表的终点为止。为了便于使用，各分支按其出现先后顺序，前边加上一定的顺序数字，相对应的两个分支前的数字或符号应是相同的。

检索表编制是采取"由一般到特殊"和"由特殊到一般"的原则。如植物，首先必须将所采到的地区植物标本进行有关习性、形态上的记载，将根、茎、叶、花、果和种子的各种特点进行详细的描述和绘图，在深入了解各种植物特征之后，再按照各种特征的异同来进行汇同辨异，找出相互差异和相互显著对立的主要特征，依主、次要特征进行排列，将全部植物编制成不同的门、纲、目、科、属、种等分类单位的检索表。其中，植物界主要是分科、分属、分种三种检索表。

检索表有两种常见的形式，即定距（二歧）检索表和平行检索表。在定距检索表中，相对应的特征编为同样号码，并书写在距书页左边同样距离处，每个次一项特征比上一项特征向右缩进一定距离，如此下去，每行字数减少，直到出现科、属、种。在平行检索表中，每一对相对的特征紧紧相接，便于比较，每一行描述之后为一学名或数字，如是数字，则另起一行。

在使用植物检索表时，首先要能用科学规范的形态术语对待鉴定植物的形态特征进行准确的描述，然后根据待鉴定植物的特点，对照检索表中所列的特征，一项一项逐次检索，首先鉴定出该种植物所属的科，再用该科的分属检索表查出其所属的属，最后利用该属的分种检索表检索确定其为哪一种植物。

注意：

（1）待鉴定植物要尽可能完整，不仅要有茎、叶部分，最好还有花和果实，特别是花的特征对准确鉴定尤其重要。

（2）在鉴定时，要根据看到的特征，从头按次序逐项检索，不允许跳过某一项而去查另一项，并且在确定待查标本属于某个特征两个对应状态中的哪一类时，最好把两个对应状态的描述都看一看，然后再根据待查标本的特点，确定属于哪一类，以免发生错误。

二、部分草坪禾草检索表

1. 未展开心叶折叠（叶在芽中折叠）。
    2. 有叶耳，长爪状。叶舌膜质，短。叶脉明显，叶色正面暗绿，背面具光泽。<u>丛生或近丛生型</u>。 ……………………………………………………………………………………………… 1. 黑麦草
    2. 无叶耳。
        3. 有匍匐枝，叶舌纤毛状，少数为膜质。
            4. 叶片基部紧缩，叶枕短柄状。
                5. 叶舌毛环状。叶枕光滑无毛。节上多两分枝，对生。 ……………………… 2. 钝叶草
                5. 叶舌膜质。叶片基部叶枕有疏毛。节上多一分枝，互生。 ………………… 3. 假俭草
            4. 叶片基部不紧缩，叶枕不为短柄状。
                6. 叶舌毛环状。或具一圈细缘毛。
                    7. 叶舌毛环状。叶片先端渐尖，宽 1.5～4mm。植株兼具根状茎。茎椭圆或近圆形，节上无毛。长节间与短节间交互生长，叶鞘对生状。 ……………………………… 4. 狗牙根
                    7. 叶舌具一圈细绒毛。叶片先端钝至圆，宽 45～10mm，叶片边缘有毛。无根状茎。茎、枝往往压扁状。 …………………………………………………………………… 5. 地毯草
                6. 叶舌膜质，短。叶宽 4～8mm，基部具柔毛。兼具粗短，节密的根状茎。…………

                                 6. 百喜草
 3. 无匍匐枝，叶舌膜质。
   8. 叶片窄，通常≤2.5mm，正面叶脉明显。
     9. 有根状茎。叶片光滑。叶舌短。 ………………………………………… 7. 紫羊茅
     9. 无根状茎。
      10. 叶鞘闭合几达顶端。叶片通常卷成硬毛状。叶舌极短。 ………… 8. 羊茅
      10. 叶鞘闭合几达顶端。叶片通常不卷成硬毛状。叶舌极短。 ……………
            …………………………………………………………… 8. 紫羊茅（丛生型）
   8. 叶片宽于 2.5mm，平展或具沟（横切面呈 V 形），正面叶脉不明显。
     11. 无根状茎。叶舌长而尖。叶鞘光滑，基部白色。 ……………………… 9. 早熟禾
     11. 有根状茎。叶舌短，平截。
      12. 叶鞘具脊，叶片先端渐尖或船头状。 ……………………… 10. 加拿大早熟禾
      12. 叶鞘无脊，叶片先端钝。 ……………………………………… 11. 草地早熟禾
1. 未展开心叶旋转。
 13. 有叶耳。
   14. 叶耳大，长爪状。叶耳、叶环通常光滑。叶舌膜质、短。叶片正面色暗，背面具光泽。………
     …………………………………………………………………………… 12. 多花黑麦草
   14. 叶耳小，叶耳、叶环具疏短毛。叶舌厚膜质薄纸质，长 0.5～1.0mm。 ……………
     ……………………………………………………………………………… 13. 高羊茅
 13. 无叶耳。
   15. 叶鞘压缩或压扁，常具脊。叶舌膜质，短至极短。叶舌宽 4～8mm。植株具
     粗短节密集的根状茎与匍匐茎。 ……………………………………… 6. 百喜草
   15. 叶鞘浑圆，无脊。
     16. 叶枕（鞘口）具毛。
      17. 叶舌纤毛状，长约 1.5mm。叶片宽 2～5mm，平展或略具沟。 ………………
        ………………………………………………………………… 14. 结缕草
      17. 叶舌短不明显。
       18. 叶片宽 2～5mm，平展或略具沟。 ……………………………… 15. 中华结缕草
       18. 叶片窄，1.0～3mm，具沟或卷成硬毛状。叶舌顶端撕裂成短柔毛状。
        19. 叶片宽 2.0～3mm，具沟，叶舌短，不明显。 ……………… 16. 沟叶结缕草
        19. 叶片宽 1.0～2mm，常卷成硬毛状。叶舌略长 0.3mm。 …………
          …………………………………………………………… 17. 细叶结缕草
     16. 叶枕（鞘口）无毛。
      20. 植株兼具根状茎和匍匐茎。叶片宽≤10mm，常卷成硬毛状，叶舌短约 0.3mm，顶端
        撕裂作短柔毛状。 …………………………………………… 17. 细叶结缕草
     20. 植株仅具根状茎或匍匐茎，或丛生状。
      21. 具根状茎，或丛生状。匍匐茎有也不发达。
       22. 根状茎健壮。叶舌长而尖，约等于叶片的宽度，膜质。 …………………
          …………………………………………………………… 18. 小糠草
       22. 根状茎纤短，或作丛生状。叶舌短，约为叶片宽的一半。 …………………
          ………………………………………………………… 19. 细弱剪股颖
     21. 植株具发达健壮的匍匐茎。
      23. 叶枕宽。叶片近线形，两面披灰白色柔毛，叶色灰绿。叶舌短、小，具细柔毛。………

....20. 野牛草

23. 叶枕窄。叶片披针或线状披针形，通常无毛，叶绿色。叶舌长、尖，膜质，约等于叶片宽度。
....21. 匍匐翦股颖

一、重点名词解释

一年生黑麦草、多年生黑麦草、草地早熟禾、林地早熟禾、一年生早熟禾、杂交狗牙根、中华结缕草、沟叶结缕草、细叶结缕草、高羊茅、紫羊茅、匍匐翦股颖、假俭草。

二、知识结构图

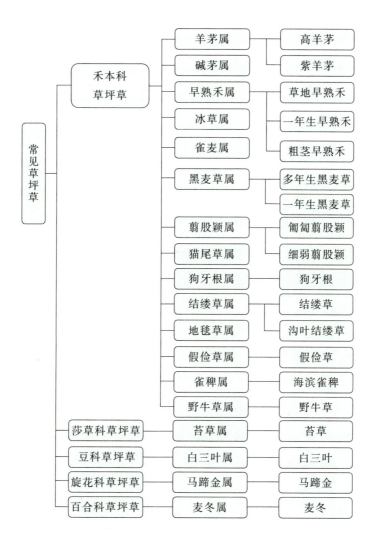

1. 常见的草坪草有哪些种类?它们分别属于什么科、属?
2. 禾本科草坪草有何共同的特征?
3. 本地区应用的草坪草主要有哪些?各自有何特点?建植草坪时需要注意哪些方面?

项目二

草坪建植前规划及坪地准备

**学习目标**

掌握草坪建植前的坪址调查与草种选择以及草坪坪地制作等相关的理论知识,并学会对建坪地进行现场调查,根据适地适草原则选择草坪建坪草种,制作合格坪地等技能。

**项目任务**

编号	名称	内容提要
任务 1	草坪坪址环境调查与草种选择	结合气候和土地调查,进行草种的选择
任务 2	草坪坪地制备	通过坪地清理、耕作、平整及土壤改良和安排排灌水系统来进行草坪坪地的制备

任务 1　草坪坪址环境调查与草种选择

**知识目标**

掌握气候环境知识、土壤理化性质知识、草坪草种生态习性与用途知识,以及"适地适草"原则等相关知识。

**技能要求**

掌握资料查阅、资料分析、坪址土壤土质分析等技能,并根据调查与分析结果,选择出适合当地气候,并满足草坪建植目的与功能的草坪草种。

**情景设计**

1. 问题提出

（1）我国温带、亚热带、热带气候区各分布在哪里？长江中下游过渡带地区的气候有什么特点？

（2）常见的坪址土质有哪几种，各自的理化性质特点是什么？

（3）如何结合气候环境特征、坪址土壤理化性质特征、建坪的目的等进行草坪草种选择？

2. 实训条件 以小组为单位，建议3~5人一组，在教师的指导下进行气候资料查阅以及到建坪地进行土质调查分析，建议采取现场实地教学，亦可在实验室室内教学。

在草坪坪址环境调查与草种选择任务中，首先应对坪址所在地的气候因素、土壤等进行调查，并要了解草坪建植的目的、建植单位的经济承受力等相关方面，以确定选择何种草坪进行建坪。

一、草坪坪址环境调查的内容

（一）气候调查

建坪地气候调查的目的是明确草坪建植地属于何种气候类型，选择适宜该气候的草坪草种。气候调查包括温度的调查（了解建坪地的年、月、日平均气温和最高、最低气温、历史温度极值）、封冻的起讫期、冻土层厚度等。根据调查结果，选择适宜建坪地生长的草种。比如在夏季高温，冬季不甚寒冷的亚热带，以及全年温度较高的热带地区，应采用耐高温的暖季型草坪草建植草坪；而在冬季较为寒冷的温带地区，可以采用冷季型草坪草建植草坪；而在我国长江中下游广大气候过渡带地区，则冷季型或者暖季型草坪草均可用于草坪建植。

降水量也是一个重要的调查内容，降水量丰富的湿润地区要采用耐涝的草种建植草坪；反之，在降水量少的干旱地区则应采用耐旱的草种建植草坪较好。

（二）土地调查

包括地形地貌调查和土壤理化性质调查，目的在于确定坪址土地的使用价值，以及土地平整、造型，有利于土壤改良方案的制订与实施。

1. 地形地貌 通过搜集、检查、鉴定与坪址有关的地形图等图纸资料，以及现场调查等方式进行。根据调查结果，分析确定是否需要进行地形整理。

2. 土壤理化性质调查 调查内容包括土层厚度、土质、酸碱度以及肥力状况的调查。

草坪是浅根性的植物，但是保持至少30cm的坪地土壤厚度才比较利于草坪建成后良好生长。如果土层太薄，坪地的保水能力较差，同时较薄的土层限制了根系的纵深生长，对草坪的良好生长不利。土层较薄地方，应客土填土，加厚土层。

大部分草坪草种适宜生长在中性壤土，肥力较好的土壤中。

若是坪址土壤属于黏重易于板结的黏土，可以通过加沙与有机肥等改良成壤质土；若是含沙量较多的沙质土，则可以加黏土或者有机肥改良为壤质土，以增加保水能力；若土壤肥力贫瘠，可以增施有机肥作为基肥，增加土壤肥力。

二、草种选择

草坪草种类繁多，不同草种有不同的生长习性以及观赏、利用价值。良好的草坪的重要标准是能适合当地环境条件正常生长，并正常提观赏以及特定的功能，满足建植草坪的目的。因此，根据坪址的具体环境条件以及建坪单位的具体需求，选择合适的建坪草种，是草坪建植成功的关键。

选择何种草坪草种，必须应根据建坪地的立地条件、建坪目的以及建坪单位的经济条件等来综合考虑，其中最基本的原则应是"适地适草"。

（一）生态适应性与抵御逆境的能力

选用的草种必须能在建坪地的环境条件下正常生长，即必须适应建坪地的气候、土壤、生物区系等。同时，还能忍受、抵抗各种环境，即在各种自然灾害条件下，能长期生存下去。总而言之，就是所用的草坪草不仅要适应建坪地的环境，还要有一定的抗逆能力。

如在我国南方应选用暖季型的草坪草种，而在我国北方，则应该选择耐寒的冷季型草种；在干旱地区，应选择耐旱草种，在排水不良地区，应选择耐涝草种，在滨海地区则选在耐盐的草种。

（二）根据利用目的选择草种

草坪的利用目的是多种多样的，不同的利用目的，对草坪草有着不同的要求。

观赏草坪，注重草坪的外观品质，即要求草坪草具有密度高、色泽好、绿期长和质地细腻等特点。如细叶结缕草、草地早熟禾、杂交狗牙根、紫羊茅以及匍匐翦股颖等草种。

运动场草坪要求建坪草种有较强的耐践踏能力、耐频繁修剪、根系发达、再生能力强等特点，常用的有杂交狗牙根、狗牙根、结缕草、中华结缕草、草地早熟禾、高羊茅、黑麦草等。高尔夫球场的草坪选择更为具体而复杂，因球场不同的区域，需选用不同的草种，如果岭平整光滑、稠密、均一的击球表面和引人入胜的景观，要求草种耐频繁的低修剪，还要求相当的耐践踏性，杂交狗牙根、狗牙根、匍匐翦股颖、早熟禾、细弱翦股颖等可满足这些要求。

高速公路的隔离带、安全岛等地段建植的草坪要求建坪草种具有耐粗放管理、适应性强等特性，常选用狗牙根、假俭草、结缕草、白三叶。江、河、湖等堤岸近水坡，常有不定期的淹水发生，要求草坪草耐湿、耐淹，可以在水面上漂浮蔓延不堵塞航道，且又具有一定的耐旱能力，号称"水、陆两栖型"的双穗雀稗、两耳草特别适合。

（三）根据草坪建植与养护费用与经济实力

草坪是"三分种，七分养"，比起建坪费用，建坪后长年累月的养护管理费用要高得多。很多暖季型草种如假俭草、结缕草、钝叶草、野牛草与地毯草等能耐粗放管理，养护费用低；大部分冷季型草种如黑麦草、草地早熟禾、林地早熟禾、匍匐翦股颖以及紫羊茅若要保持良好的草坪质量，则需要精细管理，管理费用较高。同样的草种建植的草坪，管理水平不同，所需费用也不同，管理水平高的，需要较多的管理经费。如混合翦股颖，高水平管理下，要求维持1.5～2cm的草高，平均3～5d需剪草1次，与之相应的高水平施肥、灌溉，越夏期及其前后的防病和高要求的灌溉，这些费用相当可观，如果建坪单位没有相当的管理水平以及经费支撑，维持景观良好的混合剪股颖草坪，是难以实现的。

（四）优先选择乡土草种建坪

乡土草种对建坪地有高度的适应性（表2-1-1），选用乡土草种建坪易成功，且便于养护管理，节省养护管理费用，草种选用过程中，首先应该考虑的是乡土草种。世界各国发展草坪的一条经验，就是任何国家和地区总是首先开发利用当地的植物资源，如英国大力发展细弱剪股颖；美国则发展草地早熟禾和狗牙根；东南亚各国发展草坪的经验教训，第一条就是"采用本地草种建立草坪效果较好"。我国南方优秀的乡土草种有假俭草、结缕草、地毯草和钝叶草等，北方则有野牛草、结缕草。

表2-1-1 常见草坪草应用特性比较

项目	变化趋势	寒地型	暖地型	项目	变化趋势	寒地型	暖地型
定植速度	快→慢	多年生黑麦草 高羊茅 细叶羊茅 匍匐剪股颖 细弱剪股颖 草地早熟禾	狗牙根 假俭草 钝叶草 斑点雀稗 地毯草 结缕草	叶子质地	粗糙→细致	高羊茅 多年生黑麦草 草地早熟禾 细弱剪股颖 匍匐剪股颖 细叶羊茅	地毯草 钝叶草 斑点雀稗 结缕草 假俭草 狗牙根
叶片密度	大→小	匍匐剪股颖 细弱剪股颖 细叶羊茅 草地早熟禾 多年生黑麦草 高羊茅	狗牙根 钝叶草 结缕草 假俭草 地毯草 斑点雀稗	抗寒性	强→弱	匍匐剪股颖 草地早熟禾 细弱剪股颖 高羊茅 细叶羊茅 多年生黑麦草	结缕草 狗牙根 斑点雀稗 假俭草 地毯草 钝叶草
耐热性	强→弱	高羊茅 匍匐剪股颖 草地早熟禾 细弱剪股颖 细叶羊茅 多年生黑麦草	狗牙根 结缕草 地毯草 假俭草 钝叶草 斑点雀稗	抗旱性	强→弱	细叶羊茅 高羊茅 草地早熟禾 多年生黑麦草 细弱剪股颖 匍匐剪股颖	狗牙根 结缕草 斑点雀稗 钝叶草 假俭草 地毯草
耐阴性	强→弱	细叶羊茅 细弱剪股颖 高羊茅 匍匐剪股颖 草地早熟禾 多年生黑麦草	钝叶草 假俭草 地毯草 斑点雀稗 狗牙根 结缕草	耐酸性	强→弱	高羊茅 细叶羊茅 匍匐剪股颖 多年生黑麦草 草地早熟禾	地毯草 假俭草 狗牙根 钝叶草 斑点雀稗
耐湿性	强→弱	匍匐剪股颖 高羊茅 细弱剪股颖 草地早熟禾 多年生黑麦草 细叶羊茅	狗牙根 斑点雀稗 钝叶草 地毯草 结缕草 假俭草	耐盐性	强→弱	高羊茅 匍匐剪股颖 多年生黑麦草 细叶羊茅 草地早熟禾 细弱剪股颖	狗牙根 结缕草 假俭草 钝叶草 地毯草 假俭草

项目二　草坪建植前规划及坪地准备

（续）

项目	变化趋势	寒地型	暖地型	项目	变化趋势	寒地型	暖地型
抗病性	强↓弱	多年生黑麦草 高羊茅 草地早熟禾 细叶羊茅 细弱翦股颖 匍匐翦股颖	假俭草 斑点雀稗 地毯草 结缕草 狗牙根 钝叶草	形成枯草层的速度	快↓慢	匍匐翦股颖 细弱翦股颖 草地早熟禾 细叶羊茅 多年生黑麦草 高羊茅	狗牙根 钝叶草 结缕草 假俭草 地毯草 斑点雀稗
耐践踏性	强↓弱	高羊茅 多年生黑麦草 草地早熟禾 细叶羊茅 匍匐翦股颖 细弱翦股颖	结缕草 狗牙根 斑点雀稗 钝叶草 地毯草 假俭草	修剪高度	高↓低	高羊茅 细叶羊茅 多年生黑麦草 草地早熟禾 细弱翦股颖 匍匐翦股颖	斑点雀稗 钝叶草 地毯草 假俭草 结缕草 狗牙根
修剪质量	好↓差	草地早熟禾 细弱翦股颖 匍匐翦股颖 高羊茅 细叶羊茅 多年生黑麦草	狗牙根 钝叶草 假俭草 地毯草 结缕草 斑点雀稗	再生性（恢复能力）	强↓弱	匍匐翦股颖 草地早熟禾 高羊茅 多年生黑麦草 细叶羊茅 细弱翦股颖	狗牙根 钝叶草 斑点雀稗 地毯草 假俭草 结缕草
需肥量	高↓低	匍匐翦股颖 细弱翦股颖 草地早熟禾 多年生黑麦草 高羊茅 细叶羊茅					

一、任务分析及要求

（一）任务分析

1. 坪址环境与土壤土质调查分析

（1）学会查询气候资料。

（2）学会区分不同土壤的质地与鉴定其酸碱度。

2. 草坪草种坪用特性与适用范围分析

（1）掌握常用草坪草种的生态特征与坪用性状。

（2）分析不同类型的草坪对草坪草种的要求。

(二)实训要求

准确了解建坪地的气候类型、坪址的土壤理化性质情况,了解常用草坪草种的生态习性与坪用性状,并能结合建坪单位的需求及实际情况,选择合适的草种进行建坪。

二、实训内容

1. 建坪地的气候及坪址土壤理化性质调查

(1)通过气象站或者网络查询当地气候资料。

(2)在教师指导下,现场调查坪址地的土质情况,并利用实验室测定土壤的酸碱度。

2. 了解草坪草种的生态习性以及坪用性状

(1)在实验室通过多媒体学习常用草坪草种的生态习性。

(2)现场观察学习各种草坪草种的密度、色泽、质地、均一性、耐践踏性等坪用性状特征。

3. 通过分析、讨论、总结,选择出合适的建坪草种

三、实训操作

1. 建坪地的气候及坪址土壤理化性质调查

(1)在教师指导下,查阅当地气象部门提供的近几年的气象资料。

(2)讨论分析建坪地的气候类型,并做出准确结论。

(3)用取土器,到建坪地现场取土样,鉴定土壤的质地,并把土壤带回实验室,测定pH,确定其酸碱度。

(4)总结分析调查结果,准确鉴定建坪地的气候类型、土质类型、土壤酸碱度等,完成实训报告。

2. 了解草坪草种的生态习性以及坪用性状

(1)在教师指导下,对常用的草坪草种的生态习性进行系统学习总结,选择能适应建坪地生态环境的草种。

(2)在教师指导下,现场调查校内或在附近单位的不同类型的草坪,了解其建坪草种的密度、色泽、质地、均一性、耐践踏性等坪用性状特征。

(3)根据调查结果完成实训报告。

四、实践技巧

(1)通过气象网站可以迅速查询出建坪地气候类型,也可以通过调查建坪地附近已经建成的草坪,分析并总结出建坪地的气候、土壤理化性质以及适宜的建坪草种。

(2)通过建坪地附近各类草坪的实地调查,可以快速准确地了解各种草坪草在建坪地的具体坪用性状表现。

(3)调查当地相同类型的草坪的草种使用情况,可以作为草种选择的借鉴依据。

五、评价考核

(1)考核运用图书馆、网络查询资料效率,以及对资料进行准确分析的能力。

(2)考核对黏土、壤土、沙土等不同土质的识别鉴定能力。

（3）根据调查结果，结合草种生态习性与坪用性状，考核正确选择建坪草种的能力。

一、重点名词解释

气候区、温度三基点、黏土、壤土、沙土、草坪草的坪用性状、适地适草。

二、知识结构图

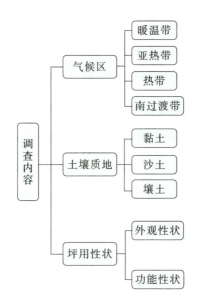

1. 我国亚热带、热带、过渡带分布在哪里？各有什么特点？
2. 草坪草一般适应在何种理化性质的土壤上生长，土壤理化性质极端不好情况下如何改良？
3. 草坪草种的坪用性状包括哪些内容？不同应用目的的草坪，该选择什么样坪用性状的草种？举例说明。

掌握坪地清理、地形地貌整理、坪地耕作、土壤改良以及喷灌系统设计安装方面的基本

理论知识。

学会坪地清理、地形地貌整理、坪地耕作等技能，并能根据土壤实际情况对坪地土壤进行改良，学会设计与安装喷灌系统。

1. 问题提出
（1）建筑垃圾与坪地植物如何进行清理？
（2）较适宜草坪草生长的坪地土壤应该具备哪些理化性质？如何进行坪地土壤改良？
（3）坪地耕作有什么作用，如何进行坪地耕作？
（4）在什么情况下应该设计安装草坪喷灌系统？

2. 实训条件 以小组为单位，建议10～15人一组，每组工作面50～100 m^2，在教师的指导下进行坪地的清理、土地耕作、坪地平整等实训操作。

坪地是草坪生长的基础与载体，其制作是否符合要求、制作质量是否良好，关系到草坪能否建植成功并在建成后能否良好生长。坪地制作主要包括清理、耕作整地、土壤改良与安装排灌设施等方面。

一、坪地清理

1. 木本植物的清理 根据建坪设计要求，确定木本植物去留方案。若是空旷草坪，则要去除树木。树木要伐倒、除根，以免残留根系影响草坪的建植施工，或者在草坪建成后，残留根系腐烂造成土壤沉降，草坪凸凹不平，并滋生病菌。

2. 岩石、建筑垃圾的清理 岩石与建筑垃圾或移走，或深埋。草坪建植过程中常见的建筑垃圾有的无毒害，对草坪生长发育不产生影响；有的有毒害，或者对土壤理化性质会有不良影响从而导致对草坪的生长产生不良影响。无毒害无不良影响的可以直接埋入草坪50cm以下，有毒害或能改变土壤理化性质对草坪生长发育有不良影响的，应清理出草坪坪地之外。

3. 杂草清除 坪地杂草的清除是一件极为重要的工作，在草坪建植之前，应综合运用耕作除草（如翻耕土壤）、化学除草与种植先锋草种抑制杂草等各种综合防治措施对坪地上的杂草进行最大限度的杀灭。

二、地形地貌处理

根据设计要求，进行地形地貌整理，或削高，或填洼，或堆山，或挖塘。根据经验，进行整理时，应注意以下几点：

1. 地貌整理，必须在在建坪之前及早完成，以便在今后能处理地形地貌整理后的各种遗留问题。如大面积心土改良，新暴露岩体的处理等。

2. 能保留表土层，具体操作是，地形地貌整理时，先剥离表土，单独存放，当地形地貌整理完毕后，先平整心土，再将表土复位。

3. 回填土时，应回填一层压实一层。一般是回填10～20cm后压实，然后继续回填，再压实，直至达到设计标高。需要注意的是，在最后一层10～20cm厚度的压实压力，不可大于2t。由于需种植草坪，不宜压得过实，以免土壤过于板结，影响草坪草生长。

4. 坪地内的各种地形，尤其是溪、塘、池等水源，应尽可能保留，一是可以供排、灌、蓄水，二是可以增加景色。

三、坪地耕作

坪地耕作包括深翻、旋耕等操作过程，是草坪建植前的一项必备工作，土壤耕作可以改善土壤的通透性，提高持水能力，提高建成后草坪表面稳定性。耕作宜在适宜的土壤湿度下进行，具体标准为用手将土捏成团，抛到地上即散开时为度。

深翻是用犁深翻土地20～25cm，深翻可使土壤翻转、松碎和混合，可将表土和植物残体翻入土壤深部。翻耕后要进行旋耕破碎土块，改善土壤的团粒结构，使坪地形成平整的表面。

四、土壤改良

土壤改良的目的在于提高土壤肥力，保证草坪草正常生长发育所需的土壤环境，土壤改良包括改良土壤理化性质，提高土壤肥力。

1. 调节土壤酸碱度 一般情况下，草坪草在微酸—中性—微碱性的土壤中生长良好。但若土壤偏酸（pH小于5.5）、偏碱（pH大于8.0），则应改良。施用石灰石粉、熟石灰、煤渣灰等可改良酸性土，施用硫黄、石膏粉、洗盐、淡碱等可改良盐碱土。但若土壤过酸（pH小于4.5）、过碱（pH大于8.5），除改良土壤酸碱度外，需注意选择耐酸或耐碱的草坪草进行栽培（表2-2-1）。

表2-2-1　100m^{2}土壤调至pH 6.5施用石灰石粉的参考量

原土壤pH	石灰石粉用量（kg）			备注
	沙土	壤土	黏土	
6.0	10	17	24	
5.5	22	37	49	
5.0	32	54	73	耕作层厚度以15cm计算
4.5	39	73	98	
4.0	49	85	112	

若在成熟草坪内追施石灰石粉，用量一般每100 m^{2}不大于24kg为宜。

中和土壤碱度，最常用的是硫黄粉。使用硫黄粉不仅可以中和碱性，同时还可以起消毒作用，操作方法简单，花费也较少。在建植草坪前，施硫黄粉于耕作层，具体用量见表2－2－2。

表2－2－2 100m² 土壤调至 pH 6.5 施用硫黄粉的参考量

原土壤 pH	硫黄粉用量（kg）			备注
	沙土	壤土	黏土	
8.5	17~22	19~26	22~29	耕作层厚度以15cm计算
8.0	12~17	14~20	17~24	
7.5	5~7	7~10	10~12	
7.0	1~2	3~5	4~6	

若在成熟草坪中追施硫黄粉，用量以每100m²不大于2.44kg为宜。此外，也可用生石膏粉（$CaSO_4 \cdot 7H_2O$），较之硫黄粉用量大，花费较多，操作量也增加，但可以补钙，缺钙的土壤可以优选。

草坪建植前施用石灰石粉和硫黄粉，都应分层分批均匀撒施，耕翻入土，一般改良耕作层12~15cm，若能至25~30cm更好。草坪建成后，通常每隔2~3年测定一次土壤耕作层的酸碱度，决定是否需要追施，以及追施数量。追施的石灰石粉、硫黄粉越细越好，若细度不够，则用撒施、播种机均施。施用以后，最好喷灌一次，以便冲洗入土。

在时间允许的条件下，不管是酸性土还是碱性土，都可以通过种植绿肥、先锋草种等方法进行改良。

2. 改良土壤质地 大部分草坪草适宜在具有良好团粒结构的壤土内生长。若土壤过沙或过黏，只要经济条件许可，都应进行改良。改良办法：黏土掺沙，沙土掺黏，或因地制宜掺经过处理的垃圾、煤渣等，把过黏或过沙的土壤改变成壤土（黏壤土至沙壤土范围）。

3. 土壤肥力改良 在土壤贫瘠的坪地，增加土壤有机质是提高肥力的有效手段。草坪建植之前，使用有机肥料如施用发酵消毒后的养殖场的禽畜排泄物、厩肥、堆肥等，或者种植绿肥和先锋草种，然后埋青，是增加土壤有机质的有效办法。

五、排灌水系统的安排

草坪的常规管理主要是水分与肥料管理，水分管理贯穿于草坪建植和今后养护管理的整个过程，对任何草坪草来说都是至关重要。坪地制备时设计一个良好的灌排系统是保证草坪优质、长寿的极为关键的措施。

1. 灌溉系统类型 灌溉有漫灌、浇灌、喷灌与渗灌等几种方式，各有优缺点。目前草坪工程中使用较多的是喷灌方式，喷灌投资较多，使用方便，效果较好，漫灌与浇灌则相反。

灌溉系统的安排应以方便、实用、经济、稳定可靠为原则，根据具体条件，灵活应用，切忌盲目跟风，贪大求洋，造成不必要的浪费和损失。

2. 排水系统 排水系统可分地表径流排水和非地表排水（渗透排水）两种，前者可迅速排除地面多余的水分；后者是水分渗入土层内，或保留在土壤中，或转化成重力水，汇入地下水。草坪地排水以地表径流排水为主，占总排水量的 70%～95%。排水良好的草坪地，可在雨后 1d 之内将重力水排除或基本排除。

六、坪地平整

坪地的平整度与草坪的景观密切相关。由于坪地在翻耕、破碎土壤以后，土壤有一定的沉降过程，因此，坪地的平整应在翻耕后土体稳定后进行，否则，坪地平整以后仍会发生由于沉降而产生的坑洼现象。坪地的平整度主要依据草坪的利用目的来决定，通常分为一般平整和高级平整。

1. 一般平整 地面的平整度和坡度均按设计要求，施工误差遵循一般土建工程做地坪的要求，不得超过±0.5%。摊平地面后，用不超过 2t 的压路机滚压。不允许存在坑坑洼洼的现象。一般绿化、观赏、交通安全、护坡草坪等均可采用。小面积草坪的地面平整通常由人工和传统农机具实施。

2. 高级平整 地面的平整度与坡度均按设计要求，施工误差在±0.2%以内。通常通过高程测量，分成小方格，逐格平整，然后统一平整。

一、任务分析及要求

1. 任务分析

（1）清理坪地内一切建筑垃圾与其他非建坪需要的植物。

（2）学会鉴定坪地土壤是否适宜草坪草种的生长需要，如有必要，应根据实际情况进行土壤改良。

（3）掌握正确的耕作步骤与方法，翻耕深度适宜，旋耕破碎土块粗细适中。

（4）学会如何进行坪地的平整。

2. 实训要求 掌握从坪地清理、土壤耕作改良直至最后坪地平整的整个坪地制作步骤，重点掌握土地翻耕、破碎与坪地平整的技能，制作出适合草坪草生长的优良坪地。

二、实训内容

1. 坪地清理

（1）使用农具与工程器械清除所有妨碍草坪建植施工以及草坪草生长的物体。

（2）清理所有建坪不需要的木本植物，清理杂草。

2. 耕作与平整

（1）用机器或者人工的方法翻耕土壤，旋耕破碎，使得土壤保持良好的理化性状及墒情。

（2）平整坪地，使坪地达到"小平大不平"，并大体上"中间高四边低"，即平整又有利于排水的良好状态。

三、实训操作

1. 坪地清理

（1）使用钉耙、锄头等把砖、石块及其他杂物清除出坪地，并集中处理。

（2）木本植物全部伐倒，挖根，转移出建坪地。

（3）根据实际情况铲除杂草或者喷施灭生性除草剂消灭杂草。

（4）完成实训报告。

2. 耕作与平整

（1）使用翻耕机器，或者用铁锹、锄头等农具人工翻耕土壤，翻耕深度30cm左右。

（2）使用旋耕机旋耕破碎土壤，或者使用五齿耙人工破碎土壤，使得土壤粒径在1cm左右，把无法破碎的大粒径土块清理出坪地。

（3）如土壤质地与肥力不符合草坪草生长需要，在旋耕破碎过程中，施入适量有机肥与复合肥。

（4）使用五齿耙等工具对坪地进行平整，坪地无明显起伏与坑洼。

（5）完成实训报告。

四、实践技巧

（1）清理坪地时，分区清理，把清理的砖、石块以及其他建筑垃圾就近堆放，清理结束后，统一收集转移出坪地。

（2）清理杂草时，应把坪地周边的杂草一起清理，以免杂草种子扩散至坪地内，增加草坪杂草来源，增加以后杂草防除工作量，可以使用杂草综合防除的方法，运用耕作、化学等除杂草措施进行杂草清理。

（3）翻耕与旋耕都必须在土壤含水量合适的情况下进行，土壤太干或太湿都不能进行翻耕与旋耕。

（4）平整时先进行粗整，使得坪地整体上无明显高低不平、坑坑洼洼的现象，然后对局部进行细平整，削高填低。

五、评价考核

（1）考核坪地清理的程度，有没有把妨碍草坪建植与草坪草生长的东西清理出草坪并集中处理。

（2）考核翻耕的深度与旋耕破碎坪地土壤的细碎程度，是否符合要求。

（3）考核坪地平整的情况，有无明显坑洼不平。

知识小结

一、重点名词解释

土壤翻耕、土壤旋耕、土壤粒径、坪地表土层、土壤酸碱度。

二、知识结构图

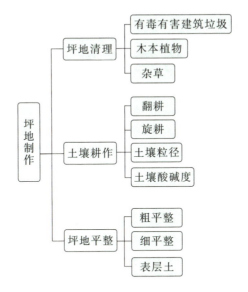

1. 哪类建筑垃圾可以就地深埋在坪地内，哪类则必需转移带出坪地？
2. 为什么木本植物伐倒后还需要挖根？
3. 旋耕破碎土块颗粒一般要求粒径多大较为合适？

项目三
草坪的建植方法

掌握草坪建植的理论知识，并学会种子直播法、草皮铺植法、草茎撒播法等草坪建植的常用方法。

掌握称量种子、撒播种子、覆盖种子、切分草块、铺设草皮、镇压草皮、挑选草茎、切分单元种茎、撒播草茎、镇压草茎、浇水等技能，并能熟练应用这些技能进行草坪建植。

编 号	名 称	内 容 提 要
任务1	种子直播法建植草坪	种子直播法建植过程及注意事项
任务2	草皮铺植法建植草坪	草皮铺植建植过程及技术要点
任务3	草茎撒播法建植草坪	种茎撒播建植过程及注意事项

任务 1 种子直播法建植草坪

学会种子直播法建植草坪的方法及程序，了解草坪草种子品质、播种量、种子处理等知识，学会种子建坪知识及幼坪养护常识。

掌握草坪种子质量检测方法，学会对种子进行播前浸种消毒、种子直播法建植草坪的方法及程序，熟练掌握种子直播建坪的全套技能。

1. 问题提出

(1) 草坪种子质量有哪些常用指标？

(2) 如何确定草坪的播种量？

(3) 如何能确保播种均匀？播种后，哪些养护管理措施能使得草坪出苗快？

2. 实训条件 以小组为单位，建议5～6人一组，在教师的指导下进行实训操作。

每组配备：待建、已整好的草坪场地1块（100m² 左右），高羊茅或者黑麦草草种4kg左右，五齿耙，铁辊，绳子，皮尺，简易浇灌设备等。

种子直播法建坪就是将草种直接播种于待建草坪地内，通过养护管理，使种子萌发，经过生长发育，形成幼苗、植株，最后形成草坪的过程。

播种法建植草坪，关键要确保良好的草籽质量、合适的播种量、适宜的播种期以及播种后合理的管理措施。

一、种子品质

草籽的质量一定要达到播种种子标准，才能用于生产。影响种子质量的主要因素是种子的纯净度与发芽率（表3-1-1）。优良的种子要有较高的纯净度，含杂质少，没有杂草种子，发芽率高。

表3-1-1 草坪草商品种子质量标准

草 种	最低纯净度（%，质量百分比）	最低发芽率（%，数量百分比）
羊茅	90	90
紫羊茅	97	85
蓝羊茅	95	90
高羊茅	95	90
草地早熟禾	85	75
普通早熟禾	90	80
多花黑麦草	98	90
多年生黑麦草	97	85
狗牙根	97	85
小糠草	92	90
细弱翦股颖	97	85
匍匐翦股颖	90	90
地毯草	92	90
百喜草	72	70
结缕草		24
白三叶	95	85

二、播种量的确定

影响播种量的因素有很多，如草种的纯净度、发芽率、种子的大小等。播种量要适当，过少会延迟成坪时间，增加管理难度，过多会影响草坪的正常分蘖，幼苗需经过自然稀疏后才能正常成株，并增加成本开支。

从理论上说，每平方厘米应该有一株健壮草苗，也即10 000株/m^2，为保险起见，再增加一倍，即达到20 000株/m^2。一般生产上的理论取值为10 000～20 000株/m^2。表3-1-2为建立纯一草坪的实际播种量，可供参考。

表3-1-2 常见草坪草种子每克粒数和播种量

草 种	每克粒数（粒）	撒播种子用量（g/m^2）
小糠草	11 000	6～8
匍匐剪股颖	18 000	5～7
细弱剪股颖	19 000	5～7
草地早熟禾	4 800	8～10
加拿大早熟禾	5 500	8～10
紫羊茅	1 200	17～20
羊茅	1 400	17～20
高羊茅	500	25～35
多年生黑麦草	500	30～40
野牛草	100	25～30
狗牙根	4 000	6～8
结缕草	3 400	8～12
假俭草	900	18～20
地毯草	2 500	10～12

如果播种坪地的土壤条件恶劣、播种期不适宜等，应适当加大播种量。混播草种的混合比例常取种子质量之比。若加保护草种，则保护草种的混入量通常为建坪草种种子量的10%～20%，不宜超过20%。

三、播种前的种子处理

播种前的种子处理，目的在于提高发芽率和发芽速度，进行种子消毒，以期早出苗，多出苗，出好苗，出齐苗。常用的方法有以下几种：

（一）晒种

晒种有利于改变种子种皮的通透性和水分吸收能力，促进气体交换，从而促进种子发芽，同时具有一定的消毒作用。通常将种子在晴天阳光下暴晒4～6d，注意经常翻动，也可摊在泥地上晒种，不能在水泥地上晒种，以免地表温度过高烫死种子。

（二）石灰水浸种

用1%的石灰水浸种，既可对种子消毒，又可催芽。具体处理时，按质量称取1份新鲜石灰，加99份水，调和时先加少量的水调成糊状，再加入足量的水，搅拌，澄清后，取上面的澄清液浸种。浸种时间24h左右后取出，用清水反复淘洗，水清为止。将种子晾干至表面无明水，相互分离，即可播种。

(三) 催芽

草坪草种子催芽主要有两种情况，一是为了赶季节，缩短出芽时间；另一种是如结缕草属种子，不催芽发芽率极低。浸种完毕，将吸足水的种子沥干，堆放，上面覆盖编织袋等物，以减少水分蒸发。注意经常检查，若种子堆内温度过高，超过35℃，则应翻堆；若发现水分不足，应立即洒水，洒水以不淌水为度。尤其在种子破口、露白时，应特别注意种子堆内温度和水分的变化。当大部分种子破口、露白时，及时摊晾，至表面干燥时，即可播种。期间，即使部分种子根、芽发齐，只要不超过1cm，都没有太大关系。

结缕草属种子，由于发芽率较低，应追加处理。浸种完毕后，与2倍湿沙拌和，置于通气良好的容器内，架空搁置，保湿经15～30d，种子破口、露白率超过50%，即可播种。

(四) 药剂拌种

通常用多菌灵可湿性粉剂拌种，用量为种子质量的0.2%～0.3%，或者先将药与细土拌匀后再与种子拌匀。托布津、福美双、代森锌、敌克松、纹枯利等农药也可用于药剂拌种。

四、播种适期

草坪草的播种时间，因生态环境和草坪草品种的不同而有差异。一般华东、华中、华南等较温暖的地区，3～11月份均可播种；东北、西北地区，冷季型草坪草的播种期在3月下旬或4月上旬到10月上旬。冷季型草坪草最适宜的播种时期是夏末秋初。夏末秋初地温较高，极利于种子发芽，此时冷季型草坪草发芽迅速，同时，播后立即进入秋季，低温可抑制部分杂草的生长；来年经过春季的生长后，可大大提高越夏的能力。但不能播种过迟，因为播种过迟就可能因气温过低，而影响种子的发芽、生长，降低越冬能力。如果在春末夏初播种冷季型草坪草，由于草坪草生长时间较短，就会增加植株在干旱、高温胁迫下死亡的可能性，同时此时也有利于杂草的生长，极易造成草害。暖季型草坪草最适生长温度大大高于冷季型草坪草，因此以春末夏初较好，此时播种可以满足草坪草所需要的温度和生长时间。

五、播前整地

坪地平整后，播种前还需进行整地处理。首先，检查地面是否平整，若有坑洼现象，应予弥补；其次，若坪地上又有杂草滋生，应于播前通过整地清除杂草，化学除草最好在播前进行。第三，若地面因平整时间过长而板结时，应予毛面，以形成一个疏松的土壤表面。

六、播种建坪

(一) 播种

播种要求将草坪草种子均匀分布在建坪地上，使种子掺和到0.5～1.5cm的土层中。播种后可轻压，可加震动，以保证种子与土壤紧密结合。播种太深或覆土太厚，都会影响出芽率，而过浅或不覆土易使种子流失。播种多采用播种机或人工撒播的办法。

人工撒播，大致可按下列程序操作：

(1) 把建坪地划分成若干块或条，相应的把种子分成若干份，每份种子播种一块坪地。
(2) 将种子均匀地撒在块或条中。若种子过于细小，可以掺和细沙或细土后撒播。
(3) 用工具轻捣、轻拂、轻拍，然后覆土。

（4）轻压。注意此时土壤不能过于潮湿，以免压后地面板实。

（二）播后管理

播种结束后，即进入播后管理。主要项目有：

1. 灌溉与蹲苗　播种后，第一次灌溉要浇透水，出苗前，每天早、晚各灌溉一次，每次灌溉的水量控制在不使土面结皮为度，直至苗齐，保持土面潮湿。一般在第3片绿叶长出后进行蹲苗，即人为干旱，促使幼苗扎根，提高根冠比。蹲苗可与灌溉交替进行，蹲苗的强度可随幼苗的生长而加强。

2. 覆盖　只能在草坪面积比较小的情况下进行，目的在于保湿、增温。覆盖材料有地膜、稻草、麦秆等，目前较为常用的是塑料地膜。覆盖在第一次灌溉后进行，但种子发芽"立针"后，应及时揭膜，否则可能造成烧苗、弱苗或促发病害。

3. 破土壳　由于大雨，灌溉量过大或灌溉方式不当，常会造成土表全部或局部结壳，影响全苗、齐苗、均苗和已出土的幼苗生长。此时可用钉耙等农具将土壳破除，破除时应注意避免伤苗。一般，用沙子、泥炭、堆肥等来覆土，不会结壳。

4. 施好头肥　亦称为断奶肥，指帮助幼苗自胚乳（或子叶）提供养分过渡至幼苗自养而施的一次速效肥。这是壮苗、促使提早分枝、分蘖的一大关键。常用的是尿素＋磷酸二氢钾（1∶1），以0.1％～0.2％的水溶液，叶面施肥为佳。也可每100m²施用混合肥料2.0～2.5kg。

5. 间苗、补苗　当出苗不均匀的情况下，需要进行间苗、补苗。出苗不均匀时，密处幼苗拥挤，影响生长，因此，移密补稀，一举两得。宜于三叶期前后，进行1～2次。由于间苗、补苗比较费工，所以，应尽力保证播种质量，减少间苗、补苗的工作量。

6. 清除杂草　草坪幼苗期常会发生同步杂草危害。草坪幼苗期不宜进行化学除草，只能使用人工进行。

一、任务分析及要求

（一）任务分析

用种子直播法建植一块100m²的草坪。

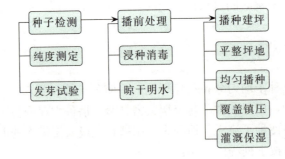

（二）实训要求

（1）准确计算播种量，并精确采取合适质量的草种。

（2）播种前进行浸种消毒，注意杀菌剂的浓度要求。

(3) 坪地整理要平整，有毛面，播种要采用分区播种，确保播种均匀。

(4) 播种后轻耙表土覆盖草种，并进行适当镇压，播种后第一次浇水必须浇透。

二、实训内容

种子直播法建坪主要包括以下步骤：种子播种前检测与处理、基肥施放、坪地整理、种子撒播、覆盖镇压、浇水。本实训主要完成以下步骤：清理坪地场地，精细整平坪地土壤，均匀分区，均匀播种草籽，覆盖镇压，浇水保湿。

三、实训操作

1. 清理与平整场地　清理坪地上大颗粒土块以及石头砖块等垃圾，用五齿耙对整理好的坪地场地进行再次耙平，使坪地表面土质疏松，土块细碎。

2. 坪地分区　把坪地平均分成10等份，每等份面积相同（10m^2）。

3. 称量草种　称量3~4kg黑麦草或者高羊茅草种，并平均分成质量相等的10等份，每等份300~400g，每个坪地分区分配一份。

4. 撒播草种　将每个分区上的草种均匀撒播到该分区内，先沿一个方向均匀撒播下一半种子，再沿与第一次播种方向相垂直的方向撒播下另外一半种子。

5. 覆盖、镇压　用五齿耙把播种后的坪地轻轻耙一遍，使种子与土壤混合，铁辊镇压一遍，保证种子与土壤紧密接触。

6. 浇水保湿　第一次要浇透水，以后每天浇水1~2次，保持土壤呈湿润状6~7d至种子发芽。

四、实践技巧

1. 种子品质鉴定

(1) 观察种子的外观，优质的新种子外观完好，表皮有光泽，极少尘粉，而劣质陈种子一般在外观上有破损残缺，表皮晦涩无光泽，尘粉较多。

(2) 按国际种子检测标准的条件对种子进行发芽率实验，优质种子的发芽率高，发芽势好，反之为劣质种子。

(3) 检测种子的纯度，优质种子的纯度高，劣质种子纯度低，含大量杂质或者其他混杂的植物种子。

2. 播种前种子处理　使用广谱杀菌剂如多菌灵、百菌清等对种子进行浸种消毒消毒后在阴凉处晾干明水。

3. 播种建坪

(1) 把坪地土壤分成面积相等的若干条块，然后把种子分成相对应的若干份，每块坪地土壤上播种相对应的一份种子，在播种区域内先沿一个方向播下该区域播种量的一半种子，再沿垂直方向播下另一半种子，均匀播种。

(2) 应用五齿耙轻轻耙土覆盖草籽，并用压辊镇压坪地。

五、评价考核

(1) 现场考核播种建坪各个环节是否完整以及是否符合实训要求，播种是否均匀（出苗后的均匀度），并考核草坪的成坪速度以及成坪质量。

（2）完成种子直播法建坪的实训报告，要求包括建坪的步骤、程序以及注意事项。

草 坪 喷 播 技 术

一、液压喷播植草施工工艺

草坪液力喷播是利用液体播种原理把催芽后的草坪种子装入混有一定比例的水、纤维覆盖物、黏合剂、肥料、染色剂（也可另加保水剂、松土剂、泥炭等材料）的容器内，利用离心泵把混合浆料通过软管输送喷播到待播的坪地上，形成均匀覆盖层保护下的草种层，喷播厚度一般2～3cm。喷播的纤维、胶体形成半渗透的保湿表层，这种保湿表层上面又形成胶体薄膜，大大减少水分蒸发，给种子发芽提供水分、养分和遮阳条件，纤维胶体和土表黏合，使种子在遇风、降水、浇水等情况下不流失，具有良好的固种保苗作用。另外，覆盖物染成绿色，喷播后很容易检查是否已播种以及漏播情况。由于种子经过催芽，播种后2～3d即可生根和长出真叶，很快郁闭成坪起到快速保持水土的作用并且减少养护管理费用。

二、液压喷播植草施工方案

（一）工序流程

坡面修整→覆土→液力喷播→养护

（二）材料选择

1. 草种 采用狗牙根、百喜草按照7∶3的比例进行施工。

2. 纤维 纤维有木纤维和纸浆两种，木纤维是指天然林木的剩余物经特殊处理后的呈絮状的短纤维，这种纤维经水混合后成松散状、不结块，给种子发芽提供苗床的作用。水和纤维覆盖物的质量比一般为30∶1，纤维的使用量平均在3～4kg/hm²，坡地在4～5kg/hm²，根据地形情况可适当调整，坡度大时可适当加大用量。

3. 保水剂 保水剂的用量根据气候不同可多可少，雨水多的地方可少放，雨水少的地方可多放，用量一般为3～5g/m²。有时也可以用木纤维代替保水剂。

4. 黏合剂 黏合剂的用量根据坡度的大小而定，一般为3～5g/m²或纤维质量的3%，坡度较大时可适当加大。黏合剂要求无毒、无害、黏性好，能反复吸水而不失黏性。

5. 染色剂 是使水与纤维着色，为了提高喷播时的可见性，易于观察喷播层的厚度和均匀度，检查有无遗漏，一般为绿色，进口的木纤维本身带有绿色，无需添加着色剂，国产纤维一般需另加染色剂，用量为3g/m²。

6. 肥料 肥料选用以硫酸铵为氮肥的复合肥为好，不宜用以尿素为氮肥的复合肥，因为尿素用量过少达不到施肥效果，超过一定量时前期烧种子，后期烧苗。视土壤的肥力状况，施量为30～60g/m²。公路护坡一般的只要施入早期幼苗所需的肥料即可（N、P、K的复合肥）。

7. 泥炭土 是一种森林下层的富含有机肥料（腐殖质）的疏松壤土。主要用于改善表层结构有利于草坪的生长。

8. 活性钙　有利于草种发芽生长的前期土壤 pH 平衡。

9. 水　是主要溶剂，起溶解其他材料的作用，用量为 3~4L/m²。

（三）设备选择

进行喷播绿化的重要设备为喷播机（一般为进口机械），喷播机的性能直接影响喷播的质量和效率。

（四）施工中的注意事项

1. 喷播程序　一般先在罐中加入水，然后依次加入：种子、肥料、活性钙、保水剂、木纤维、黏合剂、染色剂等。配料加进去后需要 5~10min 的充分搅拌后方可喷播，以保证均匀度。每次喷完后须在空罐中加入 1/4 的清水洗罐、泵和管子，对机械进行保养。

2. 水和纤维的用量　水和纤维的用量是影响喷播质量的主要因素。在用水量一定的条件下，纤维过多，稠度加大，不仅浪费材料，还会给喷播带来不利影响；纤维过少，达不到相应的覆盖面积和效果，满足不了喷播的要求。水和纤维用量的适宜质量比一般为 30∶1。另外，在将各配料投入喷罐中时，应先加水后加黏合剂、纤维、肥料及种子等，经充分搅拌形成均匀的喷浆后再喷播。

3. 坡面清理　喷播前适当地平整坡面坪地，清除大的石块、树根、塑料等杂物。喷播前最好能喷足底水，以保证植物生长。喷播后，应覆盖遮阳网或无纺布，以便更好地防风、遮阳和保湿。

（五）苗期养护管理

（1）喷播后加强坪地管理，根据土壤含水分，适时适度喷水，以促其快速成坪。

（2）在养护期内，根据植物生长情况施 3~6 次复合肥。

（3）加强病虫防治工作，发现病虫害时及时灭杀。

（4）当幼苗植株高度达 6~7cm 或出 2~3 片叶时揭掉无纺布；避免无纺布腐烂不及时，以致影响小苗生长。

（5）根据出苗的密度，对草花进行间苗补苗。

三、液压喷播植草的优点

液压喷播植草与传统的种草、铺草皮工艺相比有以下优点：

（1）工艺简单，易操作，不必覆盖或更换表土，适用范围广。

（2）对土壤平整度没有要求。

（3）覆盖料和土壤稳定剂的共同作用能够有效防止雨水冲刷，避免种子流失，因此所建立的植被均匀整齐。

（4）施工统一，成坪快，较美观，在水分充足的条件下，一般 1 周左右即可出苗，2 个月植被可以完全覆盖坡面。

一、重点名词解释

种子直播法、纯净度、发芽率、播种量、晒种、浸种消毒、催芽、喷播。

二、知识结构图

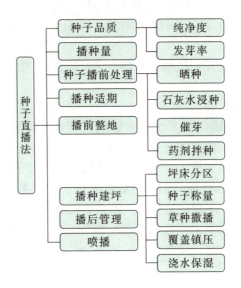

1. 草坪草种子品质检测主要指标是什么？各自用什么方法检测？
2. 常见草坪草种子直播建坪时播种量是多少（至少说出 10 种草坪草）？
3. 种子撒播前处理有哪些方法？
4. 种子直播法建坪的一般步骤包括哪些？各自有何技术要点？

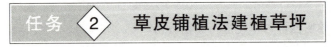

任务 2　草皮铺植法建植草坪

学会草皮铺植法建植草坪的方法及程序，了解草皮选购品质、运输等知识，学会营养繁殖建坪知识及铺植后草坪养护常识，掌握营养繁殖的生产过程及技术要点。

学会用草皮铺植法建植草坪的方法及程序，熟练掌握草皮铺植建坪的全套技能。

1. 问题提出

项目三 草坪的建植方法

(1) 草坪除了能用种子进行建造之外,还有哪些建坪方式?
(2) 草坪满铺法的原理是什么?
(3) 草皮铺植法建坪有什么优势吗?它又有什么缺点呢?
(4) 本地区常见的草皮主要是哪些种类?它们的价格大致是多少?

2. 实训条件 以小组为单位,5~6人一组,在教师的指导下进行实训操作,每组配备:待建、已整好的草坪场地一块(100m²左右)、草皮80~90m²、五齿耙、箩筐(清理坪地用)、铁锹、浇灌设备等。

草坪的建植方法主要有两类:一是生殖繁殖法建坪,二是营养繁殖法建坪。营养繁殖法建植草坪是指利用草坪的营养器官,如草皮、草块、植株、枝条等营养器官来建植草坪的方法。

营养繁殖法常用的有草皮铺植法、间铺法、播茎法、草茎分栽法、草皮柱塞植法、草皮柱撒播法等。

一、草皮铺植法概念

草皮满铺法也称为密铺法,是最常用的一种草坪营养建坪方法。采用草皮铺植法建植草坪时,先按一定的规格起好草皮,然后把草皮运输至建坪地,用草皮直接把建坪地铺满,草皮之间只留出1~2cm的间隙。草皮铺植法铺设的草皮一旦成活即成坪,成坪快,但成本高。

二、草皮铺植法注意事项

(一) 草皮的选择

首先,铺设所用的草皮应保证纯净、均一、生长发育良好、无病虫害、人工栽培的年轻成熟草坪;其次,应该选择质量等级高的草皮来进行铺设。

表 3-2-1 草皮质量等级

等级	一级	二级	三级
1. 适应性	适应当地条件,并满足草坪建植的功能		
2. 草种名或混合组成	清楚	清楚	草种清楚,某些品种名不清楚
3. 标签	清楚标明了所要求的所有项目		
4. 盖度(%)	100	95~99	90~94
5. 草皮土层厚度(mm)	15±3	18~23	24~30
6. 草皮强度	可以拎起草皮的一端至150cm的高度而草皮不断裂		
7. 杂草率(杂草或者目标以外草种的面积,%)	无杂草	<2 不含农业部或者当地权威机构所认定的恶性杂草	<5 不含农业部或者当地权威机构所认定的恶性杂草
8. 病虫侵害率(%)	≤1	1.0~3.0	3.0~5.0
9. 草皮切面形状	宽度误差<10mm,长度误差<3%。破碎的草皮或有一端参差不齐的草皮都是不合格的	宽度误差<12mm,长度误差<5%。破碎的草皮或有一端参差不齐的草皮都是不合格的	宽度误差<15mm,长度误差<8%。破碎的草皮或有一端参差不齐的草皮都是不合格的

(续)

等级	一级	二级	三级
10. 枯草层厚度（mm）	≤8	≤10	≤13
11. 新鲜度	叶片新鲜、坚挺	叶片不够坚挺	叶片微微萎蔫

（二）铺设季节

铺设草坪不仅要注意建坪当时的环境条件，还需注意建坪材料的获得，以及建坪后草坪草具有足够的生长发育时间，以便增强越冬和越夏的能力。因此，季节是有地方性的。黄河以北，可以在当地的春季或雨季建植草坪。黄河以南，五岭山脉以北，宜区分夏绿型草种和冬绿型草种，夏绿型草种以当地春季至雨季为佳，冬绿型草种则分别以早春和夏末至中秋为好。五岭山脉以南，全年可建植草坪，但以雨季为佳。

（三）栽后管理

灌溉、排水、蹲苗是铺设法建坪后草坪管理的首要任务。草坪铺设后，应立即浇透水，第2天，立即加以镇压。以后土壤表面干至发白时即灌溉，少量多次，维持在土壤表面颜色发灰的程度，若土表发黑，则表示土壤水分过多。5～10d 后，种根发生，即始立苗。立苗后，至一半以上新苗长出 2～3 片新叶时，早晨连续观察 3～4d，若看到吐水现象，可以立即开始蹲苗。蹲苗由轻而重，根据苗情、气候、土壤，与灌溉交替进行，直至形成幼草坪。

铺贴的草坪在草块接口处，难免不平整，这可以通过覆土来解决，土要细，有条件的地方可用细沙覆盖，效果更好。

一、任务分析及要求

（一）任务分析

用草皮铺植法建植一块 100m² 的草坪。

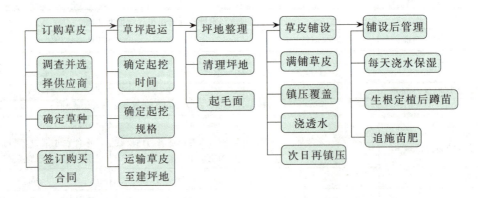

（二）实训要求

（1）坪地清理要彻底，清除妨碍草坪铺设的任何杂物，坪地要整理平整，并保持上松下实。

(2) 草坪卸载应尽量不要撕破草皮，并均匀堆放在方便铺设的位置，不要全部堆放在一起。

(3) 铺设草皮时，按顺序铺设，要铺设平整。

(4) 镇压要保证草皮的根系与地面土壤密切接触，不拱起，不翘边。

(5) 第一次浇水要浇透，浇足。

二、实训内容

掌握草皮铺植法建坪的方法和程序，熟练完成清理与平整坪地、铺设草皮、浇水镇压等步骤，学会苗期蹲苗促根。

三、实训操作

1. 清理坪地　人工清理坪地上大颗粒土块以及石头砖块等垃圾，用箩筐集中收集，搬运出草坪坪地。

2. 平整坪地　用五齿耙对整理好的坪地场地进行再次耙平，使坪地表面土质疏松，土块细碎。

3. 草皮卸载与均匀放置　把运输过来的草皮卸载下车，隔一定的间距，均匀堆放在坪地上，便于搬运铺设。

4. 铺设草皮　将草皮按顺序均匀铺植在坪地上，草皮之间保留1～2cm的缝隙。

5. 缝隙填充　用细土或者河沙撒进草皮之间的缝隙，填满缝隙。

6. 镇压展平　铺满草皮后，利用0.5～1.0t重的铁辊对草坪进行滚压，使草皮与土壤紧密结合，草皮根系密切接触土壤，根系与土壤之间无缝隙；如采用人工踩压镇压，应对每块铺设好的草皮用踩踏的方式进行一次人工镇压，保证草块不翘边、不拱起。

7. 浇透水　第一次镇压结束，马上对草坪进行浇水，浇水要浇透、浇足。

8. 后期管理　第一次浇水后2～3d，再次对草坪进行滚压1～2次，使草坪平整。以后每隔一周浇水一次，浇水后隔日滚压，直到草坪生根成活，并滚压平整。

四、实践技巧

1. 草皮选择

(1) 调查建坪地附近草皮生产商的生产情况，到现场调查草坪的品种类型以及生长状态。

(2) 确定供货商，并确定所需要的草皮品种。

(3) 与供货商确定起草皮的方法、草皮的标准、起挖时间及运输事宜。

2. 草皮起挖

(1) 起挖前提前2d对草坪浇水、修剪（留茬4cm左右），起挖时，土层厚度要均匀。

(2) 起挖一般按方形切法起挖，规格为30cm×30cm，厚度在1.5～3.0cm的方块，捆扎装车；或者按长条形切法起挖，规格为宽30cm，长1～2m的长条草皮，卷起装车。

(3) 装运要尽量保持草块的完整，装完车应盖上帆布防止水分蒸发过快或者阳光暴晒升温，干旱天气在装完车时候，还应该用水管给草皮浇水一遍，运输到建坪地，立即铺设。

3. 坪地准备

（1）草坪坪地要清理好，大石块、砖块、瓦砾等杂物以及大的土块清理出坪地。

（2）坪地土壤粒径最好小于 2cm。

（3）坪地平整。

五、评价考核

（1）考核满铺法建坪的每个环节是否符合实训要求，考核建成的草坪的平整度与成活率。

（2）完成满铺法建坪的实训报告，要求包括建坪的步骤、程序以及注意事项。

无土草毯生产

草皮是指草地上能够剥离，并可移植到他处，以营养繁殖方式建植草坪的商品性原始材料，是由草坪草的叶、茎、根和附带的土壤构成，其最大的特点是可移植性，是专门用于快速植草的商品型草坪。草皮是建植草坪的重要材料之一，其最大的特点是能够快速建成并形成良好的绿色覆盖。传统的有土草皮不仅生产周期长、成本高、运输不便、经济效益低，而且破坏和浪费土壤资源，造成耕层土壤的逐渐减少，无土草皮的生产是解决这一问题的关键。

无土草毯是在隔离层上均匀撒一层轻质的培养基质，播上草种后利用喷灌系统供水，成坪后即为无土草毯。

无土草毯应用无土栽培原理，利用农村废弃物作栽培基质，用草坪专用肥与草坪营养液作为草坪草生长养分，结合其他综合农艺措施，并采用砖块、地膜等作隔离层，使草坪草的根系横向生长，交错盘节，从而形成草毯。它是人工模拟大自然环境的条件来取代自然土壤环境的农业栽培新技术，这种人为创造的植物根际环境不仅能满足草坪草对水分、养分的需要，而且能够人为控制和调节，以满足植物的生长和发育，发挥最大生产潜力，是草皮工厂化生产的一种具体应用。

一、无土草毯生产优点

1. 周期短 传统草皮从做畦到成熟草皮销售的周期约半年，而无土草毯大大缩短了草皮生产周期，一般只需 45d 即可生长成商品性的草毯。

2. 生长环境好，成坪快 栽培基质保肥能力强，透气性好，并能够通过人工的方法调节肥水，为草坪草的生长创造了良好的生长环境。

3. 经济效益高 无土草毯生产方式可增加复种指数，提高了土地利用率和经济效益，有利于大面积的繁殖和推广。无土草毯 1 年可生产 4~5 季，并且其经济效益是有土草皮的 3~5 倍，有很大的推广价值。

4. 操作简单 无土草毯生长过程简便，操作技术易推广，在无土草毯生产过程中，省去了有土草坪的耕地、耙地、做畦、整地、除杂草等较为复杂的操作过程。

5. 起草省工省力，铺植快　普通草皮起草耗工多（1个强劳力1d只能铲100m²左右），劳动强度大，铺植工作量也大。而无土草毯起草时，用人工卷成草卷即可，运输到目的地后一铺即可形成瞬间草坪。

6. 运输方便　无土草毯所需要的基质均为轻型基质，可节省劳动力和运输成本（一个5t加长卡车可装草毯卷1 500m²以上，而普通草皮则只能装700m²左右），适合长途运输。

7. 缓苗期短，铺植容易　传统草皮在收获时，根系损伤较大，铺植后在正常季节需要15d左右才能缓苗和恢复正常生长。无土草毯起草时不伤根系，铺植2～3d后即可恢复生长。草坪块大，不易破损，铺植容易，整齐美观，克服了传统草皮的缺点。

8. 草坪质量好，绿化效果佳　无土栽培能够满足草坪草生长所必需的各种条件，生产出的草毯在覆盖度、均一性、色泽、松散性等质量方面均表现优良，且隔离层抑制了土壤中杂草的萌发和生长，杂草少，病虫害少，商品性好。

9. 环保　传统草皮生产在铲草时要带土1～3cm，多次铲草后土壤可耕层将被破坏殆尽，造成可耕土地资源的严重破坏。而无土草毯不破坏土壤肥沃的表土层，节省土地资源。无土草毯不带走土层，不降低地力，利用的是农业废弃物，属于环保栽培。同时，无土草毯生产可摆脱土地的限制，在石地、阳台、水泥地等有土草皮无法种植的地方均可种植，同时可进行工厂化生产，节省了土地资源。

二、无土草毯生产过程

(一) 建立隔离层

隔离层的主要作用是将草坪草根系与土壤隔离开来，促使草坪草根系横向生长，从而使草坪根系在隔离层上交错连接形成密集网状草毯，起草毯时卷起即可。同时，隔离层还可防止农田杂草滋生，提高草毯质量。隔离层应因地制宜，就地取材，以减少成本。建立隔离层的材料主要有以下几种。

1. 砖块隔离层　在平整场地后，使田间土壤形成0.5%～0.7%的坡度。在坪地上紧密摆放一块标准砖的厚度（长×宽×高为24cm×12cm×5cm），再在其上铺基质层。具体过程为精细整平→压实→铺砖→细沙填砖缝。其特点是可多年使用，排水良好，通透性好，无毒无污染，基质疏松透气，草坪根系生长健壮，盘根好，利于卷起。缺点是成本投入较高。

2. 沙子隔离层　在平整完场地后，在上面铺3～5cm厚的河沙，整平后压实。生产时在沙子上铺网，然后再铺放生产基质。其特点是排水性好，透气性好，坪地喷灌后不积水，根系生长迅速，盘根快，可重复使用。缺点是一次性投入较大，工作量大，沙子保肥保水能力差。

3. 沙石+地膜隔离层　田间土壤按0.5%～0.7%的坡度精细平整→夯实→铺细沙石5～6cm→压夯压平→铺膜。其特点是造价低，隔离效果好，作业方便。缺点是保肥保水能力差。

4. 硬土+塑料薄膜隔离层　田地耕翻晒垡→上水旋耕→开沟制板→撒氧化后石灰（30 000kg/hm²）→拌和压实→贴地膜。其特点是能防止草根下扎，促使其横向生长，盘根形成网状，造价低，投产快，但作业易受天气影响，并且透气性差，妨碍幼苗生长。

5. 水泥地隔离层　田间土壤按0.5%～0.7%坡度精细整平→夯实→铺碎石5～8cm→浇

砼 5~6cm。

6. 铺报纸 在平整场地压实后,铺上报纸,边铺边压土或基质,以免被风吹起,该作业应选择在无风天气时进行。其特点是经济成本低,底墒好。但人工量大,仅能一次性使用,透气性差,喷灌后易积水,根系发育受影响。要求基质透气性好,最好结合沙子或砖使用。

当然,如聚乙烯网、农用塑料地膜、无纺布等材料均可作为隔离层材料得到使用(表3-2-2)。另外,要使地面呈现一定坡度,以利于表面排水,促进草坪草根系生长。地面一定要整平压实,形成一个光滑的坡面。要有完整的排水设施,5~10m开1条排水沟,沟宽30cm左右,深约30cm,田块四周开好骨干沟,以防积水浮坪。

表3-2-2 无土草毯常用的隔离材料

种类	规格	透水性	通气性	根系扎入	成毯程度	再利用性
无纺布(含化学纤维)	平铺一层	好	好	多	良	不可
碎石	直径在1~2cm,厚5cm	好	好	多	良	可
蛭石、炉灰、珍珠岩	直径为0.5~1cm,厚5cm	好	好	多	良	可
方砖	平铺一层	好	良	极少	优	可
尼龙网	40目、50目、60目	好	好	多	良	可
塑料薄膜	排水孔为15cm×15cm,直径1cm	良	良	极少	优	不可
精编布	平铺一层	好	好	少	优	可
牛皮纸	平铺一层	好	好	少	优	不可

(二)安装喷灌系统

无土草毯的草坪草根系与土壤不直接接触,仅靠培养基质蓄水供水。因此,在少雨季节,每天要供水2~3次。为了保证无土草毯供水的均匀一致,可在生产场地中安装喷灌设施,喷灌供水均匀省水。喷灌设施分为固定式和移动式两种。

1. 固定式喷灌系统 固定式喷灌系统的主管和支管常年固定不动(常埋于地下),单位面积的投资较高,但使用方便,管理费用低。在建立隔离层(图3-2-1)前,田间按支管间距10~15m、喷头间距10~15m埋设工程塑料管作支管(直径50mm),采用直径80mm

图3-2-1 无土草毯隔离层
1. 黑色地膜 2. 塑料薄膜

工程塑料管作主管。采用 40~50m 扬程、30~40m³/h 流量、5.5~7.5kW 的水泵作动力。喷头采用喷灌强度达中雨或小雨的两种，喷洒半径分别为 10m 左右和 5m 左右。支管安装闸阀，轮流喷水，可具体根据地块对管的走向和距离进行相应调整。

2. 移动式喷灌系统　移动式喷灌系统的主管和支管均可移动使用，单位面积的投资大大降低，但管理费用较高。喷灌管道采用直径 50mm 涂塑软管，连接喷头支架，采用电动水泵或柴油喷灌机作动力，进行移动轮流喷水。

(三) 选用培养基质

在种网材料上培育草毯，必须使用一定厚度的培养基质，其作用是固定种网，并可为草坪草提供生长所必需的养分和水分。

1. 培养基质种类　培养基质种类较多，但在配制培养基质时，要考虑如下原则：要因土制宜，就地取材，成本低廉；保水、保肥，应具有良好的渗透性能，通气性好；土壤质量要轻，含有一定的肥力；不含有杂草种子。一般选择富含有机质的偏黏性的基质，有利于草毯的快速形成。可选用稻壳、锯末、农作物秸秆等因地制宜的材料。

可采用的基质有：

(1) 细碎的塘泥土 1 份，腐熟的木糠或甘蔗渣 1 份，再加入腐熟的猪粪干 (用量为塘泥土体积的 1/3)。在 1t 混合土中加尿素 1kg、过磷酸钙 5kg，混合，pH 控制在 5.5~6.8。

(2) 用木屑、珍珠岩、煤渣等加园田土作为介质混合。

(3) 垃圾土加园田土作介质。

(4) 河泥 80%，生活垃圾 15%，鸡粪复合肥及其他辅助材料 5%。

在长江中下游地区，可采用的配方 (体积比) 有：

(1) 腐熟稻壳占 80%、泥炭占 10%~15%、蛭石 5%~10%。

(2) 腐熟稻壳占 70%~90%、泥炭占 10%~30%。

(3) 腐熟稻壳占 55%、锯木屑占 25%、泥炭占 5%~10%、蛭石占 5%~10%。

(4) 腐熟稻壳占 55%~60%、锯木屑占 25%、泥炭占 15%~20%。

(5) 腐熟稻壳占 60%~70%、棉籽壳占 15%~20%、泥炭占 15%~20%。

(6) 腐熟稻壳占 90%~95% 加 5%~10% 的腐熟农家肥。

(7) 纯细沙。反季节栽培时，尤其是夏季，泥炭、蛭石所占的比例要分别提高 3%~5%。

(8) 稻壳等有机物料的腐熟方法。

稻壳等有机物料要先进行堆沤腐熟后才能利用。先铺上一层厚约 20cm 的稻壳或锯木屑等物，加入适量氮肥 (如尿素、碳酸氢铵、硫酸铵等以促进纤维素等成分的分解)，一般加入比例为 100 : (3.5~5) 为宜，也可加入人、畜粪，一般加入量为 100 : (15~20) 为宜。加入肥料后，浇透水，再在上面以一层稻壳或锯木屑、一层肥料的顺序向上堆制，一直堆到高度 1.5~1.8m，宽度 2~2.5m，长度 20~30m。堆好后要浇透水，最后用薄膜进行密封。堆制 10~30d 再进行翻堆，将原先堆在外层的基质翻进堆内，原先堆在内层的基质翻出堆外，边翻堆边浇透水，再进行密封。一般翻堆 2~3 次即可。为促使纤维分解，若能加适量促使纤维分解的微生物更好。如选用的是农作物秸秆应先进行粉碎后，再进行堆集沤制 (图 3-2-2)。

2. 培养基质厚度　基质厚度为 2.0~2.5cm，在覆盖基质时，可在每平方米基质中加入

2kg草坪专用混合肥料并拌匀。床土要求覆盖均匀一致，再耙平。

图3-2-2 无土草毯的培养基质
1. 稻壳基质　2. 泥炭、稻壳和土壤混合基质

（四）草种选择

草坪草种和品种的选择对无土草毯的生产具有至关重要的作用，草种选择正确与否会影响到草毯生产的整个过程。对于无土草毯草种的选择，应根据市场行情，从美学、环境适应性、耐践踏能力、养护管理的经济性等方面综合考虑，同时又要考虑栽培地的土壤、气候条件和实际用途等因素，重点选用市场畅销的草坪草种。观赏草类，应考虑草色翠绿、外形美观、长势齐整、易于修整的草种。休闲草类，应考虑耐践踏、匍匐生长性好、根茎繁殖能力强并能形成厚实草毯的草种。

暖季型草坪草应选用普通狗牙根、杂交狗牙根、结缕草、沟叶结缕草等匍匐枝和根状茎较为发达的草坪草。冷季型草坪草应选用草地早熟禾、高羊茅、黑麦草、翦股颖或黑麦草和高羊茅混播型草种。

（五）铺种网

草毯生产若选用种子播种，尤其是丛生型的冷季型草坪草（如高羊茅），因其多无匍匐茎，铺种网可使草坪草在达到足够韧性以形成草皮之前，使其根系交替盘结，草毯不易破碎，使草毯可提前15d左右出坪。种网可用无纺布、聚丙烯编织片、粗孔遮阳网、专用草坪网等，目的是使草坪根系缠绕以防止草坪散落，并形成草毯。

无纺布成本低、透气性和渗水性好，利于幼苗、幼芽的穿过。聚丙烯编织片的纵横条之间有一定缝隙，草坪的一部分根茎可穿过缝隙扎入土层中，另一部分根系扎到编织片上的基质中，这些根横向平展生长，很快缠结在一起。农用塑料地膜能使草坪在坪地上形成草毯，防止草坪根系下扎，促其横向生长，根系盘绕成网状（透气性较差，妨碍幼苗生长）。在选择种植网时，要求这些材料能够在一年内降解，以减轻对环境特别是对土壤的污染（图3-2-3）。

（六）播种

无土草毯生产方式有种子播种法和营养体繁殖法两种。对于有商品种子的草坪草，可用种子播种法生产，而对于那些不能产生有活力种子或者用种子建植成的草坪不能保持原有草坪草的基因性状的草坪草，则可通过营养体繁殖法如匍匐茎撒播来建坪。

对于无土草毯的播种建植，首先要在隔离层上铺上种植网，然后覆盖2.0～2.5cm厚的

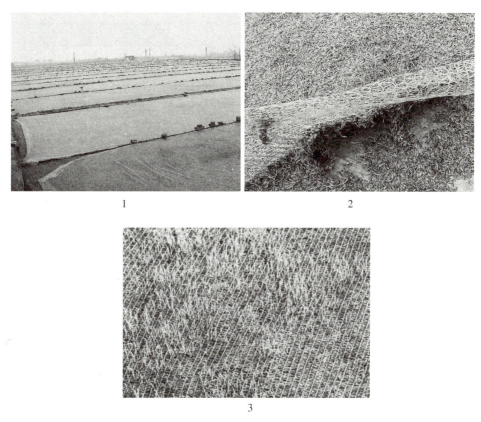

图 3-2-3 草皮网
1. 草皮网覆盖 2. 下部草皮网 3. 遮阳网覆盖

轻质培养基质，播下草坪种子后，再覆盖培养基质 0.3～0.5cm，然后管理成坪。

1. 播种时间 为了促进草坪草根系的快速生长，要选择在最适合草坪草生长的季节播种。冷季型草坪草最适宜的播种时间为夏末秋初，此时土壤温度高，极利于种子的发芽，只要水、肥和光不受限制，幼苗就能旺盛生长。随后，较低的秋季温度正适合冷季型草坪草的成长，在秋末就可出圃。暖季型草坪草在春末夏初，夏季高温给初期的幼苗提供了一个足够的生长发育时期，在夏末前就能及时出圃。

2. 播种前准备 播种之前，必须对种子进行浸种催芽，杀毒灭菌，特别是灭除真菌性病害。可采用 50% 多菌灵可湿性粉剂 0.5% 溶液或 70% 百菌清可湿性粉剂 0.3% 溶液，浸泡种子 24h 后捞出，沥水后播种。

3. 播种方式 可采用人工播种或小型播种机播种。

4. 播种量 无土草毯播种量取决于种子质量、混合组成以及工程工期的要求。草皮播种量比草坪播种量略大，冷季型草坪草中，草地早熟禾播种量为 20～25g/m²，多年生黑麦草为 30～35g/m²，高羊茅为 30～35g/m²。暖季型草坪草中，狗牙根和白三叶的播种量为 3～6g/m²，马尼拉为 8～12g/m²。

5. 播种步骤

（1）划小区，确定播种量：把坪地划分为若干等面积的块或长条（图 3-2-4）。把种子按划分的地块数均匀分开（图 3-2-5），再将每份种子分成 2 等份。

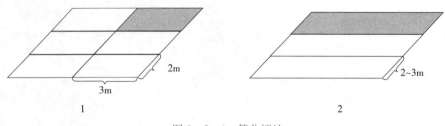

图 3-2-4 等分坪地
1. 等面积块状　2. 等面积条状

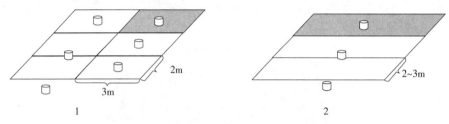

图 3-2-5 将种子按块数或条数均匀分开
1. 将种子按块数均分　2. 将种子按条数均分

（2）播种：将种子按水平和垂直方向各播种一次（图 3-2-6），如果草坪种子细小，为方便播种，可用细沙或细土与种子混合均匀后播种。

（3）覆土：播种后，将过筛的细土均匀地撒在坪地上，厚度为 0.5～1cm，然后进行压实。

（4）覆盖：为了防止喷灌或雨水冲刷，给草坪幼苗的生长提供良好的环境条件，可用有一定透光性的材料，如草坪网、遮阳网、草帘和稻草等覆盖在坪地上，待草坪草生长至二叶期

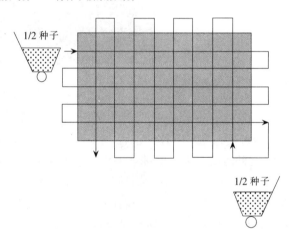

图 3-2-6 水平和垂直方向进行播种

后揭除。对草坪网或遮阳网覆盖的，期间要揭网 2～3 次（图 3-2-7）。

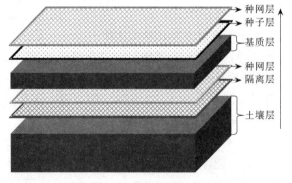

图 3-2-7 无土草毯播种顺序

(5) 灌水：勤灌水，以保持坪地表面处于湿润状态，这是保证种子顺利发芽的关键。

(6) 草茎播种：绝大多数暖季型草坪草可采用草茎播种法进行无土草毯的生产。草茎播种时应掌握好播种量与播种方法。

①播种量。播种量要根据种茎田的草茎密度、草茎厚度、发芽率、坪地生长期等具体情况而综合考虑。一般而言，种茎田草茎密度越大、草茎厚度越厚、种茎的发芽率越高、坪地生长期越长，则播种量可少一些，反之，则应大一些。正常情况下，$1m^2$种茎田可播种$8\sim15m^2$的坪地。

②播种方法。暖季型草坪草草茎在无土草坪上的播种方法通常有3种，包括穴播、条播和撒播。播种方法不同，其播种程序也不尽相同。

a. 穴播：在种网上覆好基质后，按照株行距的要求，在一定位置，将基质挖一小穴，挖出的基质抓在手中，用另一只手，将种茎撒在穴中，随后将手中的基质盖在种茎上，并压实。播种顺序为先覆基质，后播种。播种量要根据草种田的草茎密度、草茎的质量和部位、草茎上可生长芽的多少以及预计草坪在坪地上的生长时间而综合考虑。一般来说，要求每平方米有可生长的芽3 000~5 000个。要采用高密度、小穴数的方法，以达到生长均匀。一般要求株行距为10cm×15cm。每穴播可生长的芽70~100个。

b. 条播：在种网上覆好基质后，按照行距的要求，在一定位置，用手将基质扒开一条小缝隙，均匀地撒上草坪的种茎，随即盖上基质，并摊平压实。播种程序是先覆基质，后播种。播种量一般要求每平方米有可生长芽3 000~5 000个。行距一般为15~20cm。

c. 撒播：先将草坪的草茎切断，每段在3~5个芽，切断后，均匀的撒播在隔离层上，然后均匀地撒上基质。播种程序是先将种茎直接撒在隔离层上，然后再覆基质。一般要求每平方米有可生长芽3 000~5 000个。

（七）成坪管理

1. 浇水 由于基质与下层土壤间有隔离层阻隔，地下水的补给能力差，因此，在播种后应及时浇水以保持坪地表面湿度，防止过干。为了防止浇水时冲刷种子，造成种子在坪地上分布不均匀，应使用喷灌强度较小的喷灌系统进行补水，以雾状喷灌为好。前期浇水原则为少量多次，每天至少早晚各浇水一次，直至出苗。随着草坪草的生长，在草坪三叶期后，浇水次数应逐渐减少，而每次浇水量则逐渐增大，逐渐过渡到干湿交替，见干见湿，以促进草坪草根系生长。每次浇透水后，要保持2~3d土壤表面的风干状态，以进行炼苗。

2. 揭除覆盖物 当草坪草幼苗基本出齐后，就要及时揭去覆盖物。为了防止烈日将幼苗晒死，应在阴天或傍晚时揭除覆盖物，或分期分批次逐渐揭去覆盖物。

3. 追肥 出苗前一般不施肥。当草坪草出苗后20~25d，应根据草坪草生长和叶片颜色等情况，以少量多次为原则，适当补充氮肥和氮、磷复合肥。一般生长前期以氮肥（尿素）为主，施氮量$5\sim10g/m^2$，每10~15d施肥一次。也可每隔1周叶面喷施0.5%~1.0%尿素或硫酸铵溶液。注意肥料撒施时一定要均匀，以防止对草坪草幼苗产生灼伤，并在施肥后及时浇水。

在生长中期，为了加速草坪草繁茂根系的形成，促使根系相互交织，使草毯提早出圃，并使草毯不易松散，保证草毯的运输及铺设过程中的草皮卷质量，应注意加大磷肥及其他促进根系生长的微量元素肥料的施用。应以氮、磷复合肥（如磷酸二氢铵）为主，每10~15d施肥一次，施肥量为$10\sim15g/m^2$，也可采用喷施1%~1.5%的磷酸二氢钾溶液，并在播种后 30～35d，增施一次 0.05%～0.1% 的硫酸锰和硫酸锌的混合液。

4. 修剪　及时适度的修剪可防止草坪草植株下部枯黄，减轻病虫害发生，促进草坪草分蘖，有利于形成地下部发达的根系，并可有效抑制生长点较高的阔叶型杂草的生长，提高草皮卷的质量。由于采取了密集施肥的方法，草毯地上部分生长很快，一般 30d 以后，当植株长到 10cm 时进行修剪，修剪时要遵循 1/3 原则，每次修剪量为 3～5cm，每次修剪后要及时喷灌补充水分，并进行叶面追肥。

5. 防除杂草　草坪出苗后，应在早期采用人工拔除与化学除草相结合的方法防除杂草，否则杂草的生长会抑制草坪草的生长，影响成坪速度，降低草皮的质量。

6. 防治病虫害　当草坪草长至 2～3 片叶时，若温度超过日均温 20℃，则易发生褐斑病等病害。应每隔半月喷一次广谱杀菌剂，如 800 倍液的多菌灵或草坪专用杀菌剂。发现虫害则立即用广谱内吸性杀虫剂，如菊酯类农药或草坪专用杀虫剂防治。

一、重点名词解释

生殖繁殖法、营养繁殖法、草皮满铺法、密铺法、无土草毯。

二、知识结构图

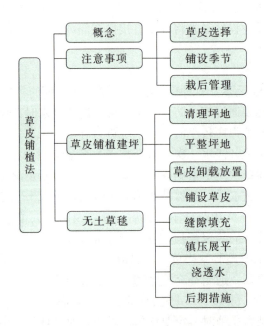

1. 什么是营养繁殖法？
2. 草皮选择时需要注意哪些方面？
3. 草皮铺植法建坪的一般步骤包括哪些？各自有何技术要点？

4. 无土草坪的概念是什么，有什么特点？

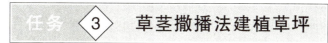 草茎撒播法建植草坪

学会草茎撒播法建植草坪的方法及程序，了解草坪种茎选择、撒播等知识，学会草茎撒播法建坪知识及幼坪养护常识。

掌握草坪种子质量检测方法，学会对种子进行播前浸种消毒，并学会用种子直播法建植草坪的方法及程序，熟练掌握种子直播建坪的全套技能。

1. 问题提出
（1）撒草茎法建植草坪的原理是什么？是否所有类型的草坪都可以采用此法建坪？
（2）草茎和种子一样可以保存很长时间吗？
（3）撒草茎法建坪有哪些优缺点，撒播后需要哪些养护管理措施能确保草茎生根？

2. 实训条件　以小组为单位，5～6人一组，在教师的指导下进行实训操作，每组配备：待建、已整好的草坪场地一块（100m² 左右），草坪种茎 20kg 左右，箩筐，五齿耙，细沙，铁辊，铁遮阳网，简易浇灌设备等。

一、草茎撒播法概念

草茎撒播法也称为播茎法或者撒茎法、撒草茎法等，与满铺法相比，草茎撒播法建植草坪成本更低廉，成坪质量更好，但是对播期的选择更严格，前期养护要求也更高。

草茎撒播法是利用草坪的茎来繁殖建坪草坪的方法。草茎撒播法是指将母本草坪用农具等机具取出后去土，再撕碎或切碎，形成分株，然后将分株撒播在整好的地面上，再进行覆土、浇水、除草等工序，直至管理成坪的草坪建植方法。这类方法在分株繁殖中，用工最少，成本最低。

二、草茎撒播法注意事项

1. 草茎的选择　草茎撒播法采用的繁殖器官为草坪的茎，因此选择生长良好、生长旺

盛、苗龄年轻、健康无病虫害、纯正无杂草的草坪种茎极为重要。

2. 草茎撒播法的特点

（1）草茎撒播法建植草坪只适用具有匍匐茎的草坪草种。

（2）草茎撒播法成坪速度快。自播茎到形成草坪仅需1～2个月；自播茎到可以使用时，为2～3个月。

（3）效率高，成本低。商品生产率提高了3～100倍，投资少，省工，成本低。

（4）种源草坪占用农田的面积小且不破坏土壤。有些草种只要管好已有的草坪即可采"种"，无须占用农田，也不破坏供种草坪，从而大大提高了农田的使用率。

（5）运输量较少，与运输草皮比较，尤其显著。

（6）成坪质量好，形成草坪质量和景观均能与种子直播建立的草坪媲美。

（7）对于有些不产生种子，或种子生产困难的草种特别有利；而对于种子生产、采收容易的，种茎生产或采收困难的草坪草如黑麦草、草地早熟禾等，商业应用意义不理想。

3. 播期选择　草茎撒播法理论上在草坪正常生长季节中任何时间内都可以进行。但是，对于大部分具有匍匐茎，可以利用种茎繁殖的暖季型草坪草种来说，最理想的播期应该在温度高且降水较多的季节。在长江中下游地区，草茎撒播法建植草坪的最佳播期是在夏季梅雨季节期间。

4. 播茎后管理　草茎撒播后，应进行镇压，使草茎能与土壤密切接触，或者能部分埋进土壤中，镇压后覆盖河沙能够提高成活率，如阳光暴晒，最好可以覆盖遮阳网，以降低水分蒸发，提高成活率。草茎撒播后，应马上进行浇水，水要浇透浇足，每天早、晚浇水保湿，7d左右可以生根。种茎生根后，继续浇水保湿，并遵循少量多次的原则追施氮肥，加速草茎的生长及草坪成坪。

一、任务分析及要求

（一）任务分析

用草茎撒播法建植一块100m²的草坪。

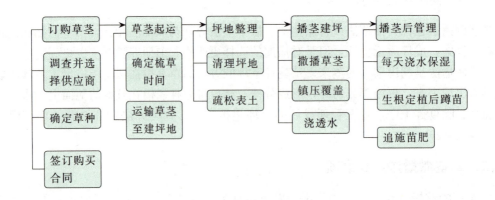

(二) 实训要求

(1) 种茎要即起即播，坪地一准备好立即起草茎，起好立即运输至坪地撒播下去，不应拖延时间。

(2) 坪地清理要彻底，不能留下妨碍草坪铺设的任何杂物。

(3) 坪地要整理平整，坪地土壤要细碎，粒径最好不超过1cm，保持坪地表面疏松。

(4) 草茎撒播要均匀。

(5) 撒播后马上进行镇压，覆沙，然后覆盖遮阳网。

(6) 覆盖后立刻进行浇水，第一次浇水要浇透、浇足。

二、实训内容

掌握草茎撒播法建坪的方法和程序，熟练完成清理与平整坪地、草茎撒播、覆土镇压、遮阳网覆盖、浇水保湿等步骤，学会用草茎撒播法建植草坪。

三、实训操作

1. 清理坪地 人工清理坪地上大颗粒土块以及石头砖块等垃圾，用箩筐集中收集，搬运出坪地。

2. 平整与疏松坪地 用五齿耙对整理好的坪地场地进行再次耙平，使坪地表面土质疏松、土块细碎。

3. 草茎撒播 将草茎均匀撒播在坪地上，撒播量约0.2kg/m²。

4. 覆土（沙）、镇压 覆盖细土（沙）约1.5cm厚度，铁辊镇压一遍，使得草茎与沙土紧密接触。

5. 遮阳网覆盖 覆盖上遮阳网，以免浇水时水流冲击坪地，冲走草茎，且能降低蒸发量，提高保湿能力。

6. 浇水保湿 第一次要浇透水，以后每天浇水1~2次，保持土壤呈湿润状6~7d至不定根长出。定根后隔天给草坪浇水，并适当追施氮肥。

四、实践技巧

1. 种茎选择

(1) 调查建坪地附近所有草皮生产商的生产情况，并到现场调查草坪的品种类型以及生长状态。

(2) 确定供货商，并确定所需要的草坪品种，选择生长良好、无病虫害、成分纯正的草茎。

(3) 与供货商确定起草茎的时间以及运输事宜。

2. 起草茎

(1) 用梳草机把草茎收集起来。

(2) 草茎起完立刻装运，装完车还应该用水管给草茎浇一遍水，盖上帆布防止水分蒸发过快或者阳光暴晒升温，然后马上运输到建坪地，立即撒播建坪。

3. 坪地准备

(1) 坪地要清理好，大石块、砖块、瓦砾等杂物以及大的土块清理出坪地。

(2) 坪地土壤疏松精细，土壤颗粒粒径最好在 1cm 左右。

(3) 坪地平整。

五、评价考核

(1) 现场考核草茎撒播法建植草坪的每个环节是否符合实训要求，并对草茎的成活率以及成坪速度进行考核。

(2) 完成草茎撒播法建植草坪的实训报告，要求包括建坪的步骤、程序以及注意事项。

其他营养繁殖建植草坪的常用方法

（一）间铺法

间铺法是为了节省草皮而采用的一种草坪建植方法。间铺法一般把草皮切割成 11cm×11cm 大小的草块，然后按点（穴）、条、梅花型等不同形式栽植，草块之间间距 3～6cm。间铺法比满铺法成坪的速度要慢一些，成本也较高。

（二）草茎分栽法

前期操作过程与草茎撒播法类似，但在获得分株以后，用各种方式，或栽植，或埋植于建坪地内。这类方法较草茎撒播法的成活率要高，但栽植或埋植时需要花费大量的人工。

（三）草皮柱塞植法

草皮柱塞植法有两种方法：一种是旱作地区的草皮柱塞植法，与间铺法的草皮块相似，不同点在于草皮柱是分割成更小的小块，其截面积小于所带土的厚度，栽植方法相同。另一种是水田地区的栽秧法，即将草皮抓在手中，随手分栽。栽好后放水，轻度搁田，以后保持见干见湿，直至成坪。这种方法常见于利用稻田生产细叶结缕草和沟叶结缕草的草皮。

（四）草皮柱撒播法类

草皮柱撒播法也有两种方法：一种是旱作地区，将草皮柱直接撒播于整好的地面上，然后盖土、浇水，直至成坪为止。另一种是水田地区，将草皮柱抛播到整好的水田中，管理成坪为止，类似于水稻的抛秧法。

除以上方法以外，还有旱作地区的匍匐茎小段扦插法、草茎小段扦插法、水田地区的栽秧法等几种。这几种方法都是将匍匐茎切成小段，扦插到整好的田地中。

一、重点名词解释

草茎撒播法、间铺法、草茎分栽法、草皮柱塞植法、草皮柱撒播法。

二、知识结构图

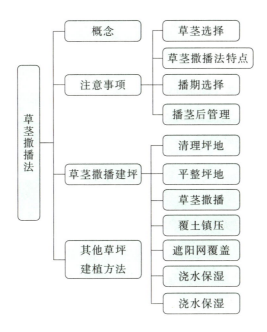

课后思考

1. 草茎选择应注意哪些方面？
2. 草茎撒播建坪的过程包括哪些？每一个步骤有哪些技术要点？

常用几种草坪建植方法操作图示

一、播种法建植草坪
(一) 种子与播种器械准备（图示1）

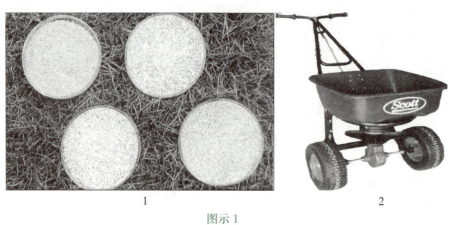

图示1
1. 种子 2. 播种机

(二) 土壤耕作与坪地制作
1. 翻耕土壤（图示2）

图示2

2. 破碎土壤（图示3）

图示3

3. 旋耕破碎整平（图示 4）

图示 4

4. 去除大颗粒土块（图示 5）

图示 5

5. 平整，稍微压实坪地（图示 6）

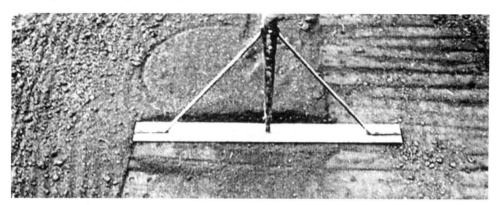

图示 6

6. 播种前"起毛面"（图示 7）

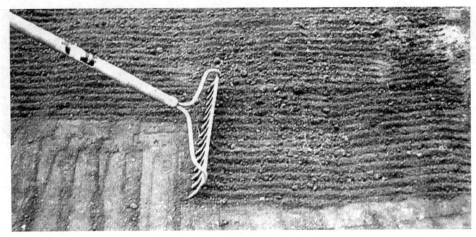

图示 7

（三）播种建坪

1. 撒播草籽（图示 8）

图示 8

2. 再次镇压，使得草种与土壤接触密切（图示 9）

图示 9

3. 覆盖，浇透水，保湿至萌发（图示 10）

图示 10

二、满铺草皮法建植草坪

（一）草皮起运（图示 11）

图示 11

（二）土壤耕作与坪地整理

1. 翻耕土壤（图示 12）

图示 12

2. 破碎土壤（图示 13）

图示 13

3. 去除大颗粒土块（图示 14）

图示 14

4. 平整（图示 15）

图示 15

（三）铺设草皮建坪
1. 铺设草皮（图示 16、图示 17）

图示 16

图示 17

2. 镇压（图示 18）

图示 18

3. 细土细沙填缝（图示 19）

图示 19

4. 覆盖细土（图示 20、图示 21）

图示 20

图示 21

5. 浇透水保湿至生根（图示 22）

图示 22

三、喷播法建植草坪

(一) 坡面处理施工（图示 23、图示 24）

图示 23

图示 24

(二) 喷播作业并覆盖无纺布（图示 25）

图示 25

（三）出苗后水分管理（图示 26）

图示 26

四、高尔夫球场草茎建植

（一）粗造型（图示 27）

图示 27

（二）细造型（图示 28）

图示 28

（三）平整坪地（图示 29）

图示 29

（四）植草工程

1. 球道边铺一圈草皮（图示 30）

图示 30

2. 球道大面积撒草茎（图示 31）

图示 31

3. 压草器压实草茎（图示 32）

图示 32

4. 集水井周边 50～100cm 半径铺草皮，200cm 半径铺草皮（图示 33）

图示 33

5. 斜坡采用沟植或点播（图示 34）

图示 34

6. 陡坡直接铺草皮，用沙袋在陡坡中部、底部扎实（图示 35）

图示 35

7. 沙坑沿边铺一圈草皮用筷子固定草皮（图示 36）

图示 36

8. 发球台方法同球道（图示 37）

图示 37

9. 果岭用草茎建植，用围网围起来（图示38）

图示38

10. 灌溉（图示39）

图示39

11. 建植一段时间后草坪效果（图示40）

图示40

项目四

草坪养护技术

掌握草坪的苗期养护管理、水分、肥料、营养、修剪、辅助养护以及草坪更新复壮的相关理论知识与实践操作技能。

编号	名称	内容提要
任务1	草坪幼苗期养护管理	草坪草幼苗期的生长发育特征,草坪草幼苗期的水肥需求特点,以及幼苗期草坪的养护管理要点及其基础知识
任务2	草坪水分管理	影响草坪草灌溉的各种因素,草坪草需水规律以及几种常用的草坪灌溉方式
任务3	草坪营养管理	不同营养元素的生理功能,草坪N、P、K元素缺失时的症状,正确进行缺素诊断
任务4	草坪修剪管理	草坪修剪的三分之一原则,对草坪进行正确修剪应注意的问题
任务5	草坪坪地通透技术	草坪的通透技术的原理及其作用,打孔、穿刺等通透技术的要点及注意事项
任务6	草坪更新复壮	草坪衰退的特征,各种草坪更新复壮的方法

任务 1 草坪幼苗期养护管理

掌握草坪草幼苗期的生长发育特征,草坪草幼苗期的水肥需求特点,以及幼苗期草坪的养护管理要点及其基础知识。

 **技能要求**

掌握幼苗期草坪的浇水保湿、追施苗肥、断水蹲苗、杂草控制以及修剪等草坪养护管理的技能。

 **情景设计**

提出若干问题,引发思考,带着疑问展开学习及实训。

1. 问题提出

(1) 幼苗期具体指的是草坪生长发育中的哪个阶段,幼苗期草坪有哪些特征?
(2) 幼苗期草坪在养护管理中对水肥的需求有哪些特点?
(3) 蹲苗应如何进行?
(4) 幼苗期草坪修剪应注意哪些事情?
(5) 幼苗期如何进行草坪杂草防治?

2. 实训条件 以小组为单位,建议 3～5 人一组,在教师的指导下进行现场实训,调查草坪草的萌发情况,对草坪幼苗进行苗期管理。

每实训组配备:已经播种好的尚未萌发的草坪一块(100m² 左右)、浇水泵一台、水管、喷雾器一个、旋刀式修剪机一台、尿素 10kg。

 **知识储备**

一、草坪生长发育阶段划分

草坪由建植开始,到成坪,最后到衰退,可以划分为幼苗期、过渡期、成熟期与衰老期等四个不同阶段。

草坪的生长发育过程如表 4-1-1 所示:

表 4-1-1 草坪草生长发育阶段及其生长发育特点

生长发育时期	生长发育特点	俯视法判断标准
幼苗期	种子萌发形成幼苗。幼苗分枝(蘖)率大于50%。幼苗期末期称为"幼草坪"	草坪草个体间界限由明显变模糊,期末盖度为 2/3
过渡期	大量分生分枝、分蘖,网络层、植绒层相继形成,生长发育。期末为"成熟草坪"	个体之间界限逐步消失,期末盖度大于 95%
成熟期	在自然和人工综合影响下,高度有规律的自我更新以及天灾人祸作用下导致的不规律自我更新	盖度接近 100%
衰老期	建坪草种长势下降,新生部分少于衰老部分,竞争力下降,杂草滋生,草坪衰退成为"退化草坪"	盖度逐步下降,低于 80%,个体(或枝条)之间界限重现

二、幼苗期草坪的养护管理

种子直播建立的草坪,从播种到幼草坪的形成,这个阶段是幼苗期;用营养繁殖建立的草坪,从撒播种茎开始,到草坪盖度达到2/3,形成幼草坪,这个时期为幼苗期。

幼苗期内,草坪主要以营养生长为主,草坪幼苗不断分枝分蘖,长出新的叶片与枝条,为保证草坪幼苗迅速生长,加快成坪速度,需要经常对草坪进行浇水与施肥,因此,水肥管理是幼苗期草坪养护管理的重中之重。同时,为了获得根系生长良好的健康草坪,在幼苗期的三叶期以后,应该每隔一段时间对草坪进行适当干旱蹲苗。幼苗期内,由于草坪尚未形成,对杂草的竞争力较弱,杂草的防除,也成为幼苗期草坪管理的关键措施之一。在幼苗期的三叶期后,应该对幼苗期草坪进行第一次修剪,以及适当滚压,这些养护管理措施有助于幼草坪生长发育为平整美观的草坪。

(一)浇水与蹲苗

1. 出苗期 出苗前,坪地土壤要保持足够的湿度,草坪种子才能吸水萌发,每天早、晚两次对坪地进行浇水。

2. 草坪萌发后 三叶期前每天傍晚浇水保湿,三叶期后,坪地保持见干见湿,适当干旱蹲苗,蹲苗时,停止浇水,等坪地土壤发白时,再进行浇水,以后反复2~3次。如果是种茎繁殖法的草坪,在种茎定根,并长出新的枝条与叶片之后进行适当蹲苗。

(二)苗肥施用

草坪三叶期后,根据草坪的生长情况以及坪地土壤肥力情况进行追施苗肥。苗肥以尿素为主,每次施肥量不超过$10g/m^2$,每7~10d追施一次,可以使幼草坪迅速成坪,施肥过程中必须避免烧苗现象,应少量多次原则施肥,且结合降水或浇水施肥,每次施肥后,必须浇透水,使肥料充分溶解。

(三)杂草防除

五叶期前,经常人工拔出草坪杂草,五叶期后,如果杂草较多,可以喷施除草剂除草。

(四)修剪

三叶期后对草坪进行第一次修剪,修剪时注意修剪高度,遵循三分之一修剪原则进行修剪。

一、任务分析及要求

(一)任务分析

通过对幼苗期的草坪采用科学合理的水分管理、养分管理、蹲苗、修剪与杂草控制等养护管理措施,使得草坪萌发快,齐苗迅速,分枝分蘖快,成坪速度加快。

(二)实训要求

(1)浇水要均匀,不要漏浇,浇水量要足,要保证坪地的湿润度。

(2)蹲苗要注意适度,既不能出现蹲苗不足,草坪一直湿润导致根系不纵深生长的情况,又不能出现蹲苗过度,导致草坪萎蔫的情况。

(3)每次施肥量要少,不能导致草坪烧苗,施肥要均匀,使草坪生长均匀整齐。

(4)修剪不能太高,不能太低,修剪掉草坪自然高度的1/3为准。

(5)五叶期后才能进行化学除草,除草剂要选择正确,对杂草有高效的杀灭能力,对草坪草必须安全可靠,施用时,必须在晴天无风或者微风条件下进行,喷施浓度要符合说明书要求。

二、实训内容

(1)萌发前至草坪萌发齐苗期的水分管理。

(2)草坪萌发齐苗后至草坪三叶期的水分管理。

(3)幼苗蹲苗与苗期施用苗肥。

(4)幼苗期修剪。

(5)草坪幼苗期杂草防除。

三、实训操作

(一)幼苗期水分管理

1. 萌发前浇水 每天早上与傍晚用水泵与水管对草坪浇水,保证坪地湿度,促进草坪萌发。

2. 萌发后至三叶期前浇水 每天傍晚对草坪浇一次水,保持草坪足够水分。

(二)蹲苗

草坪长到三叶期,停止浇水,使坪地适当干旱,等坪地土壤发白,再浇透水,以后隔7~10d浇一次水。

(三)施用苗肥

幼苗出叶至三片叶片时,若土壤肥力不足,幼苗叶片色泽偏淡,生长缓慢,可以追施苗肥。施用速溶尿素等速效氮肥,按每平方米7~10g的施用量,溶解于水中,直接浇灌施肥,也可以均匀撒施于草坪上,浇透水,使肥料溶解,避免烧苗。根据生长情况,每隔7~10d追肥一次。

(四)修剪

三叶期后进行第一次修剪,先清理草坪坪地石块等杂物,确定草坪修剪高度,然后按照三分之一修剪原则对草坪进行修剪,修剪后,将草屑清出草坪,集中起来统一处理。修剪后,应追施苗肥补充因修剪而带走的营养。

(五)杂草防除

草坪在五叶期前,如杂草危害较明显,应采用人工除草的办法拔出杂草,如果在五叶期后,可以使用喷雾器喷施除草剂除草。

四、评价考核

(1)现场考核每个任务的完成质量,并考核每个操作步骤是否正确以及是否符合要求。

(2)考核草坪出苗与齐苗的速度,草坪成坪速度,完成实训报告,要求包括幼苗期草坪养护的所有工作内容及其操作步骤,以及注意事项。

无土草坪的幼苗期管理

无土草坪是指草坪栽培过程中用其他材料替代土壤作为草坪生长基质的草坪。常选择质轻、保水保肥力强、取材方便，成本低的材料如主要有稻壳、锯末、农作物秸秆等作为无土草毯生产的基质，目前生产中最常用的基质是河沙与砻糠。

无土草毯的基质基本无法提供草坪草生长所需的营养物质，由于基质层较薄，与传统的土壤坪地相比，保水能力较差。因此，无土草毯苗期的养护管理措施有别于土壤坪地上的草坪，尤其水分与肥分方面的管理差异较大。

1. 水分管理　在种子萌发出苗前应保持基质湿润，每天至少早、晚各浇水一次，直至出苗，达到出全苗、匀苗。出苗后应该干湿交替为主以促进草坪的根系生长。

2. 肥分管理　因为在基质里存在不同程度的养分，所以在草种出苗前不施肥，出苗后视苗情隔6～7d追施专用肥一次，每次10g/m²左右，或者用三元复合肥、尿素。肥料以薄肥为主，一定要撒均匀，以防灼伤。等待到根系交织成网状后，视叶色追施速效氮肥，要求少量多次，保持叶色翠绿。

3. 病虫害防治　在草坪的生长的过程中，特别要注意病虫害的预防。在草坪长至2～3片叶时，气温超过日均温20℃，每隔15d喷一次广谱杀菌剂，如800倍液的多菌灵或草坪专用杀菌剂。出现虫害则立即用广谱内吸性杀虫剂，如菊酯类农药或草坪专用杀虫剂防治。

一、重点名词解释

草坪幼苗期、坪地保湿、苗肥、蹲苗、烧苗、齐苗、成坪速度。

二、知识结构图

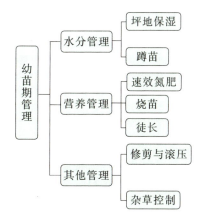

1. 草坪草幼苗期草坪萌发前与草坪萌发齐苗后，水分管理策略有何不同？
2. 草坪草幼苗期追施苗肥应选择何种类型的肥料，施肥时应注意哪些事项？
3. 苗期蹲苗与苗期修剪的作用分别有哪些？

任务 2　草坪水分管理

了解水分管理在草坪养护与管理中的重要性，掌握影响草坪草灌溉的各种因素，草坪草需水的规律以及几种常用的草坪灌溉方式，掌握草坪缺水的表征现象以及草坪灌溉时间确定的依据，了解不同情况下草坪需要的不同灌溉策略，做到科学合理灌溉。

掌握草坪缺水诊断的方法，正确对草坪进行缺水诊断，在掌握缺水诊断技能的基础上，选择科学合理的灌溉时间与灌溉方式，并掌握如何确定草坪的灌溉量。

1. 问题提出

（1）草坪水分管理主要包括哪些内容？

（2）草坪草水分不足时，草坪草会出现哪些表观特征，如何进行缺水诊断？

（3）如何正确理解草坪草的需水量，如何对草坪进行合理灌溉？

2. 实训条件　以小组为单位，建议3～5人一组，在教师的指导下进行现场实训，观察草坪草叶片的萎蔫程度，结合土壤含水量测定，判断草坪是否缺水，进行准确的缺水诊断。根据观察判断的结果，确定灌溉的时间与灌溉的量。

每实训组配备：已经成坪的草坪一块（100m^{2}左右）、浇水泵一台、水管。

草坪的水分管理包括草坪的灌溉与排水，灌溉是草坪需水的一个重要来源，也是草坪养护管理的重要内容。当降水不足以提供草坪草需水量时，应该进行灌溉。科学的灌溉有利于草坪草的良好生长与发育，可能提高草坪的质量。

一、影响灌溉的因素

草坪草在水分不足与土壤干旱情况下会失去光泽,叶尖卷曲,出现萎蔫现象,若不及时进行灌溉,草坪草就会进一步变枯黄,在干旱严重时还会因缺水而死亡。

草坪是否需要灌溉主要是取决于草种和品种、土壤类型、养护管理水平、次数和数量以及天气条件。

二、草坪缺水诊断的方法

草坪何时需要灌水,这在生产中是一个复杂但又必须解决的问题,可以用多种方法对草坪是否存在缺水现象进行诊断。

1. 植株观察法 当草坪草缺水时,首先是出现膨压改变征兆,草坪草表现出不同程度的萎蔫,变为青绿色或灰绿色,进而失去光泽,此时需要灌水。

2. 土壤含水量检测法 确定草坪草是否需浇水的另一个方法是检查土壤。用小刀或土钻分层取土,当土壤干至 10～15cm 深时,草坪就需要浇水。干旱的土壤呈浅白色,而大多数的土壤正常含水时呈暗黑色。

3. 蒸发皿法 在光照充足的地区,可安置水分蒸发皿来粗略判断土壤蒸发失水量。除大风地区外,蒸发皿的失水量大体等于草坪因蒸发而失去的耗水量,通常蒸发皿失水量与草坪出现的膨压变化征兆间密切相关。当蒸发皿水降低 75%～85%,相当于草坪灌水量也失去了 75%～85%。

4. 仪器测定法 草坪土壤的水分状况可用张力计测定。在表面张力计陶瓷制作的杯状底部连接着一个金属导管,在另一侧是一个计数的土壤水压真空表。张力计中填充着水并插入土壤中,随着土壤变干,水从张力计多孔的杯状底部向上而引起真空指数器指到较高的土壤水压,从而根据真空指数器的读数来确定灌水时间。

此外,还可以用电阻电极来测定土壤的含水量,根据仪器所测得的土壤水分含量来确定灌水时间。

三、草坪灌溉时间

灌溉可以在一天中的大多数时间进行,但是,最好的时间是在无风或微风、温度和湿度较低的时候来进行,因为这个时期可以减少由于蒸发所损失的水分。在夜间或清晨给草坪灌溉,水分损失最少。灌溉时,尽可能避免在炎热的中午进行,主要是因为在此时灌溉容易把草坪烫伤,且此时蒸发强烈,会降低灌溉水的利用率。

就提高水的利用率而言,黄昏是浇水的最适时间,但草坪草身带水过夜容易感染真菌病害,因此,在清晨或者 9:00 左右对草坪进行灌溉比较理想。

四、草坪灌溉次数

灌溉频率也就是灌溉的次数,它主要是由草坪本身来决定的。灌溉过于频繁,草坪的发病率会增高,抗践踏的性能会降低,生长不健壮,容易受到环境胁迫的危害;灌溉次数太少,也会使草坪因缺水而限制正常的生长,影响草坪的质量。

灌溉的次数视具体情况而定,没有固定的次数。一般情况下,不能每天浇水。每天浇水不仅增加养护成本,还会使得土壤表面经常潮湿,根系生长较浅。灌溉次数太多,也会引起病虫害和杂草问题。

五、灌溉需水量

草坪每次灌水总量首先决定每两次灌水期间草坪的耗水量。它受草种和品种、生长状态、土壤类型、养护水平、降水量以及天气条件等多个因子的影响,通常是在草坪草生长季的干旱期,为了保持草坪草的鲜绿,大概每周需补充3~4cm水。在炎热而严重干旱的条件下,旺盛生长的草坪每周需补充6cm或更多的水。

草坪灌溉中需水量的大小,决定于支持草坪的土壤的性质。质地较细的黏土和粉沙土持水力大于沙土,水分易被保持在表层内,而沙土中水分则具有向下层移动的趋势。一般情况下,土壤质地越粗,渗透力越强,使额定深度土壤充水湿润所需水量越少。但是,一个较粗质地土壤在生长季内,欲维持草坪草生长所消耗的总需水量是较大的,这是因为与细质地土壤相比,粗质地土壤具有大的孔隙、高的排水和蒸发蒸腾量,使之比细质地土壤有更多的失水量。当土壤质地变粗时,即使每次灌水量变少,但需较多的灌水次数和较多的水才能维持草坪的需要。

为了保证草坪的需水要求,土壤湿润层中含水量应维持在一个适宜的范围内,通常把床土田间饱和持水量作为这个适宜范围的上限,它的下限应大于凋萎系数,一般约等于田间饱和持水量的60%。

六、常用的灌溉方式

灌溉有漫灌、浇灌、喷灌与渗灌等几种方式,各有优缺点。目前草坪工程中使用较多的是喷灌方式。喷灌投资较多,使用方便,效果较好,漫灌与浇灌则相反。

根据所选草坪草种、草坪的建植目的、对灌溉的要求以及经济实力,确定灌溉方式。如作为正规比赛用的足球场,最好选用移动式喷灌;高尔夫球场可选用固定式喷灌,也可用移动式喷灌系统;对于充分适应建坪当地的乡土草种,管理比较粗放而经济实力较为欠缺时,可以不建立灌溉系统;也可利用自然水源,用农用可移式喷灌机或小水泵,必要时轮流喷灌、浇灌、漫灌。

灌溉水源可就近灵活处理,河水、塘水、井水、自来水等都可采用,也可开挖蓄水池。

总之,灌溉系统的安排应以方便、使用、经济、稳定可靠为原则,根据具体条件,灵活应用,切忌盲目跟风,贪大求洋,造成不必要的浪费和损失。

一、任务分析及要求

(一) 任务分析

通过对草坪草的生长状况以及草坪草的色泽、叶片形态特征、土壤的含水量等方面进行观测分析,判断草坪的水分状况,结合具体天气情况,确定是否对草坪进行灌溉。

在正确诊断出草坪处于缺水状态时,及时确定灌溉时间与灌溉量,对草坪进行科学合理的灌溉。

(二) 实训要求

(1) 当观察发现草坪草生长不良，并出现叶片色泽暗淡、叶尖萎蔫、枯黄并伴随平地土壤发白，表层10cm深度的土壤缺水时，及时确定合理灌溉时间与灌溉量。

(2) 草坪灌溉时，要保证草坪的每个地方都能浇灌到，要做到浇灌均匀，不漏浇。

(3) 灌溉强度要合理，不要高强度灌溉造成草坪上表面形成径流，水分流失浪费，草坪土壤却没有浇透，水无法渗入土壤中。

二、实训内容

(1) 草坪草生长情况观察，叶片色泽与萎蔫度观察，土壤水分观测，正确进行缺水诊断。

(2) 打开喷灌系统的动力与阀门对干旱草坪进行灌溉（或者用水泵抽水浇灌草坪）。

(3) 控制灌溉强度、灌溉时长与浇灌量，及时停止灌溉。

三、实训操作

1. 现场诊断草坪的水分状况　目测草坪草植株的叶色、叶形以及整体植株情况，诊断是否缺水，或者通过取土器钻取土样，观察10cm深根基层土壤的颜色以及含水量情况，诊断草坪坪地土壤是否缺水。

2. 确定灌溉时间　一般情况下，在9:00前灌溉草坪。如果晚上灌溉草坪，最好对草坪补施百菌清或者多菌灵等杀菌剂。

3. 灌溉草坪　打开喷灌系统的动力，打开阀门，通过喷灌系统灌溉草坪；或者用水泵抽水浇灌草坪，浇灌要均匀，不能漏浇。

4. 检查灌溉量　草坪的坪地土壤10～15cm深度处湿润时，停止对草坪进行灌溉，切断喷灌的电源、关闭阀门，如采用浇灌方式，则收拾好工具，结束操作。

四、评价考核

(1) 现场考核草坪缺水诊断是否准确，并考核浇灌是否均匀，浇水量是否合适；灌溉要均匀，不能出现漏浇。

(2) 灌溉强度适宜，灌溉强度必须小于土壤的渗透度，不能造成草坪表面淌水现象。如果黏土坪地的草坪灌溉强度小，灌溉时间要长，要浇透；沙土坪地的草坪，每次浇水量要少，浇水次数要多。

拓展平台

节水灌溉技术及草坪排水

一、节水灌溉技术

我国是一个水资源相对短缺的国家，人均占有量约为2 300m³，为世界人均水量的1/4。

实施草坪节水灌溉，将在长时间的草坪养护管理过程中实现低投入、高产出。草坪节水灌溉包含合理开发利用水资源技术、节水农业技术、节水灌溉技术以及节水管理技术。

草坪灌溉方式主要有漫灌、浇灌、喷灌和渗灌，从节水、节能的角度，排列依次为渗灌、喷灌、浇灌和漫灌。与漫灌、浇灌相比较，渗灌可节水≥50%，喷灌可节水30%～50%，而且灌溉质量均优于漫灌、浇灌，有利于草坪生长发育及维持草坪的较佳景观和使用质量。

(一) 渗灌系统

渗灌系统是指渗透灌溉和排水系统结合体。最明显的特点是安装一个兼有灌溉、排水双重功能系统。渗灌系统中，最关键的设备就是渗透管。起初渗透管利用U-PVC管，在上面打上孔即成。孔的总面积多占管壁总面积的17%～30%。孔径大小、排列方式根据土壤的质地特点确定。U-PVC管的强度，有2种选择类型即选择供水管和选择排水管。排水管的价格便宜，但使用寿限短，在其外面裹上玻璃纤维布，以防泥沙堵塞渗透孔。近几年来发展出波纹渗透管，将渗透孔打在凹纹内，外裹纤维布或尼龙丝束等，防止泥沙堵塞。

渗灌系统在使用的过程中具有四大突出优点：第一，具有节水性，系统内的水可以循环使用。第二，具有节能性。与喷灌相比，无需高压泵，所以在整个电气系统的容量可以大幅度下降。第三，具有经济实用性。第四，具有环保性。草坪灌溉可以做到"湿土不湿草"，有利于预防病、虫害与草害；也不会因为灌溉排水导致土壤速效养分的淋失；也不会因灌溉与排水的操作而影响草坪的使用。

1. 渗灌系统的组成 渗灌系统包括管道、动力等方面。渗透管外面包裹玻璃纤维布，缠绕尼龙丝束，或两者并用；管道四周布置米石层，或米石、粗沙层等（图4-2-1）。

2. 渗灌系统的设计布置 在设计布置渗灌系统的过程中，主要做好以下几个方面：

（1）确定渗透管的深度。在坪址调查的基础上，充分研究选用的草坪草根系在土层中的分布状况，确定管排在草坪根系密集层的下沿为佳，一般情况下，离地表的距离为15～25cm。

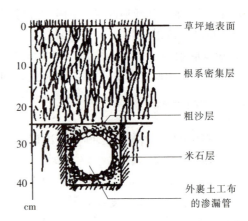

图4-2-1 渗透管及其四周的米石——粗沙层剖面示意

（2）确定渗透管的间距。设计管道之间的距离不仅影响灌溉排水的通畅质量，而且直接与工程造价有密切的关系。在确定渗透管间距时，应将相邻2条管的浸润曲线设置有一定的重叠，以保证渗透入土的灌溉水，均匀地湿润土壤，不同土质中，间距不同，沙质土壤管间距大于黏质土壤，加压渗透灌溉的管间距大于无压渗透灌溉的，常用的渗透管道间距一般为1.0～3.0m。

（3）确定管道的坡度。通常根据坪址的调查和设计地面的坡度要求，兼顾排水和灌溉需要而定。若排水负压，灌溉加压，则依压力小的一方决定。若灌溉加压，则主要依排水需要决定。一般坡度范围在0.1%~0.5%，根据草坪利用目的和当地的降水量等气象资料加以调整和确定。

（4）确定管道的长度。渗透管的长度与其坡度、流量大小、供水状况、渗透孔的多少等均有关系。适宜的管长可以使其首尾两端土壤湿润均匀，而渗漏损失最小。不加压供水渗透管的长度一般小于100m，加压供水，则可达200~400m。

（5）防止渗透管堵塞。

（6）确定灌溉的额度。一般以相邻两渗透管间的土层充分湿润，同时不发生深层渗漏为度。据农田灌溉研究所对壤土（沙壤土至黏壤土）的研究结果表明，最大临界值为$525m^3/hm^2$。若大于此值将产生深层渗漏，导致灌溉水浪费。

二、排水系统

排水系统可分地表径流排水和非地表排水（渗透排水）两种，前者可迅速排除地面多余的水分；后者是水分渗入土层内，或保留在土壤中，或转化成重力水，汇入地下水。草坪地排水以地表径流排水为主，占总排水量的70%~95%。排水良好的草坪地，可在雨后1d之内将重力水排除或基本排除。

在草坪地的排水系统设计与建立中，应注意以下几个问题：

（一）改善土壤结构，精整草坪的地面

地表径流排水首先要做好草坪地面，做到平整，没有坑洼，而且还要有一定的坡度，若能达到要求，基本上可以做到径流排水畅通无阻，随着时间的推移，可能会发生地面破坏，此时应及时修复。如多雨地区足球场的设计比降可为0.5%~0.7%，少雨以及一般地区可为0.3%~0.5%。其次，土壤应具有良好的结构性，由沙壤、粉沙壤和黏土组成的土壤，对于地表径流排水来说是比较理想的。

（二）合理安排明沟

由于草坪主要以地表径流排水为主，故需要一定量的明沟来进行排水。明沟的设置既要保证排水的需要，又不能破坏草坪景观，因此在设置上应注意灵活性。足球场常用带有盖板的"内环沟"，就体现了这种原则，有的地方还在总排水口处建一类似于闸门的装置，在干旱季节可以起到蓄水的功能。很多地方利用地形起伏的条件，把小路建于谷底、坡缘等低洼处，小路兼作排水明沟，一举两得，节省成本。

（三）暗沟排水

暗沟主要用来排除多余的地下水，控制地下水位，在盐碱地还可以预防返盐、返碱。在无地下水渍害，或者非盐碱地地区，无须安排暗沟。

若仅以排除多余地下水、防止渍水危害为目的，只有在地下水经常维持在1m以上的地区才设置暗沟系统，具体的埋设深度应根据利用目的、所在地水文条件、冻土层厚度，布置在不同深度的土层内，在地面以下40~200cm处，沟的间距3~20m不等。盐碱地，为达到阻止返盐、返碱的目的，可在地下2m处设置暗沟排水系统。

暗沟排水系统所排的水主要来自土壤重力水，也即土壤渗透水。因此，暗沟排水的好坏与上层土壤的通透性密切相关。在设置暗沟排水系统时，应尽可能改良土壤的质地和结构，使土壤具有良好的通透性能。当条件许可时，可在暗沟上方，垂直布置沙槽，沙槽一般宽6~8m，深25~35cm，间距60cm。

暗沟排水系统可以用瓦管、陶管、水泥管、U-PVC 管建立，目前采用较多的是 U-PVC 管。

一、重点名词解释

缺水诊断、灌溉强度、灌溉均匀度、灌溉量、渗灌、地表排水、地下排水。

二、知识结构图

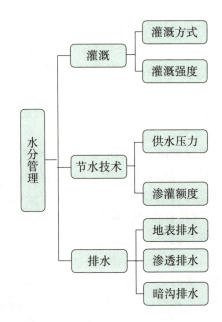

1. 草坪水分管理中，缺水与干旱分别会导致什么问题？
2. 如何进行缺水诊断？
3. 如何对草坪进行正确的灌溉？

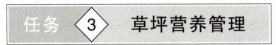

任务 3　草坪营养管理

了解草坪肥料对维持草坪良好生长以及获得高质量草坪的重要性，不同营养元素的生理

功能，施肥的作用；掌握草坪氮、磷、钾三种元素缺失时的症状，正确进行缺素诊断，学会对草坪进行追施肥料。

掌握缺素诊断的方法以及草坪追肥技能。

1. 问题提出

（1）草坪施肥有哪些作用，草坪缺肥时会出现何种症状？

（2）什么是基肥，基肥有什么作用，怎么施用基肥才能最好发挥基肥的肥效？

（3）什么是追肥，如何给草坪施追肥，追肥施用要注意哪些问题？

2. 实训条件 以小组为单位，建议3～5人一组，在教师的指导下进行现场实训，观察诊断草坪草的缺肥情况，根据草坪草的生长发育状况确定追施肥料的类型与施肥的量。

每实训组配备：已经成坪的草坪一块（100m² 左右）、尿素与复合肥若干、草坪叶片色泽测定尺、称量天平、浇水泵一台、水管、喷灌系统一套。

一、草坪营养元素以及缺素诊断

（一）草坪营养元素

草坪草生长所必需的营养元素，除了由植物的光合作用所获得的碳、氢、氧三种元素外，还需要氮、磷、钾、钙、镁、硫、铁、锰、硼、锌、铜、钼、氯、镍等元素，这些元素均需从土壤中获得或由施肥来加以补充。这17种元素，缺乏其中一种，植物均不能正常生长，任何元素之间不能互相取代。其中，氮、磷、钾、钙、镁、硫、铁被称为大量元素，而锰、硼、锌、铜、钼、氯、镍等元素被称为微量元素。

在草坪生长中，需要量最大的是氮，其次是磷，次之是钾。由于氮、磷、钾在草坪中常常需要补充，因此被称为"肥料三要素"。

（二）草坪缺素诊断

草坪草生长所必需的营养元素，除了由植物的光合作用所获得的碳、氢、氧三种元素外，还需要17种营养元素，缺乏其中一种草坪均会显出不同的症状（表4-3-1）。因此，在施肥时应根据缺少元素的症状加以判定之后再给予施肥，这样才能达到良好的效果。

表4-3-1 草坪草在矿质中营养元素的含量和缺少营养元素的症状

营养元素	缺素症状
氮	较老叶子黄绿色或发红，草坪色淡，叶、茎生长缓慢，分枝少
磷	较老叶子深绿，然后呈紫红色、深棕色，甚至死亡

(续)

营养元素	缺素症状
钾	叶脉间变黄色，老叶萎黄，叶尖和边缘枯焦，茎细弱
钙	发育不好，新叶红棕色，茎、根会坏死
镁	叶脉间没有绿色，边缘鲜红，叶条状，具枯斑，分枝细、短
硫	老叶发黄，嫩叶和叶脉失绿
铁	新叶叶脉间黄色，老叶叶脉仍绿，没有坏死斑
锰	新叶叶脉间黄色，老叶叶脉仍绿，有少许坏死斑
铜	嫩叶萎蔫，扭曲，茎弱小
锌	生长缓慢，叶子薄而皱缩，具有大坏死斑
硼	生长缓慢，缺乏绿色
钼	老叶灰绿色，甚至呈金黄色
氯	生长缓慢，缺乏绿色
镍	老叶萎黄，茎细弱

二、草坪肥料的定义与作用

1. 草坪肥料的定义 在草坪养护管理中，施入土壤中或是喷洒于草坪地上部分，能直接或间接地供给草坪草养分，使草坪草生长茂盛、色泽正常的各种物质，称为肥料。

2. 草坪肥料的作用 肥料是草坪植物生长的物质基础，根据草坪植物的营养特性，结合气候、土壤和栽培技术等因素，进行合理的施肥。可使草坪达到优质、长久，肥料不仅提供草坪植物生长发育所必需的营养，促进植物的新陈代谢，而且还能调节土壤反应，改善土壤结构，提高土壤肥力，从而使草坪长期、稳定地保持良好的景观。所以，施肥是草坪养护中一项重要的管理措施。

三、基肥与追肥

施肥的方式主要有两种：一是施基肥，二是施追肥。

（一）常用的基肥与施用方式

基肥一般使用有机肥或者复合肥以及一些肥效长的专用肥料。施基肥是在草坪建植前，坪地制作过程中伴随着翻耕与旋耕操作，施入草坪坪地土壤中的肥料。基肥肥效长，肥分全面，一般用有机肥或者复合肥为主，使用量较大。

（二）追肥要点

追肥是指草坪正常生长期间内追施的肥料，一般直接撒施或者喷施到草坪上，追肥一般使用速效化肥。为了保证草坪草能健壮的生长，要依照土壤的肥力状况和草坪草的生长状况增施一定的追肥。

1. 追肥量 追肥量取决于草种、养护水平以及土壤肥力。不同草种或同一草种的不同品种对肥料的要求不同，如暖季型的狗牙根最喜肥，假俭草则相对耐贫瘠；土壤结构和土壤质地较差、营养成分含量较低的土壤需肥量大，肥力好的土壤需肥量小；养护管理水平高的草坪需肥量较大，养护管理水平低、粗放管理的草坪需肥量小。此外，天气条件、生长季节的长短、土壤质地、浇水量、光照等情况，也是确定施肥量的重要依据。

2. 施肥时间和次数 草坪的施肥次数根据实际生长情况而定，一般冷季型草坪草，每年至少施 2 次肥，施肥时间在早春和早秋。早春施肥可以加速草坪草在春天的返青速度，增加夏季抗热性。在早秋施肥，能延长绿期，并能促进第 2 年生长新的分蘖枝和根茎。

暖季型草坪草的施肥时间，应在早春和仲夏进行。北方以春施为主，南方以秋施为主。

任务实施

一、任务分析及要求

（一）任务分析

通过对草坪草的色泽、分蘖情况、整体生长情况等进行观测分析，判断草坪草的营养状况，判断其是否存在缺肥或者缺素症状，确定施肥的种类以及施肥的量。

根据诊断结果，有针对性地对草坪进行施肥，使草坪维持良好的生长状态以及保持良好的草坪质量。

（二）实训要求

（1）仔细观察草坪草的叶色与分蘖生长状况，正确诊断草坪的营养状况。

（2）追施肥料要适量，撒施均匀，撒施后及时浇水使得肥料溶解于土壤中，避免草坪烧苗。

二、实训内容

（1）草坪草生长情况的观察，叶片色泽、形态与分蘖数、草坪草生长态势的观察，正确进行草坪草营养状况诊断。

（2）根据诊断结果，选择合适的肥料，称取适量肥料在草坪上撒施追肥，撒施肥料后浇透水。

（3）一周后进行重新观察诊断草坪的营养状况，评价追肥效果，确定是否再次施肥。

三、实训操作

（一）营养状况诊断

观察草坪草叶片的色泽、叶片的形态特征、分蘖情况等，叶片色泽深绿、有光泽、软硬适中，分蘖多，分蘖势头旺盛，表明草坪草营养状况良好；若叶片色泽浅、暗淡、枯黄，叶片僵硬，分蘖少，分蘖势头差，甚至半休眠，表明草坪草营养状况较差，需要施肥。

（二）草坪草缺素诊断

当发现草坪草营养状况差时，仔细观察草坪草的植株生长状况以及叶色、叶片形态特征等，诊断草坪草缺乏何种营养元素，以及缺失程度，确定施肥的种类以及施肥量。

（三）撒施粒肥

1. 选择肥料并称取适量的肥料 根据缺素诊断，选择合适的肥料种类，根据草坪面积的大小计算出施肥量，称取适量肥料，无机速效氮每次施用最好不要超过 $5g/m^2$，尿素施用一般每次在 15~20g/m²。

2. 浇湿草坪　雨天撒施粒肥，如干旱天气，则先对草坪进行浇灌。

3. 往草坪中均匀撒施肥料

4. 施肥后马上再次灌溉浇水，使肥料溶解于草坪坪地土壤中

（四）喷施叶面肥

（1）称取适量尿素。

（2）把肥料溶解于水中，尿素配置成浓度为 2%~3% 的溶液，若使用磷酸二氢钾，则浓度在 0.2%~0.3%。

（3）把肥料溶液装进喷雾器中，对草坪茎、叶喷施肥料溶液，喷施到叶片往下淌水为准。

（五）效果评价

施肥一周后，重新对草坪草进行营养诊断，评价施肥的效果，确定是否需要继续施肥。

四、评价考核

（1）现场考核草坪缺素诊断是否准确，肥料选择是否正确，施肥量是否过量，撒施是否均匀，撒施后浇水是否适度。

（2）完成实训报告，要求包括缺素诊断的内容以及追肥时的操作步骤，以及施追肥的注意事项。

常见肥料种类与肥效特点

一、氮肥（N）

氮肥种类很多，按释放氮的速度快慢可以分为速效氮肥和缓释氮肥。

速效氮肥主要包括铵态氮肥、硝态氮肥和酰铵态氮肥，水溶性高，可叶面喷施，草坪草反应迅速，养分有效性受温度影响小。但是速效氮肥易产生烧苗，淋溶损失大，施用后持续时间短。因此在使用速效氮肥时应少量多次，防止徒长。

缓释氮肥包括天然有机物和化学合成肥料，氮素释放速度慢，水溶性低，氮素损失少，肥效持续期长，但成本较高。

（一）铵态氮肥

铵态氮肥包括硝酸铵、硫酸铵等。铵态氮肥在土壤中移动性一般很小，不易淋失，肥效较长；但是铵态氮易氧化成为硝酸盐，在碱性土壤中易挥发损失。

硝酸铵是草坪施肥中广泛应用的氮肥种类，既属于铵态氮肥又属于硝态氮肥。它含氮34%，中性或弱酸性反应，吸湿性强，易结块。在干旱地区黏质土壤上，既可以作基肥，又可以作追肥，但在多雨地区沙质土壤上，不适宜作基肥用。硝酸铵不能与新鲜有机物混合施用，以免发生反硝化作用造成氮素损失。

硫酸铵也是草坪上应用比较广泛的氮肥种类之一。它含氮 20.5%～21%，易溶于水，吸湿性小，不易结块，化学性能稳定，物理性质良好，便于运输。同时，对于缺硫土壤来说，它也是一个很好的硫源。长期使用硫酸铵，会导致土壤酸化，应配合施用石灰或有机肥。

（二）硝态氮肥

硝态氮肥包括硝酸钠、硝酸钙和硝酸铵。总的来说，硝态氮肥水溶性好，在土壤中移动快；草坪草容易吸收硝酸盐，且过量吸收不会有害；硝态氮容易淋失，并且容易发生反硝化作用而损失。草坪上应用较多的硝态氮肥是硝酸铵，硝酸钠和硝酸钙不经常施用。

（三）尿素

尿素含氮 46%，是固体氮肥中含氮最高的肥料。吸湿性低，贮藏性能好，易溶于水。

（四）天然有机肥

天然有机氮源包括各种堆肥、淤泥肥等，以氮素为主，还含有磷、钾及微量元素。养分全面丰富，有效期长，但含量低。氮素包含在有机物中，不溶于水，氮的释放依赖于微生物的分解作用，当温度低于 10℃时，土壤微生物活力下降，有机肥的氮素分解受阻，因此不宜作早春施返青肥使用。另外有些有机肥异味没有去除干净，不宜在运动场草坪上使用。

表 4-3-2 常用有机肥料的养分含量

有机肥种类	养分含量（占干重的百分数,%）			
	N	P	K	其他
动物蹄角	11～13	0.3	—	—
动物血、骨	10～13	0.3	—	—
淤泥（干）	0.8～4.3	0.2～1.8	0.02～1.7	（可能含重金属）
干禽粪	4～8	1.1～2	0.8～0.6	全
干牛粪	0.2～2.7	0.01～0.3	0.06～2.1	全
羊 粪	1～3	0.1～0.6	0.3～1.5	全
堆 肥	1.4～3.5	0.3～1	0.4～2	全

（五）合成的缓释氮肥

合成的缓释氮肥主要有甲醛尿素（UF）、包硫尿素（SCU）和高分子包膜肥料等。其中，草坪上应用较广的是甲醛尿素。甲醛尿素含全氮 38%，其分解以微生物分解为主，也有一部分化学分解。

包膜肥料包裹的肥料可以是尿素，也可以是复合肥，肥料被硫或高分子物质包裹，当水分扩散进入膜内将肥料溶解时，养分才会释放。通过膜的厚度和膜上细孔的数量可以控制养分释放的快慢，因此常将包膜厚度不一的颗粒混合起来达到氮的均匀释放。

缓释氮肥释放矿质氮取决于肥料组成和环境条件，其供氮速率可能满足不了草坪草的生长需要。所以，缓释氮肥一般用作基肥，配合施以其他速效氮肥，效果更佳。

二、钾肥（K）

钾（K）肥在草坪上的应用仅次于氮肥。钾肥种类较多，主要有氯化钾、硫酸钾、硝酸钾和偏磷酸钾等几种，所有的钾肥都是水溶性的。由于钾较易淋失，且植株会过量吸收钾，因此也要少量多次施肥，不可一次用量过高。

1. 氯化钾 由于价格低廉，在草坪上广泛使用，它的盐指数较高，含氯47%。

2. 硫酸钾 因为其中含有较多的硫，是较好的草坪钾肥，它的价格比氯化钾高很多，但它的盐指数低，含氯不超过2.5%。

3. 硝酸钾 高度水溶性，吸湿性小，长期使用会引起土壤抗凝絮作用，起土壤悬浮剂的作用。硝酸钾中钾的含量不如氯化钾和硫酸钾高，但含氮超过13%。此外，硝酸钾存放不当容易产生火灾，因此使用不广泛。

4. 其他钾肥 如偏磷酸钾含磷24%（55% P_2O_5）、硫酸镁钾（含大量的镁）、硝酸钠钾（含氮超过15%）等，它们在草坪上应用较少。

三、磷肥（P）

草坪上磷肥可以分为：天然磷肥、有机磷肥、工业副产品和化学合成磷肥。由于磷肥易被土壤固定，因此，为了提高肥率，不宜于建坪前过早施用或施到离根层较远的地方。有条件的地方可于施用磷肥前先打孔，以利肥料进入根层。

（一）天然磷肥

天然磷肥包括过磷酸盐、重过磷酸盐、偏磷酸钙和磷矿石等。

1. 过磷酸钙 是草坪磷肥中最常用的，其中的磷酸一钙是草坪草能够直接利用的。它的 P_2O_5 约占20%，并且，还含有 $CaSO_4$，$CaSO_4$ 在其中起脱水剂的作用，以提高过磷酸盐的物理性质。

2. 重过磷酸钙 它不含 $CaSO_4$，所以磷的含量比过磷酸盐高，一般不单独施用，而以高效复合肥形式施用。

3. 偏磷酸钙 是酸性土壤上草坪草吸收利用的有效磷肥，费用低廉，一般呈粒状。

4. 磷矿石 在草坪上应用较少。

（二）有机磷肥

骨粉是最常见的天然有机磷肥，其中磷素的释放取决于含磷有机物的降解。骨粉在酸性土壤上肥效显著，它可以降低土壤的酸度，但相对于过磷酸盐来说比较贵。

（三）工业副产品

碱性渣是工业副产品的一个典型例子，它是钢铁工业的副产品。在欧洲，它是除了过磷酸盐之外最常见的磷肥。碱性渣肥效长，是缓效磷肥，能降低土壤的酸度，并且，其中还含有一定的镁和锰。

（四）化学磷肥

典型的例子是过磷酸铵、磷酸钾和偏磷酸钾等。其中过磷酸铵是草坪上应用比较广泛的高效磷肥，但它有酸化土壤的作用。

四、钙肥（Ca）

石灰是最主要的钙肥，包括生石灰、熟石灰、碳酸石灰三种。此外，一些含钙的化合物和工业废渣也可以作钙肥用。

生石灰主要成分是氧化钙，它中和土壤酸性的能力很强，此外，还有杀虫、除草和土壤消毒的功能。

熟石灰主要成分是氢氧化钙,由生石灰吸湿或加水处理而成。其中和土壤酸度的能力也较强。

碳酸石灰主要成分是碳酸钙,溶解度较小,中和土壤酸度的能力缓和而持久。

五、镁肥（Mg）

常用的镁肥有硫酸镁、氯化镁、硝酸镁、氧化镁等,都可溶于水,容易被草坪草吸收。磷酸镁铵也是一种长效的复合肥,除含镁外,含氮 8%、P_2O_5 40%,微溶于水,所含养分全部有效。

六、硫肥（S）

由于硫是植物细胞重要的组成成分,所以补充硫肥是相当重要的。

石膏是最重要的硫肥,也可作为碱土的改良剂。硫酸铵、硫酸钾、过磷酸钙等都含硫。

七、微量元素肥料

微量元素肥料主要是一些含硼、锌、钼、锰、铁、铜、氯等营养元素的无机盐类、氧化物或螯合物。如 $FeSO_4 \cdot 7H_2O$、Fe-EDTA、$MnSO_4$、Mn-EDTA、$ZnSO_4$、Zn-EDTA、$CuSO_4 \cdot 5H_2O$、Cu-EDTA、钼酸钠、钼酸铵、硼酸钠等。多数情况下,土壤中的微量元素常常能够满足草坪草生长的需要,施用其他肥料时也常带有微量元素。只要未表现出缺素症状,就不必施用微肥。

微量元素肥料经常用作叶面追肥,以确保某一元素缺素症得以解决,但一定不能过量,以免出现微量元素中毒现象。

八、草坪专用肥

草坪专用肥是根据草坪草的种类、生长状况、气候条件和草坪用途等不同情况,专门设计的全价肥料。理想的草坪专用肥不但能合理地调整氮、磷、钾等肥料的比例,还含有适量的水溶性氮和非水溶性氮,快慢结合,合理控制氮素释放。微量元素常以硫酸盐的形式添加。还有的还加入杀虫剂、杀菌剂等,使得施肥与杀菌除虫一次完成,便于非专业草坪管理人员使用。

一、重点名词解释

缺素症状、草坪肥料、全效肥、缓效肥、速效肥、基肥、追肥、施肥量。

二、知识结构图

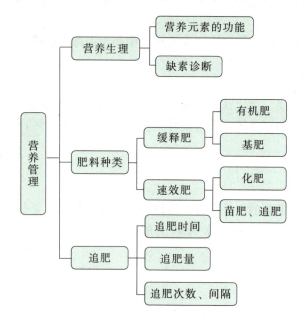

1. 基肥有什么作用，一般使用什么肥料作为草坪的基肥，基肥如何施用？
2. 追肥有什么作用，施用追肥时，如何施用追肥，要注意哪些事项？

任务 4　草坪修剪管理

掌握草坪修剪的意义与作用，草坪修剪的三分之一原则，掌握对草坪进行正确修剪应注意的问题。

掌握如何确定修剪的时间、修剪的高度，掌握旋刀式修剪机的使用与保养维护技能，正确使用修剪机对草坪进行修剪。

1. 问题提出

（1）为什么要对草坪进行修剪，修剪草坪有哪些作用？

（2）草坪修剪的高度如何确定？修剪过高或者过低对草坪有哪些不良影响？

（3）如何确定修剪的时间、频率、修剪时的线路、草屑处理以及修剪后的善后措施？

2. 实训条件　以小组为单位，建议 10～15 人一组，在教师的指导下进行现场实训，选择一块待修剪的草坪，确定修剪高度，操作旋刀式修剪机进行正确的修剪。

每实训组配备：已经成坪的草坪一块（100m² 左右）、旋刀式修剪机 2～3 台、汽油机油若干、箩筐、手推车。

一、修剪的意义及作用

（一）修剪的定义

修剪又称为剪草、轧草、刈草、修剪、刈剪、割草等，它是指去掉一部分生长的茎叶的过程，是为维持优质草坪的重要作业。

修剪是维持优质草坪的重要手段，是草坪养护管理中最频繁和最具特色的管理项目之一。

（二）修剪的作用

草坪修剪的目的在于在特定的范围内保持顶端生长，控制不理想的营养生长，维持一个具有一定观赏度或者使用功能的草坪。修剪主要的作用有：

1. 保持草坪的平整与美观　修剪能使草坪保持统一的高度，通过修剪后的草坪更加整齐、美观。

2. 促进营养生长，控制生殖生长　修剪可以阻止草坪草向上徒长，促使草的分蘖，使草横向发展，草坪更加致密整齐。修剪也促进了根系向纵深发展。同时，通过修剪，可以阻止草坪草抽穗、开花、结果，抑制生殖生长，避免草坪早衰。

3. 控制杂草与病虫害　通过修剪，可以剪除杂草的花序，并抑制杂草开花结实，使得杂草种子渐少而无法完成自繁过程，草坪上的杂草就会逐渐减少。

很多病虫害的中间寄主是草坪上的杂草，修剪掉草坪上的杂草可以减少病虫害中间寄主，从而使得草坪病虫害减少。修剪提高了草坪通透性，避免草坪草总是处于郁闭及高湿度的状态，减少了真菌病害的发生。

此外，正确的修剪可以使得草坪健康生长，使得草坪草根深叶茂，抗逆性提高，从而提高其抵抗病虫害的能力，减少了草坪草病虫害。

二、修剪高度

草坪的修剪高度也称为留茬高度，是修剪后草坪茎叶的高度。草坪的适宜留茬高度应依草坪草的生理、形态学特征和使用目的来确定，以不影响草坪正常生长发育和功能发挥为原则。

草坪修剪高度要遵循三分之一原则：每次修剪去的叶片与枝条的长度，不超过草坪总高度的 1/3，即剪去 1/3，留下 2/3。

选择适当的修剪高度要考虑多种因素的影响，每一品种都具有一定的修剪高度范围。如

表 4-4-1 所示是常见草坪植物适宜修剪高度的范围。

表 4-4-1 草坪植物的正常修剪高度范围

草种	剪草高度范围（cm）	草种	剪草高度范围（cm）
结缕草	1.3~5.0	野牛草	2.5~5.0
普通狗牙根	1.3~3.8	细叶羊茅	3.8~6.4
杂种狗牙根	0.6~2.5	草地早熟禾	2.5~5.0
雀稗	5.0~7.5	八月禾	3.8~7.6
假俭草	2.5~5.0	苇状羊茅	3.8~7.6
钝叶草	3.8~7.6	格兰马草	5.0~6.4
匍匐翦股颖	0.6~1.3	地毯草	2.5~5.0
多年生黑麦草	3.8~5.0	高羊茅	3.8~7.6

这些修剪高度范围是由草种或培育品种的特性所决定的。每次修剪时，剪掉的部分应少于叶片自然高度的1/3。匍匐型草坪草的生长点比直立型草坪草低，在剪掉不超过叶片组织1/3或不伤害根茎的情况下，草坪修剪得越低，草坪则越平。但是，草坪草的修剪也是有限度的，如果草坪修剪得过低，首先是使草坪草根基受到伤害，大量生长点被剪除，使草坪草丧失再生力。其次是大量叶组织被剪除后，植物的光合作用能力受到严重限制，草坪草处于亏供状态，结果导致根系减少，耗尽大部分储存养分，使草坪衰败。

三、修剪时期及次数

草坪的修剪时期与草坪草的生育相关，一般而论，草坪草修剪的时间始于3月，末于10月，就全年而论，标准的修剪时期在5~6月，在温暖地区为7~8月，用于运动场等特殊用途草坪的修剪期可在8~10月。

草坪修剪的次数不应当由修剪时间是否方便或按固定日期来决定，应由草坪草的生育状态、草坪的用途、草坪的质量及草坪草的种类来决定。草坪修剪应在草高留茬高度的1~2倍时修剪去1/2为佳，按草坪修剪的1/3原则进行。例如：割草机的刀片置于2cm的修剪高度，那么当草长至3cm时就应进行修剪，剪去1cm的顶端为整个草高的1/3。

四、修剪方式及其操作

同一块草坪的每次修剪，应尽量避免同一方式、同一起点，按同一方向、同一路线进行，因为这种操作会促使草坪草地上部分趋于同一方向定向生长，出现"纹理"现象（草叶趋向于一个方向的定向生长），若不及时改正，就会出现"层痕"，草坪品质则会下降。为了保证蘖枝向上生长，每次修剪的方向应该改变。在果岭上长期沿一个方向修剪，可造成横向蘖枝生长，形成纹理，严重时，会影响果岭推球质量。转换剪草方向是防止果岭纹理形成的主要方法。若不改变修剪方向，则会使草坪土壤受到不均匀挤压，甚至出现车轮压槽，使土壤板结，草坪受损伤。因此，在修剪时应尽量改变修剪方向，每次都应更换起点，按与上次不同的方向与路线剪草，使车轮挤压在草坪上分布均匀，减少草坪的践踏。

五、草坪修剪后的处理

由剪草机修剪下的草坪草组织的总体称为修剪物或草屑。

草屑处理的一般原则是：每次修剪后，将草屑及时移出草坪，但若天气干热，也可将草屑留放在草坪表面，以防止土壤水分蒸发。

如果剪下的草屑短，可以不用清除，因为所剪下的草屑含有植物所需的营养元素，是重要的氮源之一，剪切的碎草含有3‰～6‰的氮、1‰～3‰的钾、1‰的磷，将草屑放在草坪之内，这对养分回归草坪，改善干旱状况和防除苔藓的生长是有利的。较长的草屑留在草坪上难于腐烂或腐烂时间较长，会影响草坪的景观和草坪草生长，而且草屑有利于杂草滋生，会使草皮变得松软并易造成病虫害感染和流行，也易使草坪通气性和透水性受阻而使草坪过早退化，甚至严重时会造成死亡。

一、任务分析及要求

（一）任务分析

利用旋刀式剪草机修剪一块 100m² 以上的草坪。确定草坪的修剪高度，掌握修剪机的操作，掌握正确修剪的方法。

（二）实训要求

（1）修剪前清理草坪，必须把草坪上妨碍修剪的所有物体清理出草坪，以免损坏修剪机并造成安全问题。

（2）修剪的高度要正确，修剪过程要直线匀速前进，不能来回拖动修剪机、不能后退修剪。

（3）修剪结束后，处理好草屑，并清洁保养修剪机。

二、实训内容

（1）观察草坪的生长状况，并测定草坪草的高度，确定草坪的修剪高度。

（2）检查旋刀式修剪机的状态，调整修剪高度，启动修剪机，对草坪进行正确的修剪。

（3）把修剪的草屑带出草坪，统一集中处理，清理干净修剪机的旋刀。

三、实训操作

1. 检查修剪机

（1）开机前，先对各个部件进行检查，所有配件及开关是否完好，能否正常操作。

（2）检查各部位的螺丝是否栓紧，燃料是否漏出。

（3）刀片是否锋利，是否有裂痕、弯曲等现象，是否栓紧。

（4）用机油标尺检查机油的量是否合适，如机油过少，添加机油，如机油已经发黑，更换机油。

（5）检查汽油的量，适当添加汽油。

（6）检查滤清器污秽情况，决定是否更换滤清器。

（7）检查火花塞帽是否装在火花塞上。

2. 清理草坪　清除场地内的可以移动的障碍物，包括砖块、石头、木块等，统一把杂物放进箩筐内带出草坪。如果有喷灌系统的喷头，则应用小树枝标示出喷头位置。

3. 确定修剪高度　测量草坪的生长高度，按照三分之一修剪原则，计算并确定草坪的修剪高度，根据修剪高度，调整修剪机的高度。

4. 启动机器　首先，把机组放置在平坦坚实的地方，保证割刀头周围没有任何物品。转动燃料箱的盖子，确认确实拧紧。然后，打开燃油箱开关，把风门开关移动到关闭位置（重新启动则移动到打开位置），设定加油柄启动位置。牢牢握住机组，快速拉出启动器拉绳。在引擎启动后，渐渐打开风门。让引擎转动2~3min预热。注意，启动时要确认刀片离开地面。

5. 修剪草坪　匀速直线推动剪草机前进，在转弯处根据草坪实际形状采用直角转弯或者弧形转弯；修剪时注意机器轮痕要吻合，每次往返修剪的截割面应保证5~10cm的重叠，避免漏剪。注意不得原地来回推磨修剪；及时卸下装满草屑的拖斗，注意卸下拖斗时候必须停机，草屑统一收集到板车上带出草坪，集中处理。

注意：

（1）在下坡或者凹坑处注意缓行，不能把修剪机朝自己方向往后拉，以防伤脚，在有坡度的地方修剪，为推行省力，应该使修剪机行驶的方向与坡度方向垂直。

（2）如果草坪草太高，应分次剪短，不能让修剪机超负荷工作。

（3）遇障碍物，如喷头、草坪灯等设施，应绕行，边角、路基边、树下的草坪，应沿曲线剪齐，转弯时要调小油门，剪不到的边角与弯角用割灌机修剪。

（4）修剪机不允许长时间、大油门工作，每工作1~2h，停机休息15min。

6. 停机　慢慢调小油门停机，不要在发动机大油门高速运行下忽然熄火停机，以免发动机散热不良，造成损坏。

7. 清洁机具　修剪作业结束后，需将修剪机清理干净。

四、评价考核

（1）现场考核修剪机的检查是否彻底，保证修剪机能正常工作，没有故障与安全隐患。

（2）修剪是否根据三分之一修剪原则进行，修剪留茬高度是否准确。

（3）修剪前草坪是否清理干净，修剪时是否按正确的线路，匀速直线修剪，有无漏剪，修剪效果是否美观，修剪后草屑是否清理干净带出草坪外，修剪机是否清理干净。

（4）单机全包200~300m^2/h；现场清理干净，无杂物、草屑遗漏。

（5）完成实训报告，要求包括正确修剪的方法及修剪的步骤。

拓展平台

化学修剪与生物修剪

一、化学修剪

化学修剪也称为药物剪草，是指利用化学药品（药物），利用某些激素或生长调节剂处理草坪，延缓草坪的生长速度，代替机械修剪的方法。化学修剪可以降低养护管理成本，也使一些无法利用机械修剪的地段的草坪得以有效控制草坪的高度。

(一) 化学修剪常用的药剂

草坪化学修剪的药剂很多，最常用的是植物生长延缓剂，如多效唑、烯效唑、矮壮素、乙烯利、缩节胺、丁酰肼、嘧啶醇等。其作用主要是抑制植物体内赤霉素的合成，延缓分生组织的生长，但不抑制顶端部分的生长，这种作用可被外源赤霉素所逆转。其次是植物生长延缓剂，如抑长灵、青鲜素等，其主要作用是抑制草坪草顶端分生组织细胞分裂和伸长，导致顶端优势丧失，从而控制草坪的生长高度。

(二) 草坪化学修剪的应用效果

1. 调节营养生长

（1）延缓生长，减少修剪次数。多数用于化学修剪的药剂可有效延缓草坪草生长，减少修剪次数。1.1kg/hm² 的多效唑使狗牙根生长速率比对照降低 25%～37%；100～200mg/kg 的多效唑可使结缕草植株高度比对照降低 50%；0.06kg/hm² 的米草烟可使狗牙根延缓生长 5 周；0.1kg/hm² 烯效唑对草地早熟禾株高的抑制力达 50% 以上。当苇状羊茅留茬高度为 4cm 时，多效唑 1.0kg/hm² 可使修草次数从 8.2 次/年降至 1.4 次/年。

（2）促进分蘖，增加密度。1.1kg/hm² 的多效唑使狗牙根分蘖数增加 19.7%；600mg/kg 的多效唑可促进苇状羊茅的分蘖；低浓度的矮壮素可促进高羊茅和草地早熟禾的分蘖，但浓度过高则抑制分蘖。

（3）加深绿色，延长绿期。100～200mg/kg 的多效唑可使结缕草叶绿素含量增加，绿色期延长到 10 月底；600mg/kg 的多效唑可提高苇状羊茅的叶绿素含量，增强光合作用，并使草坪草叶片变宽、变厚；多年生黑麦草叶面喷施多效唑后，叶片增厚、加宽，叶绿素含量提高，绿色期延长。

（4）增加根冠比，提高匍匐性。多效唑处理结缕草后，根系生长受抑制，但根系密集，植株的根冠比增大，根系活力增强；多年生黑麦草叶面喷施多效唑后，促使根系发达，主根粗壮，侧须根多，根系密集层分布较对照浅，使其由丛生型逐渐变为半匍匐型直至匍匐型，更有利于地毯式性能的形成，使其更具观赏性。

2. 提高抗逆性

（1）提高抗旱性。一些用于化学修剪的药剂应用于草坪草后，可提高草坪草的抗旱性。当土壤含水量降至 7% 时，经浓度为 600mg/kg 以上的多效唑处理后的草坪植株，叶片还能直立张开，而对照已经萎蔫；浇水后，对照 6h 才恢复正常，而处理仅需 2h。抑长灵、乙烯利可使草坪草耗水量在使用后 4 周内减少 25%～30%。

（2）提高抗病性。矮壮素对减轻匍匐翦股颖的根圆斑病和云斑病具有积极作用。多效唑本身也是一种杀菌剂，施于草坪后，可以减少病菌感染，预防结缕草锈病的发生，减少因施肥过多而产生的锈病和叶斑病。多效隆和百菌清可降低匍匐翦股颖钱斑病的发生率。

(三) 草坪化学修剪的应用方法

1. 根据草种用药 不同草种对药剂的敏感程度不同。如肯塔基早熟禾对多效唑最敏感，其次是翦股颖、硬羊茅、粗茎早熟禾等。针对不同的草种及草种组合，选用一种或几种药剂，以一定梯度的浓度进行药效及持效期试验，做到先试验，后用药，适草适药。不要在剪草前一周及剪草后 3d 内用药。

2. 根据气候条件用药 施药时间不同或者施药时的气候条件不同，会造成施药效果产生较大的差异。如修剪后施药比修剪前易产生药害；秋季用药时间过晚，易引起休眠期提前。一般在气温 20～28℃，无风的晴天用药效果最好。温度过高、过低，大风及阴天，可适当加大用药浓度。用药后 6h 内遇雨应补喷。

3. 低浓度多次用药与使用改良剂相结合 高浓度的矮壮素会造成草坪草失绿，整齐度下降，而有试验表明，施入铁元素后可明显改善草坪草的失绿现象。因此，可采用低浓度多次用药与在药剂中加入铁元素相结合的方法。

4. 化学修剪与机械修剪相结合 化学修剪的优点在于快速、经济、方便，机械修剪则可弥补化学修剪造成的失绿、整齐度差等缺点。二者相结合，则有望在减少费用的前提下，获得整齐、均一、观赏及功能效果良好的理想草坪。

二、生物修剪

利用草食动物的放牧，达到修剪的目的，称之为生物修剪。这种修剪主要适宜森林公园、护坡草坪等不产生干扰交通和粪便污染的地区。

一、重点名词解释

三分之一修剪原则、旋刀式修剪机、滚刀式修剪机、修剪纹理。

二、知识结构图

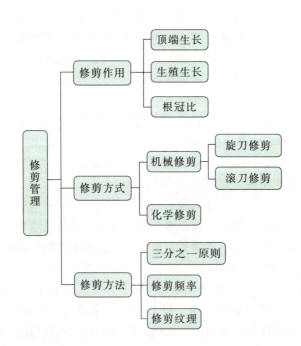

1. 为什么要遵循修剪的三分之一原则？
2. 什么情况下不能修剪草坪？草坪修剪时，如何进行修剪才是正确的修剪？
3. 化学修剪有什么优缺点？

任务 5　草坪坪地通透技术

掌握草坪的通透技术的原理及其作用，理解打孔、穿刺等通透技术的要点及注意事项。

学会对坪地板结的草坪坪地进行打孔、穿刺等操作，掌握打孔、穿刺技术。

1. 问题提出

（1）导致坪地板结的原因有哪些？
（2）坪地板结对草坪草的生长有哪些不良的影响？
（3）解决坪地板结的常用方法有哪几种？

2. 实训条件　以小组为单位，建议5～7人一组，在教师的指导下进行现场实训，选择一块坪地板结的草坪作为实训草坪。

每实训组配备：坪地板结的草坪一块（600m² 左右）、取土器、旋刀式剪草机、打孔机、机油、汽油、河沙、复合肥、辛硫磷颗粒剂、笤帚、耙沙器、铁锨、板车。

知识储备

草坪建成后，经过长时间的使用，坪地土壤会出现不同程度的板结，坪地表面还会产生大量的芜枝层，这就会使得坪地土壤的透水、透气性能会急剧下降，不仅水分与空气都难以进入坪地土壤中，而且，坪地土壤中的有害气体也难以排出去，这就极大地影响了草坪草根系的生长发育，土壤吸收水分的难度增加，同时，芜枝层还会影响草坪的分蘖与新叶长出，并滋生病虫草害。

为了改善草坪的板结情况，去除芜枝层，必须对草坪进行打孔与穿刺。

一、打孔与穿刺的基本概念

打孔与穿刺是利用机器或者人工动力带动打孔锥运动在草坪上打孔的一种养护作业。

打孔锥有空心锥及实心锥两种，使用空心锥打孔时，打孔机从草坪上打出土芯，称为打孔或者除土芯；使用实心锥打孔时，打孔机不带出土芯，称为穿刺。

二、打孔与穿刺的作用

打孔与穿刺广义上属于草坪的中耕，中耕的目的主要是松土，兼及蹲苗，它既能促进根系生长，协调根冠比，又能改善土壤的疏松度，有利于协调水气等。

打孔与穿刺属于浅土层中耕，通过打孔与穿刺，草坪表面留下一系列小孔，经过施肥、践踏、灌溉、追肥、动物活动等，得到充填，形成新的疏松土层。

（1）改善坪地土壤的通透性。打孔与穿刺能提高土壤的透水与透气性能，使得草坪可以正常吸收水分，吸收新鲜空气，排出有害气体，改善草坪草根系的生长环境，促进根系的生长，从而促进草坪的生长发育。

（2）改善地表排水，促进草根对地表营养的吸收。打孔与穿刺能提高坪地土壤的渗透排水能力，使得草坪表面的营养物质可以通过水分的渗透直达根系，促进根系对地表营养的吸收。

（3）改良土质提高保水保肥能力。打孔与穿刺结合施肥、覆沙与灌溉，可以极大地改善坪地土壤的质地，提高草坪的保水与保肥能力。

（4）加速芜枝层分解。打孔与穿刺可以加快草坪芜枝层的分解，促进草坪地上和地下部分生长发育。

（5）打孔与穿刺有时还可达到补播的目的。

三、打孔与穿刺的注意事项

1. 打孔时间 打孔时间十分重要，干旱下打孔会使草坪草严重脱水，在盛夏干旱炎热的白天进行打孔后，草坪局部会产生严重的脱水现象。因此，必须在草坪生长茂盛、生长条件良好的情况下进行打孔。

2. 打孔与穿刺方式的选择 利用空心锥打孔还是利用实心锥穿刺，主要视草坪的具体情况而定。空心锥适用于草皮整修、填沙、补播；实心锥插入草皮时将孔周围的土壤挤实，对排出草坪表面水有良好的作用。

3. 打孔深度 打孔机械很多，常用圆周运动式打孔机和垂直运动打孔机。垂直运动打孔机具有空心尖齿，对草坪表面的破坏力小，打孔深度大，可达 8~10cm。圆周运动式打孔机具有开放铲式空心尖齿，其优点是工作速度快，对草坪表面破坏小，打孔深度比垂直运动式打孔机浅。

打孔与穿刺的深度取决于土壤的紧实程度、土壤容重和含水量及打孔机的穿透能力。一般土壤越紧实，土壤容量越大，含水量越小，打孔越深。打孔机的穿刺能力越大，打孔越深。

4. 打孔后的养护 打孔与穿刺后应结合其他养护措施，如表施土壤、营养土、细沙、肥料，并结合灌溉，能有效地改善土壤的物理质地，改善通透性，提高肥力，同时能防止草坪草的脱水并能提高草坪根部对肥料的利用率。

打孔作业的不利影响是暂时破坏了草坪表面的完整性，由于露出了草坪土壤层，会造成局部草坪草脱水。打孔与穿刺还可能促使杂草种子萌发，会产生一些杂草，可能会导致地老虎等地下害虫危害的加重。因此，打孔后的土芯一定要清理干净，以免浇完水，土芯和草坪草黏在一起，既影响景观，又容易引发病害和杂草的发生，及时喷施农药可以防治地下害虫的发生。

一、任务分析及要求

1. 任务分析　通过对板结严重的草坪坪地进行打孔与穿刺，改善草坪坪地的通透性，改善土质，改良草坪草根系的生长环境，使得草坪生长更加健康。

2. 实训要求

（1）确定打孔的深度，对打孔机器进行正确的操作。

（2）打孔后，结合施肥、覆沙，改良坪地土质与肥力，并及时灌溉，避免草坪出现脱水。

二、实训内容

1. 土壤板结情况调查　用取土器现场取土样，多确定几个取样点，把取出的土壤带回实验室测其容重，容重越大，坪地土壤板结度越严重。

用水浇灌草坪坪地，水渗不下去或者渗透缓慢，或在雨后调查发现草坪积水严重，则意味着草坪坪地土壤板结严重。

2. 草坪生长情况调查　草坪上利用程度大的地方，草坪生长不良，甚至出现裸露，用取土器把土壤连同草坪根系一起取出观察，板结的地方草坪根系分布浅，根量少。

3. 打孔机操作与打孔作业　以小组为单位，在教师指导下，熟悉打孔机各个部件，检查打孔机，并启动打孔机进行打孔作业。

三、实训操作

1. 土壤板结程度调查

（1）用取土器取土样，实验室测定土壤容重，根据测定结果判断土壤板结度；用水灌溉草坪，根据草坪渗水的速度判断土壤板结度；如下雨，雨后观察草坪排水能力，判断是否板结。

（2）调查草坪由于践踏造成的土壤裸露的程度（如果打孔的草坪是足球场，特别是球门处应重点调查），取土器挖出草坪根系，观察根系的生长量、分布的深度。

2. 确定进行打孔或者是穿刺　根据调查的结果，确定选用空心锥打孔还是选用实心锥穿刺。

3. 检查机器

（1）开机前，先对各个部件进行检查，所有配件及开关是否完好，能否正常操作。

(2) 用机油标尺检查机油的量是否合适。如机油过少，添加机油；如机油已经发黑，更换机油。

(3) 检查汽油的量，适当添加汽油。

(4) 检查滤清器污秽情况，决定是否更换滤清器。

(5) 检查火花塞帽是否装在火花塞上。

4. 适当修剪 如果草坪草生长高度较高，打孔前启动旋刀式修剪机进行适当的修剪。

5. 启动打孔机 首先，打开燃油开关、电路开关，阻风阀视情况可全关、半关、全开（但是启动后则必须把阻风阀放在全开的位置），然后，适当加大油门，迅速拉动启动手把，将汽油机启动。注意：打孔机必须在手把拉起，孔锥脱离地面的状态下启动。

6. 打孔作业 汽油机需要在低转速下运转 2~3min 进行暖机。然后，加大油门，使汽油机增速。慢慢放下打孔机手把，双手扶紧握手把，跟紧打孔机前进，即可进行草坪打孔作业。

7. 关机 工作完毕，先将打孔机操纵手把拉起，减小油门，让汽油机在低速下运转 2~3min 后，再将电路开关关上，汽油机即熄火，最后将燃油开关关上。

8. 清洁机具 打孔完后，要将打孔机清理干净，空气滤清器芯要用煤油清洗。火花塞帽要从火花塞上取下来，以防止误启动。火花塞每运转 100h 要从汽油机上取下并清洁。

9. 清理草屑与土芯 用笤帚、耙沙器把草屑与土芯统一收集到板车上，带出草坪集中处理。

10. 打孔后养护 在沙子中混合复合肥、辛硫磷颗粒剂等，用板车运至草坪上，用铁铲向草坪上撒播，作业结束后，马上浇水灌溉，适当镇压。

四、评价考核

(1) 打孔机检查是否仔细、全面，调试准备工作完全，开机、作业、关机等操作是否遵循机器使用手册，操作规范，作业结束后是否清理机器。

(2) 打孔深度是否合理，打孔后草屑及土芯清理是否彻底，打孔后是否结合铺沙、施肥与用药，作业后马上浇水。

(3) 完成实训报告。

草 坪 梳 草

一、基本概念

梳草是指利用机器或者人工的方式，对郁闭度较大或者芜枝层较厚的草坪进行表面梳耙作业，梳走部分草坪的茎叶与芜枝层，增加草坪的通透性，并减少芜枝层的一项草坪养护措施。

二、梳草的作用

草坪经过正常的生长发育，地表的茎、叶大量生长出来，当生长速度快，生长量大时，草坪的郁闭度就会增加，通透性下降；同时，由于草坪茎、叶的新老交替，在草坪表面会产生大量的枯枝败叶层，也就是芜枝层。

草坪茎叶郁闭度增加以及芜枝层的产生，不仅使得草坪的通透性下降，还会导致一部分底部的草叶被其他草叶覆盖，不参加光合作用而丧失功能，时间一长，会霉变腐烂，滋生病虫害，这时如果只喷洒药物，并不能从根本上解决问题，梳草就显得极为必要。

1. 降低草坪郁闭度，改善草坪的通透性 草坪生长速度快，草坪徒长，草坪使用时间长等，都会使得草坪地面上的枝条与叶片大大增加，厚厚的草层造成草坪郁闭度增加，草坪上气流不畅，光照不足，湿度较大，草坪容易产生病害。使用梳草机梳走部分多余的茎、叶，可以降低草坪的郁闭度，增加通透性，降低感病的概率，使得草坪可以健康生长。

2. 清除芜枝层 梳草机的活动刀片在机械离心力的作用下能有效地清除枯草层，破坏草坪病害滋生的环境条件，降低草坪感病的概率。

3. 促进草坪的更新 梳草机梳走部分多余的茎、叶与芜枝层后，草坪上新生的分蘖与叶片由于解除了抑制，会很快生长成新的茎、叶，使得草坪可以新老交替，促进了草坪的更新，延长了草坪的使用年限，并提高了草坪的质量。

三、梳草的注意事项

1. 梳草的时间 梳草是一项对草坪产生暂时性适度伤害的养护措施，因此，在草坪的生长旺季，草坪恢复力处于高峰的时候进行效果较好，如冷季型草在春、秋两季，暖季型草在夏季。

梳草最佳时间是阴天或者阳光不特别强烈的天气内进行，不能在雨天进行。

2. 梳草的强度 梳草强度取决于下面几点：

（1）以切根为目的梳草作业则要加大深度，以梳枯草层为目的则深度适中，以减小草叶密度为目的则浅梳。

（2）草坪生长高峰期梳草深度可相对深些。

（3）气候条件有利于草坪生长恢复时可深梳。

（4）枯草层越厚梳草深度越深。

（5）生长状况良好的草坪梳草深度可相对深些。

3. 梳草后的养护管理 梳草作业也打孔作业一样，由于对草坪地进行了暂时的破坏，会引起草坪短暂的脱水萎蔫，此外，如果梳草后养护管理不当，在草坪恢复期内，杂草与地下害虫也会趁机入侵。因此，梳草后对草坪采用及时的养护措施，或者梳草结合其他养护措施进行，显得尤为重要。

梳草后必须马上把草屑清理干净，带出草坪，以免草屑残留在草坪上影响美观，为避免地下害虫的发生，在梳草后撒施地下害虫农药的颗粒剂是一项有效的措施。

梳草后最好对草坪进行表施土壤、营养土、细沙、肥料、农药等，在作业结束后要马上灌溉，适当滚压。

一、重点名词解释

土壤板结度、土壤通透性、草坪中耕、草坪打孔。

二、知识结构图

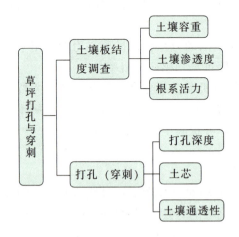

1. 什么情况下草坪需要进行打孔与穿刺？
2. 打孔与穿刺作业应该注意哪些问题，打孔后应该结合哪些养护措施对草坪进行管理？

掌握导致草坪衰退的不同原因，掌握草坪衰退的特征，了解需要更新或复壮的草坪应达到的条件，学会各种草坪更新复壮的方法。

掌握草坪"天窗"的修补，退化草坪的补种、补植，增强水肥、杂草与病虫害的管理复壮衰退的草坪。

 情景设计

1. 问题提出

（1）草坪衰退的原因有哪些，如何针对不同的衰退情况进行更新复壮？

（2）草坪"天窗""斑秃"是如何造成的，怎样进行修补？

（3）长期多年生的暖季型草坪经过多年生长后，会造成较厚的芜枝层，影响草坪新枝叶的生长，造成草坪衰退，如何进行复壮？

2. 实训条件 以小组为单位，建议 10~15 人一组，在教师的指导下进行现场实训，选择一块衰退的草坪，分析其衰退的原因，采用针对性的复壮措施进行草坪复壮。

每实训组配备：已经成坪（或已经局部衰退）的草坪一块（100m² 左右）、锄头、钉耙、10cm×10cm 取样筐、1m×1m 取样筐、20cm 透明直尺、取土器、小塑料桶 2 个、红色标桩、草坪草种子或草坪、浇水管。

 知识储备

一、衰退草坪

经过一定使用年限的草坪，尤其是主要建坪草种，长势下降，新生部分少于衰亡部分，盖度下降，竞争力衰退，杂草滋生，草坪上的植物群落已经进入恶性演替，即草坪进入衰退期。草坪衰退的结果就是形成一块退化的草坪。

退化草坪也可以用"俯视法"确定。当建坪草种的盖度下降到或接近 80%，株与株之间的界限又恢复明显时，已不利于使用，可以视为退化草坪。

二、草坪衰退的原因

1. 自然因素

（1）草坪的使用年限已达到草坪草的生长极限。

（2）外界不良环境的影响，如由于建筑物、高大乔木或致密灌木的遮阳，使部分区域的草坪因得不到充足的阳光而难以生长。

（3）病虫害侵入造成秃斑。

（4）土壤板结或草皮致密，致使草坪长势衰弱。

2. 建坪及管理因素

（1）建坪草种选择不当，造成草坪草不能安全越夏、越冬，选用的草种习性与使用功能不一致，致使草坪生长不良。

（2）坪地立地条件太差，如土壤理化性质不能满足草坪生长需要，或者坪地处理不规范（包括坡度过大、地面不平、精细不一）造成雨水冲刷、凹陷。

（3）播种不均匀，造成稀疏或秃斑。

（4）不正确地使用除草剂、杀菌、灭虫剂，以及不合理地施肥、排灌、修剪造成的伤害。

3. 人为因素

(1) 利用过度,如运动场的发球区和球门附近,常因过度践踏而破坏了草坪的一致性。

(2) 草坪被严重践踏或者在不适宜气候下进行高强度利用造成破坏。

总之,造成草坪衰退的原因很多,但分析起来不外乎草坪草内在因素(如对冷热、酸碱、旱涝、遮阳、修剪高度、践踏、病虫害等的忍耐性)和影响草坪正常生长的外界条件(如对草坪施行的各项管理措施)两方面原因共同作用的结果。

三、衰退草坪的复壮

退化草坪是指草坪衰退到不利于使用者。通常有两大特征:一是栽培的草坪草种群或群落之间不良演替,已明显地改变种群或群落的植物组成;二是草坪地耕作层土壤理化性状严重恶化,肥力明显下降。对于退化草坪,应根据退化的原因与程度,或复壮、或更新。复壮也称为修复,是指对草坪局部进行强度较小的改造和定植以低于重建草坪的一种改良退化草坪的措施。而更新则是指整个草坪的重建。更新与重建在这里是同义词。只在具有不可逆衰退原因,或复壮在经济上已不划算的情况下,才决定实施。

(一) 草坪衰退调查

决定退化草坪复壮,或更新之前,须做好草坪衰退的调查与分析。

1. 凡是下列条件的草坪,可以复壮

(1) 草坪地 3~10cm 表土层严重板实。

(2) 草坪地耕作层土壤不均一,常规培育管理范围内已难以调整。

(3) 草坪芜枝层过厚,整个草坪网络层和植绒层新生营养器官的量已低于衰退的量,或呈现衰退趋势。

(4) 草坪内杂草丛生,但建坪草种仍然≥65%。

(5) 遭受病害、虫害以及其他原因的严重损害,还无须更新者。

2. 凡具下列条件之一的草坪,均需更新

(1) 建坪草种,寿限已至。

(2) 恶性杂草严重危害已难以通过农药恢复,建坪草种≤65%。

(3) 病、虫危害或其他原因基本波及整个草坪。

(二) 复壮、更新方案的制订与实施

1. 调查分析衰退原 首先根据草坪衰退原因的调查结果,对症下药,清除致衰因素。

2. 复壮方案的制订与实施

(1) 若主要起因于表土层严重板实,耕作层土壤不均一,芜枝层过厚等导致草坪衰退,可以采取深中耕措施进行养护管理。

(2) 是草、病、虫危害为主,则以相应的保护管理为主进行养护管理。已造成的大范围天窗则需补种或补植或补铺。

(3) 是 (1)、(2) 两类兼有的草坪,应制订综合方案,注意共性与互利项目的相互配合。如深中耕的副产品做成草皮塞,就可以作补天窗的材料等。

四、衰退草坪的更新

草坪的更新即重新建立一块新草坪。强调认真总结已退化草坪的经验教训,在重新建坪

的过程中务必消除前弊。

一、任务分析及要求

1. 任务分析 通过实地调查与分析,确定草坪衰退的原因,针对草坪衰退的原因,采用有效措施进行草坪的复壮。

2. 实训要求

(1) 对草坪衰退的草坪实地调查,分组讨论分析,在教师的引导下,正确总结出衰退草坪衰退的原因。

(2) 采取针对主要衰退原因的措施,结合加强养护管理的手段,对草坪进行有效的复壮,使草坪恢复景观以及使用价值。

(3) 2周后,对复壮的效果进行评价,确定应对措施,如调整养护管理的内容。

二、实训内容

由于实践中,很多草坪的衰退是由于养护不当或者使用过度造成,衰退的草坪长势不佳,杂草较多,天窗与斑秃较多。因此,选择斑秃较多、天窗较多以及杂草较多的衰退草坪进行杂草控制、补植及加强养护管理的复壮措施。

(1) 以小组为单位,在教师指导下,观察并分析草坪的生长状况、杂草频度及斑秃程度。

(2) 清除杂草,对斑秃与天窗进行补植复壮。

(3) 补植后,加强水肥管理与杂草控制,巩固复壮的效果。

三、实训操作

1. 清除杂草 复壮前,先清除草坪上的杂草不仅属于一种复壮手段,也便于确定天窗与斑秃的范围。

2. 调查草坪衰退情况

(1) 目测整块草坪的生长情况(衰退情况)。

(2) 选取有代表性的区域,用10cm×10cm取样筐调查草坪的密度与盖度。

(3) 用小铲子挖取有代表性的草坪植株,用20cm透明直尺测量其株高,调查其出叶情况、分蘖数量,测量根长以及根分布的直径。

(4) 调查草坪上害虫的发生情况。

(5) 用1m×1m取样筐调查草坪杂草的频度,用取土器调查土壤板结情况。

3. 草坪裸露区域标示 用红色标桩对需要补种与修复的草坪裸露区域进行统一打桩标示。

4. 补植复壮

(1) 清理标桩附近的杂草与芜枝层,并用小锄头进行松土翻耕。

(2) 若病害造成衰退,则用喷雾器对翻耕好的土壤喷施百菌清稀释液。

(3) 用小塑料桶装上草种或者草坪幼苗(或者小块草皮),根据实际情况决定补播草种或者补植草坪草幼苗（或者补铺草皮）。

（4）补种后，用洒水壶浇透水，面积大的，可以用喷灌或者皮管浇灌，以后每天对补种部位进行浇水保湿，至草种成活。

（5）清理场地，收集好工具。

（6）复壮期间，进行临时封场育草，并对整块草坪进行杂草控制以及合理的水肥管理。

5. 复壮效果评价　2～3周后，对复壮草坪的景观与使用功能进行再调查和评价，根据评价结果，调整草坪的养护管理措施。

四、评价考核

（1）现场考核调查的项目是否全面，结论是否正确，考核补植复壮操作程序是否符合要求，补植后的成活率与复壮效果。

（2）完成实训报告。

拓展平台

常用的集中草坪更新复壮的方法

所有类型的草坪，一旦由于自然因素和管理不善的原因，都会进入衰退期。更新复壮是保证草坪持久不衰的一项重要的护理工作，是草坪养护管理的重要内容。

常用的更新复壮的措施主要有以下几种：

一、中耕复壮

当草坪退化的主要原因是水肥不够、土壤板结、草坪密度过大时，一般应先清除掉草坪上的枯草、杂物，补播草种，在草坪上采取中耕松土，如打孔与刺孔等办法，先使用打孔机在草坪上打孔，然后将河沙、肥料和种子撒落入洞孔内，施入适量的水分、肥料，促使草坪快速生长，及时恢复。

二、改良土壤酸碱度

草坪适合在中性偏酸或者中性偏碱的土壤中生长，酸性过重或者碱性过重的土壤，都不利于草坪的生长，会造成草坪生长不良，草坪进入衰退期。若草坪生长的土壤酸度过大，则应施入石灰，以改变土壤的酸性。石灰用量以调整到适于草坪生长的范围为度，一般是每平方米施入 0.1kg，如能加入适量过筛的有机质，则效果更好。若草坪生长的坪地土壤 pH 太高，碱性过重，可以施入有机肥与石膏粉进行改良。

三、断根更新法

可以使用垂直修剪机，对草坪的坪地进行垂直修剪，也能起到疏松土壤、切断老根的作用，然后在草坪上撒施肥土，促其萌发新芽，达到更新复壮的目的。针对一些芜枝层厚，土壤板结、草坪密度不均匀、生长期较长的草坪，可以采取断根法进行复壮。具体的方法是：使用旋耕机旋耕一遍，然后浇水施肥，既达到了切断老根的效果，又能使草坪草分生出许多新苗。

四、补植法

补植受损草坪法草坪常因排水不良、土壤侵蚀及人为践踏、挤压等出现局部死亡，需尽早对草坪受损情况做出正确的调查分析，即时采取措施予以修补。修补多采用移栽法，移栽后立即灌水、碾压，以利于其迅速恢复生长和覆盖地面。若采用直播修补，在早春或晚秋季节，将经过催芽的草籽与肥料均匀混合撒在草坪上，通过水肥管理使草坪恢复良好密度与均匀性，恢复使用价值。

五、抽条复壮法

抽条复壮法是指在平整密集的草坪上，每隔 30～40cm 挖取 30cm 宽的一条表层，增施泥炭土、堆肥泥土或者河沙，重新垫平空条土地。具有匍匐能力的草茎在生长期内，很快生成新苗，填补空缺。再过 1～2 年，可把余下的另一条老草坪挖走，更换肥土。如此反复，3～4 年可全部更新一次。此法多用于北方种植的暖季型草坪，如野牛草、结缕草、狗牙根等。

知识小结

一、重点名词解释

衰退草坪、芜枝层、草坪复壮、草坪更新、天窗、补植复壮、抽条复壮。

二、知识结构图

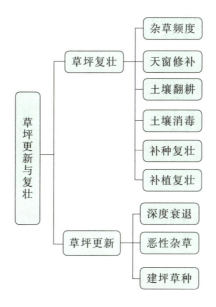

1. 草坪衰退常见的原因有哪些？如何采用针对性的复壮措施？
2. 病虫害导致的草坪衰退如何进行复壮？

项目五
草坪病虫草害防治

 学习目标

掌握草坪病虫草害发生的一些必备知识，了解病虫草害发生的原因、发生机理及特征特点，掌握常见的草坪病虫害诊断技能，能识别常见的杂草，能进行草坪病虫草害的综合防治。

 **典型知识**

编号	名　称	内容提要
任务 1	草坪常见病害防治	常见病害特征及防治方法
任务 2	草坪常见虫害防治	常见草坪虫害特征及防治方法
任务 3	草坪常见杂草防除	常见草坪杂草特征及防除方法

任务 1　草坪常见病害防治

 知识目标

了解常见病害发生原因及发生机理，掌握常见病害类型、特征及防治方法。

 技能要求

掌握常见病害诊断特征及方法，学会常见病害防治措施及操作步骤。

 **情景设计**

1. 问题提出

(1) 什么是草坪病害，发病时会出现哪些症状？
(2) 代谢病害与侵染病害的发病机理以及发病症状有哪些不同？
(3) 如何进行病害的综合防治？

2. 实训条件　以小组为单位，建议5～6人一组，在教师的指导下进行实训操作。每组准备以下材料：放大镜、挑针、刀片、常见草坪病害检索表、水桶、手套、口罩、喷雾器、甲基托布津、多菌灵或者百菌清等。

一、草坪病害的概念

草坪草在其生长发育过程中若阳光、温度、水分、营养、空气等这些环境条件不适宜，或者遭受有害生物的侵袭，使其新陈代谢受到干扰或破坏，引起内部生理机能或外部组织形态上的改变，正常生长发育受阻，甚至导致局部或整株死亡，这种现象就称为草坪病害。

二、草坪草病害发生的机制

引起草坪病害的各种原因称为病原。根据病原的不同，可将草坪病害发生的原因分为两大类：一类是由不适宜的环境条件引起的病害，称为非侵染性病害；另一类是由有害生物的侵袭而引起的病害，称为侵染性病害。

在草坪草生活环境中，缺少营养元素，或者营养元素比例失调；土壤中盐分过多；水分或多或少；温度过高过低；光照过强或不足；环境污染等，都会造成草坪草感病。这类病害称为非侵染性病害，或者称为生理性病害。

侵染性病害是由病原生物侵染引起的，病原生物（真菌、细菌、病毒、类病毒、类菌质体、线虫等）通过草坪草的气孔、水孔、皮孔、茎叶的修剪末端、其他伤口或通过细胞壁侵入植株体内，摄取草坪草营养，大量在草坪草体内繁殖，并释放毒素，使草坪草生长不良以致最终死亡。侵染性病害在条件合适的环境下会迅速蔓延传染，对草坪草造成的威胁性最大，需要及时做好预防和防治工作。

三、病状与病征

草坪草感病时，会在很多方面与健康的草坪草表现出不同。感病的草坪草出现萎蔫、畸形、腐烂、变色等不同于正常草坪草的异常现象，这称为病状；如出现霉状物、丝状物、溢脓、粉状物、锈状物、油状物等，这些异常的物质称为病征。

生理病害发病均匀，面积大，不会传染，有病状而无病征；侵染性病害则有发病中心，发病不均匀，会传染，具备病状与病征。病状与病征是诊断草坪草具体病害的最重要依据。

四、常见病害

草坪草常见的具体病害有白粉病、锈病、褐斑病、腐霉枯萎病、镰刀菌枯萎病、夏季斑枯病、尾孢叶斑病、线虫病害、细菌病害、病毒病害。

(一) 白粉病

白粉病是草坪禾草最常见的茎叶病害之一，病虽不引起寄主植物的急性死亡，但严重影响草坪草生长发育或抗逆性，导致草坪早衰，利用年限缩短，景观被破坏。草坪草以早熟禾、细羊茅、狗牙根、翦股颖和结缕草等发病较重。

1. 症状 主要危害叶片和叶鞘，也危害穗部和茎秆。受害叶片上先出现 1~2mm 近圆形或椭圆形的褪绿斑点，以叶面较多，后逐渐扩大成近圆形、椭圆形的绒絮状霉斑，初白色，后灰褐色。霉层表层有白色粉状物，后期霉层中出现黄色、橙色或褐色颗粒。随病情发展，叶片变黄，早枯死亡。一般老叶较新叶发病严重。发病严重时，草坪呈灰白色，像撒了一层白粉。该病通常春、秋季发生严重。草坪受到极度干旱胁迫时，白粉病危害加重。

2. 病原菌 禾白粉菌（*Erysiphe graminis*），属子囊菌亚门白粉菌目白粉属。菌丝体叶表生，以叶正面为主，只以吸器伸入寄主表皮细胞吸取养分。

(二) 锈病

锈病是草坪禾本科草坪草最常见、最重要的茎叶病害之一。锈病发生后，持续时间较长，一般可从四五月份一直延续到 11 月下旬。锈病主要危害禾本科草的叶片和叶鞘，也侵染茎秆和穗部。感染锈病后草坪草的叶绿素被破坏、光合作用降低、呼吸作用失调、蒸腾作用增加、大量失水、叶片变黄枯死、抗逆性下降、草坪稀疏、草坪景观被破坏。

我国禾本科草坪草和牧草上主要的锈病有秆锈病、条锈病、叶锈病和冠锈病。以冷季型草坪草受害最重，尤其是多年生黑麦草、草地早熟禾和高羊茅等。

1. 症状 草坪锈病症状的共同特点是病斑主要出现在叶片、叶鞘或茎秆上。在发病部位生成鲜黄色至黄褐色夏孢子堆，并在后期出现暗黑色至深褐色的冬孢子堆，肉眼看似铁锈。

2. 病原菌 4 种常见锈病的病原菌均属担子菌亚门锈病目柄锈属。

条锈菌（*Puccinia striiformis* West.）（条形柄锈菌）引起条锈病；叶锈菌（*Puccinia recondite* Rob. ex Desm.）（隐匿柄锈菌）引起叶锈病；秆锈菌（*Puccinia graminis* Pers.）（禾柄锈菌）引起秆锈病；冠锈菌（*Puccinia coronata* Corda.）（禾冠柄锈菌）引起冠锈病。

(三) 褐斑病

褐斑病可以发生在几乎所有的草坪草上，主要发生的季节为 5~9 月。当土壤温度高于 20℃，气温在 30℃左右时，病害开始发生，高温高湿是其发病的必要条件。病原菌寄主范围广，可侵染草地早熟禾、紫羊茅、高羊茅、多年生黑麦草、匍匐翦股颖、野牛草、假俭草、结缕草、钝叶草等。

1. 症状 感病草坪上出现形状不规则或略呈圆形（直径可达 1m）的褐色枯草斑块，中央的病株较边缘病株恢复得快，致使枯草斑呈环状或蛙眼状。病斑最初通常为紫绿色，后很快褪绿呈浅褐色。空气湿度大（尤其是早晨）时，病斑会形成深灰色、紫色或黑色的边界，宽度 1~5cm 的"烟圈"。"烟圈"由已枯萎和新近感病的叶片组成，叶片间分布大量菌丝。这是褐斑病鉴定过程中非常有用的特征，但随着叶片的干燥，该特征会很快消失。

在修剪较低的草坪上感病草坪草呈水浸状、颜色变暗，后期褪色呈浅褐色。在修剪较高的草坪上，感病草坪草的褪色及萎蔫常造成大块褐色或黄色的病斑，与周围的健康草坪相比，感病草坪常呈凹陷状。

草坪草褐斑病发生在叶片、叶鞘和根部，病株根部和根、茎部变黑褐色腐烂，肉眼可见白色菌丝。

2. 病原菌 病原菌为立枯丝核菌（*Rhizoctonia solani* Kuhn），属于半知菌亚门无孢目丝核菌属。

菌丝体粗大，初为无色，后呈淡黄褐色至褐色，分枝呈直角，分枝处缢缩，附近形成隔膜，不产生分生孢子阶段。菌核深褐色，直径 1~10mm，形状不规则，表面粗糙，内外颜色一致，表层细胞小，菌核以菌丝与基质相连。

(四) 腐霉枯萎病

腐霉枯萎病是一种毁灭性病害。它既能在冷湿环境中侵染危害，也能在炎热潮湿时猖獗流行。当夏季出现高温、高湿天气时，能在一夜之间毁坏大面积的草皮。腐霉菌可以侵染所有草坪草，冷季型草受害最重。

1. 症状 根据发病时期和部位的不同可表现出多种症状。种子萌发和出土过程中受病菌侵染，出现芽腐、苗腐和幼苗猝倒。成株受害，一般自叶间向下枯萎或自叶鞘基部向上呈水渍状枯萎，病斑青灰色，后期有的病斑边缘变棕红色。根部受害可表现出不同症状，有的根部产生褐色腐烂斑，根系发育不良，全株生长迟缓，分蘖减少，下部叶片变黄或变褐；有的根系外形正常，无明显腐烂现象或仅轻微变色，但次生根的吸水机能已被破坏，高温炎热时，病株失水死亡。

高温、高湿条件下，受害病株水渍状变暗绿腐烂，触摸有油腻感，倒伏，紧贴地面枯死。枯死圈呈圆形或不规则形，直径 10~50cm。在早晨有露水或湿度很高时，尤其是在雨后的清晨或晚上，腐烂病株呈簇伏在地上，可见一层绒毛状的白色菌丝层，在病枯草区的外缘也能看到白色或紫灰色的絮状菌丝体。干燥时菌丝体消失，禾本科杂草叶片萎缩，整株枯萎而死，最后变成稻草色枯死圈。

2. 病原菌 腐霉枯萎病病原菌为鞭毛菌亚门卵菌纲霜霉目腐霉属真菌。腐霉菌菌丝为无隔多核的大细胞，无色透明。无性型生成孢子囊和游动孢子。孢子囊呈丝状、球状、指状、姜瓣状等，顶生或间生。游动孢子肾形，有双鞭毛。

(五) 镰刀菌枯萎病

镰刀菌枯萎病又称为镰孢枯萎病，在全世界和国内分布较广，除危害早熟禾、羊茅、剪股颖等草坪草外，还侵染多种禾本科作物和植物。

1. 症状 镰孢菌引起的草坪草枯萎病症状表现比较复杂。病草可出现苗枯、根腐、颈基腐、叶斑和叶腐、匍匐茎和根状茎腐烂等一系列症状。幼苗受害表现为烂芽、幼苗黄瘦或枯死。成株的根、根颈、根状茎和匍匐茎等部位出现褐色或红褐色干腐，变色部分还可由根颈向茎秆基部发展，形成基腐。草坪上起初出现淡绿色小型病草斑，很快变为圆形或不规则形枯黄斑，直径 20~30cm，斑内植株全部发生基腐和根腐。3 年以上草地早熟禾形成条形、新月形、近月形枯草斑，边缘褐色，直径可达 1m，通常中央为正常植株，保持绿色，枯草斑呈蛙眼状。

2. 病原菌 镰孢霉属半知菌亚门瘤座孢目镰孢菌属。该属真菌的菌丝体初为白色絮状，后在培养基上常产生红色、紫色、黄色等色素。分生孢子有大小两种：大型分生孢子镰刀形或新月形，多胞，无色；小型分生孢子卵圆形或椭圆形，单胞或双胞，无色。分生孢子产生于分生孢子座上，或产于菌丝体的产孢细胞上。

(六) 夏季斑枯病

该病主要发生在羊茅属和早熟禾属草坪草上,在草地早熟禾草坪上普遍发生,危害严重。

1. 症状 在草地早熟禾上,夏初开始表现症状。发病草坪最初出现环形、瘦弱的小斑块,以后草株褪绿变成枯黄色,或出现枯萎的圆形斑块,直径3~8cm,逐渐扩大,典型的斑块圆形,直径不超过40cm。多个枯草斑块常套叠在一起,形成大面积的不规则形枯草斑。受害草株根部、根冠部和根状茎呈黑褐色,后期维管束也变成褐色,外皮层腐烂,整株死亡。

2. 病原菌 病原菌($Magnaporthe\ poae$)是属于子囊菌亚门的一种异宗配合的真菌。在1/2 PDA培养基上,菌落初为无色,菌丝较稀疏,生长缓慢,紧贴培养基平板卷曲生长。后期菌落颜色为橄榄褐色至黑色,菌丝从菌落边缘向中心卷回生长。

(七) 尾孢叶斑病

尾孢叶斑病易侵染翦股颖、狗牙根、羊茅、钝叶草等属草坪草,也可危害苜蓿、三叶草等牧草。

1. 症状 发病叶片和叶鞘上长有4mm×1mm褐色至紫褐色椭圆形或不规则形病斑,发病后期病斑中央黄褐色或灰白色,潮湿时产生灰白色霉层。

2. 病原菌 属于半知菌亚门丝孢目尾孢属。该属真菌分生孢子梗粗大,菌丝型,橄榄色或褐色,顶部颜色较淡,不分枝或偶有分枝,直或弯曲,有时屈膝状,丛生于子座组织上。分生孢子单生,基部有疤痕,无色或淡褐色,线形、鞭形或蠕虫形,表面光滑,具多数分隔。

(八) 线虫病害

线虫是一类危害严重、分布广泛的植物病原生物。它以内寄生、半内寄生和外寄生等方式侵染寄主植物,使植物不同部位受到影响。

1. 症状 草坪受到线虫危害后,草坪上均匀地出现叶片褪色,更多地表现为草坪上出现环形或不规则环形的斑块。受害植株根系生长受阻,根短、毛根多或根上有坏死斑、肿大或结节,整株生长减慢,植株矮小、瘦弱,甚至全株萎蔫、死亡。天气炎热、干旱、缺肥和遇到其他逆境时,症状更明显。

外寄生线虫不进入根组织的内部,在根的表面取食,使植物根部形成细小的褐色坏死斑,使之丧失功能。通常,根部肿大以及根部功能不正常可能是由于线虫取食的结果。内寄生线虫侵入植物根部,在根的外表皮或维管束细胞中取食,引起根组织的褐色坏死斑或肿大。

2. 病原 草坪线虫病害的病原物是寄生线虫,或称为病原线虫。属动物界线虫门,归为4个大类群:垫刃目、滑刃目、矛线目、三矛目。植物寄生线虫虫体细小、无色透明,绝大多数为雌雄同型,体长不超过1mm,均为专性寄生,具有发达的口针,通过口针穿透植物细胞,刺吸寄主营养。

(九) 细菌病害

细菌是最小的单细胞低等植物,无叶绿素,不能进行光合作用,只能从其他生物活体或死体上吸取养料,营寄生或腐生生活。细菌靠分裂法来繁殖的,又称为裂殖菌。环境适宜温度18~28℃,大多数细菌约20min即裂殖一次,在不良环境时多形成厚壁的内生孢子来渡过,对干燥有一定的抵抗力。有些细菌病害发病后期,如气候湿润,往往在病部溢出脓状或黏液状物,称为菌浓,是细菌病害特有症状。

常见草坪草的细菌病害如禾本科杂草细菌性枯萎病常出现在黑麦草、早熟禾、翦股颖、苇状羊茅及鸭茅、梯牧草等。禾本科杂草细菌性条斑病常发生在禾本科作物及杂草上,在小麦和大麦上称为黑颖病。

(十) 病毒及类病毒

病毒是一种比细菌还小得多,没有细胞形态的寄生物。它们只在活的寄主细胞内繁殖,不能在人工培养基上培养,在外界环境的影响下,可成不活性或成为无生命现象的结晶体。多数病毒的寄主范围很广。这类病害病状变化较大,不表现任何病症,易与某些非侵染性病害混淆。常见病状有花叶、黄化、红化、卷叶、畸形、丛矮(簇生、矮生、矮缩)等。从幼苗期到成株,草坪草都会感病,有的分蘖虽多但较瘦弱,叶秆不正常,影响草坪使用和景观。

五、病害的综合防治

草坪病害的防治要遵循"以防为主,防治结合,综合防治"的原则。综合防治是指根据草坪草生长、栽培管理要求,病害发生、流行特点,采用良好的管理措施,包括栽培的、化学的和生物的防治措施,进行综合整治、系统治理。草坪病害发生的三个因素:病原、感病机体和发病环境。三者缺少任何一个都不会发生病害。因此,具有抗病性的草坪草种(或品种)和良好的环境对病害的发生、蔓延和危害程度有一定的限制作用。防治方法主要有植物检疫法、农业防治法、生物防治法、物理防治法和药剂防治法五大类。在防治中,应以农业防治为基础,综合防治,因地制宜,合理运用药剂防治、生物防治和物理防治等措施。具体的措施包括:选择优良的抗病品种、合理施肥、适宜灌溉适时修剪以保持草坪健壮生长,促发壮苗,提高草坪抗病能力。以及根据具体情况施用杀菌剂等。

(一) 消灭病原菌的初侵染来源

土壤、种子、苗木、田间病株、病株残体以及未腐熟的肥料,是绝大多数病原物越冬和越夏的主要场所,因此,采取相应的措施消灭初侵染来源,是防治草坪发病的重要措施之一。

1. 土壤消毒 为消灭土壤中存在的病菌和害虫,进行土壤消毒。消毒的方法很多,较简便的有药剂、蒸汽、热水、火烧及电热等法。

药剂消毒法:用于土壤消毒的药剂,主要有福尔马林、升汞、硫酸铜。最常用的是福尔马林消毒,经济有效。福尔马林是含甲醛40%的水溶液,大都用于温室或温床。其稀释倍数和用量为:福尔马林:水=1:40,土面用量 $10\sim15g/m^2$,福尔马林:水=1:50,土面用量 $20\sim25g/m^2$。

用福尔马林消毒时,土壤需要干燥。可用喷壶将消毒液均匀浇注于耕松的土壤中。待药液渗入后,用湿草帘或塑料薄膜覆盖,使药剂充分发挥作用。经 $2\sim3d$ 后除去覆盖物,并耕翻土壤,促使药液挥发,再经 $10\sim14d$ 待无气味后,即可进行播种和栽植。

2. 种苗处理 种苗处理包括种子和幼苗的检疫和消毒。

种苗消毒,在草坪上常用的有:

(1) 石灰水:先将石灰溶于 $90\sim400$ 倍的水中,制成石灰水,然后把种子浸入其中。浸种时间为 $20\sim30min$。

（2）升汞水：用升汞水1 000～4 000倍溶液浸种，浓度应根据种粒大小及种皮厚薄而定，泡时间与石灰水相同。

（3）福尔马林：一般用福尔马林1%～2%的稀释液浸种子20～60min，浸后取出用水洗净，晾干后播种或栽植。

3. 消除病株残体 绝大多数非专性寄生的真菌、细菌，都能在受害寄主的枯枝、落叶、残根等植株残体中存活，或者以腐生的方式存活一定时期。这些病株残体遗留于草坪中越冬，成为来年病害发生的初侵染来源。所以应连年坚持清洁草坪，消除病株残体，并集中烧毁或深埋，或者采取促进残体分解的措施，都有利于减轻病害的发生。

（二）农业防治

农业防治是病害防治的根本措施。其方法有如下：

1. 选用抗病品种 此法是防治病害最经济最有效的方法。品种抗病能力主要是由于形态特征或生理生化上的原因形成的。有些植物含有植物碱、单宁、挥发油等，对许多病菌有抑制或杀灭作用。目前已有一些草坪草育成了抗病性强的品种，如野牛草、瓦巴斯早熟禾等。

2. 合理修剪 合理修剪不仅有利于草坪草生长发育，使之高低适宜，益于使用，而且有利于通风透光，生长健壮，提高抗病能力。结合修剪可以剪除病枝、病梢、病芽、病根等，减少病原菌的数量。但也要注意因修剪造成的伤口，常常又是多种病菌侵入的门户，因此需要用喷药或涂药等措施保护伤口不受侵染。

3. 调节播种期 许多病害的发生，因温度、湿度及其他环境条件的影响而有一定的发病期，并在某一时期最为严重，如果提早或延后播种期，可以避开发病期，达到减轻危害的目的。

4. 及时除草 杂草丛生，不仅与草坪草争夺养分，影响通风透光，使植株生长不良，杂草还是病菌繁殖的场所，一些病毒病也常以杂草为寄主。因此，及时清除杂草，是防治病害的必要技术措施。除下的草，可以堆积腐烂作肥料用，或晒干作燃料用。

5. 深耕细耙 适时深耕细耙可以将地面或浅土中的病菌或残茬埋入深土层，还可将原来土中的病菌翻至地面，受天敌和其他自然因子，如光、温度、湿度的影响而增加其死亡率。

6. 消灭害虫 病毒及一些病菌是靠昆虫传播的。例如，软腐病、病毒病等是由蚜虫、介壳虫、叶蝉、蓟马等害虫传播的，故消灭害虫也可以防止或减少病害的传播。

7. 及时处理被害株 发现病株要及时拔掉深埋，或烧毁。对残茬及落地的病叶、枯叶等，应及时清除烧掉。

8. 病害发生地的处理 温室或草圃如果发生病害时，应及时将健株与病株隔离。并对温室进行彻底消毒。同时也要对草圃内的土壤进行消毒。

9. 加强水肥管理 合理的水肥管理，可促进草坪草生长发育良好，提高抗病能力，起到防病作用。反之浇水过多，施氮肥过多，易造成枝叶徒长，组织柔嫩，就会降低抗病性。

多施混合有机肥料，可以改良土壤，促进根系发育，提高抗病性。但是如所施的有机肥未经充分腐熟，肥料中混入的病原菌（如立枯病菌等），可以加重病害的传播。因此必须施用充分腐熟的肥料。

草坪的水分状况和灌溉制度，直接影响病害的发生与发展，排水不良是引起草坪草根部腐烂病的主要原因,并引起病害的蔓延,故在低洼或排水不良的土地上种植草坪,需设置排水系统。盆栽草坪也应注意选用排水良好的培养土或在盆底设排水层。及时排除积水和进行中耕,可以大大减轻病菌危害。

(三) 生物防治

生物防治就是利用有益微生物或其代谢产物来防治植物病害,按其作用可分为颉颃作用、寄生作用、交叉保护作用、抗菌素抑菌或杀菌作用等。

生物防治在国内的历史还不算长,但发展较快。利用抗生菌直接防治植物病害并大面积推广的实例虽然不很多,但它却有效果。如早在20世纪50年代就开始推广的"5406"菌肥(放线菌),不仅能控制一些土壤侵染的病害,同时还有一定的肥效,又如鲁保一号(真菌)是防治寄生性种子植物菟丝子的一种生物制剂。

草坪上可以利用链霉素防治细菌性软腐病,用内吸性好的灰黄霉素,来防治多种真菌病。

生物防治具有高度的选择性,对人、畜及植物一般无毒,对环境污染少,无残毒等优点,因而有着广泛的发展前景,是今后草坪病害防治的发展方向之一。

(四) 物理防治

即用物理手段防治。方法如下:

1. 利用热力处理　此法主要用于无性繁殖草坪草的热力消毒,对于草坪种子,可用温汤浸种法,杀死种子感染的病原菌。一般用50~55℃温水浸种10min,即能杀死病原体而不伤害种子。

2. 利用比重法清选种子

(1) 筛选法:利用筛子、簸箕等,把夹杂在健康种子中间的病菌体筛除。

(2) 水选法:一般带病种子比健康种子轻,可用盐水、泥水、清水等法漂除病粒。

(3) 石灰水浸种法:石灰水的主要作用在于造成水面与空气隔离的条件,使种子上带的病菌因缺氧而窒息死亡,而种子是可以进行无氧呼吸的,处理后能正常萌发。

(五) 药剂防治

利用农药(包括化学农药和生物农药等)防治草坪病害,从当前我国实际情况来看,仍然是一项重要措施。

药剂防治病害,首先要做好喷药保护,防止病菌入侵。一般地区可在早春各种草坪草将要进入生长旺盛期以前,确切地说,在草坪草临发病之前喷适量的波尔多液1次,以后每隔2周喷1次,连续喷3~4次。这样就可以防止多种真菌或细菌性病害的发生。一旦发病,要及时喷药防治。因病害种类不同,所用的药剂种类也各异。

在药剂的使用中,为了能获得良好的防治效果,应该注意以下事项:

1. 药剂的使用浓度　用药剂喷雾时,往往需用水将药剂配成或稀释至适当浓度。浓度过高会造成药物的浪费,浓度过低则无效果。触杀型杀菌剂使用量为 $0.05~0.14g/m^2$;多菌灵喷雾时用50%可湿粉剂的1 000~1 500倍液;代森锌喷粉时用量 $4.5~10.5g/m^2$,喷雾用60%可湿粉的400~600倍液;福美双喷洒时500~800倍液,克菌丹喷洒时用50%可湿粉的300~600倍液。

2. 喷药时间和次数　喷药的时间应根据发病规律和当时情况或根据短期预测,及时地在没有普遍发病以前喷药保护。一般在草坪草叶片保持干燥时,喷药效果好。结缕草的冠腐病和根腐病主要发生在仲春和初秋,所以应在这个时期前喷药。草地早熟禾的白粉病在春季和秋季,当遇到寒冷潮湿、多云的天气,这种病易发生,所以这时要进行喷药。防治狗牙根、结缕草和苇状羊茅的锈病时,要在叶片上出现淡黄色的斑点时就要进行。在防治匍匐翦股颖的核盘菌线斑病时,最好是在叶片上出现银币状小斑点就进行喷药。狗牙根的春季死斑病应在初春进行防治。喷药次数主要根据药剂残效期的长短而确定,一般隔7～10d喷1次,共喷2～5次。雨后应补喷,喷药应考虑成本,节约用药。

3. 喷药量 喷药量应根据病害发病程度和不同的草坪草种,选择适宜的喷药量。喷药要求雾点细,喷施均匀。如人工喷雾,就要求喷雾器有足够的压力,对植株叶片的正面和反面都应喷到。

4. 防止抗药性的产生 许多杀菌剂在同一地区或同一种草坪上连续使用一段时间后,病原菌群体内由于其固有的差异,基因发生突变或重组等就对之产生了抗病性,因而防治效果显著降低。例如,草地早熟禾的白粉病原用药量1 000mg/m^{2}的苯来特、噻苯唑、甲基托布津就可以有效地防治,但是近年使用这个药量就无效了。所以应当尽可能混合施用或交替使用各种杀菌剂,以防止抗药菌丝的产生和发展,绝不要长期在同一草坪上使用单一的药物。

一、任务分析及要求

(一) 任务分析

调查诊断草坪病害,喷施杀菌剂防治草坪侵染性病害。

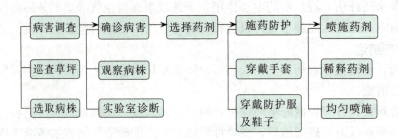

(二) 实训要求

(1) 正确诊断病害类型,根据病害类型选择杀菌剂,按不同的具体病害确定用药浓度。

(2) 杀菌剂兑水比例要合适,搅拌均匀。

(3) 必须在晴天、无风或者微风情况下喷施,喷施杀菌剂前要穿戴严实,戴好口罩及手套,做好保护措施,以免发生药害,喷施时,不能逆风喷施,造成药液喷到喷药者身上,可以垂直风向喷施药剂,喷施要均匀,喷施到草坪叶片往下滴水为准。

二、实训内容

实地调查一片草坪,观察与诊断草坪感染真菌病害,制订相应的防治方案,利用化学防除方法治理草坪真菌病害。

三、实训操作

(一) 调查取样

巡查一遍整个草坪,找出生长异常的草坪草植株进行取样观察。

(二) 观察与识别诊断

1. 生理病害观察诊断 观察草坪草的植株生长情况以及叶片、根系等的生长情况,诊断是否有缺素或者水分胁迫造成的生理病害。

2. 侵染病害诊断 观察草坪草上是否有病征,如果有病征,用刀片切取感病的茎叶,并用挑针挑取病征,用扩大镜仔细观察病征的形态特征,查询病害检索表,结合病害资料图片诊断病害。草坪常见的真菌病害有白粉病、黑粉病、锈病、褐斑病、腐霉枯萎病、黏菌病等。

如果为细菌病害,切取病健交界处组织进行镜检,观察菌脓现象。

病毒病害症状主要表现为叶片均匀或者不均匀褪绿,出现黄化、斑驳、叶条斑,还可以观察到植株不同程度的矮化、死蘖枯叶,甚至整株死亡等。

(三) 喷药

(1) 正确使用广谱性或者针对性杀菌剂防治病害,按照说明书要求,用合适浓度的杀菌剂喷施草坪。

(2) 病害爆发前每隔15d喷施一次可以起到很好的防病作用,病害发生时喷施,可以防止病害继续加重,且能加速病原生物的死亡。

(3) 喷施前,清洗喷雾器,戴上口罩与橡胶手套,穿长袖上衣、长裤子,穿上鞋子。

(4) 用50%多菌灵粉剂根据实际具体病害,稀释500~1 000倍喷施草坪,或者用75%百菌清可湿性粉剂,根据具体病害,按说明书进行稀释(1 500~1 900g粉剂可加水1 050L稀释),稀释时,要兑水搅拌均匀。

(5) 把稀释好的药剂装进喷雾器中,均匀喷施草坪,喷施到叶片往下滴水为度。

四、实践技巧

(一) 草坪生长情况调查及病害诊断

现场调查草坪生长状况,仔细观察草坪的患病情况,若草坪患病,观察其病状与病征特点,诊断草坪草的病害类型,并诊断具体的病原。

(二) 病害防治

(1) 若发现草坪因缺素、遭遇逆境等造成的生理性病害,要补施肥料、浇水,或者排水。

(2) 如果属于侵染性病害,根据具体病原生物,选择购买合适的化学农药进行喷施。

(3) 健康的草坪,可根据病害预防原则,按适宜浓度喷施百菌清、多菌灵等杀菌剂防治。

五、评价考核

(1) 现场考核巡查取样是否仔细,诊断是否正确,药剂选择是否正确,兑水比例是否正确,浓度是否合理,保护措施是否做好,喷施是否均匀,喷施量是否合适,考核喷施后的防治效果是否理想。

（2）完成实训报告。

几种常见的草坪草病害（表 5-1-1）

表 5-1-1　几种常见的草坪草病害

病名	特征及管理	危害对象
炭疽病	感病初期叶片上出现黄色病斑，中期变为青铜色，病斑不规则凹陷，后期病斑上出现红褐色轮状粉层，其上生有黑刺，在 20～29℃发病最严重，适当施肥和灌水可消除此病	细羊茅、小糠草、假俭草、狗牙根、黑麦草
铜斑病	最初叶在上有明显的浅红色斑块（病痕），当病痕扩大和结合，整个叶子变得凋萎，小的橙红色斑变成铜色，直径扩大到 2～7cm 时，草坪上就呈现出斑块。病原菌以黑色的菌核越冬，春天发芽，最适生长温度 18～25℃，侵染性强	主要危害小糠草
猝倒病和幼苗凋萎病	该病是几种幼苗病害的通称，包括由腐霉菌、镰刀霉菌和丝核菌等引起的病害，在幼苗出土前引起种子腐烂，幼苗出土后猝倒，此时幼苗变成浸泡状，由黄色变棕褐色，最后枯萎，在草坪上产生稀疏的株丛或不规则的斑块，用克菌丹或腐美隆处理种子有助于该病的防治	异常稠密的草丛易感病
镰刀霉枯萎病	是六月禾最严重的病害之一，由两种兼性寄生菌引起，在温度高（26～32℃）而干旱的天气发病，当禾草 40cm 高时出现环状或新月状的萎缩地区，然后枯萎，病株通常显露棕色或红褐色腐烂的冠和根组织，草坪的枯萎斑块如蛙眼状，可形成成片草皮枯萎，春、夏施过多氮肥易发病，感病草坪经常少量灌溉可以减少危害程度	多年生草地早熟禾、假俭草及其他草坪草
叶瘟病	先在叶和茎上出现棕褐色到灰白色的斑，然后扩大形成圆形到长形的斑块，斑块具灰白色中心，红棕色到紫色的边缘，在草叶上能产生大量的病变，造成枯萎的外表，病原在感染较宽的叶上或茬口上以菌丝链游离孢子（分生孢子）越冬，在春季温暖、潮湿的条件下，新的感染发生，并持续到夏季和秋季，持续高湿、过量的氮肥和排水不良利于发病	钝叶草和其他暖地型草
斑点病	长蠕孢菌是引起寒地型和暖地型草坪草几种重要病害的兼性腐生性真菌，早期到仲春，低修剪和过量氮肥可加重此病。暖地型草坪草重要的长蠕孢菌病害有狗牙根叶斑病和环纹眼点病以及结缕草的冠腐病和根腐病，在春季冷湿天气发生叶瘟病变，接着在夏季出现冠腐病和根腐病，结缕草则主要发生在仲春和初秋，长蠕孢病原物在死亡禾草残茬中以休眠体和无性孢子形式越冬，通过气流、剪草、水流、人、挖土和感染禾草碎片将孢子带到新叶，孢子在水膜中萌发，通过气孔进入叶内开始新的感染，可用敌菌灵、代森锌、福美隆防治	一般寒地型草坪草、狗牙根和结缕草
蘑菇圈蘑菇与马勃	由 60 多种采食腐烂有机物的土壤习居真菌的任何一种所引起，从草坪中形成深绿色的环状或弧状，环内禾草稀疏或死亡，草坪草死亡的原因是真菌群链的生长使土壤变成疏水的，从而造成草坪草的脱水，有效的防治法是剥除草皮，熏蒸土壤和重新铺装未感染的草皮，是腐生型担子菌纲真菌寄生的结果，它们的出现表示土壤中存在有正在腐解的有机物，根除方法是剪去它们的结实器官而允许真菌分解有机物质，当其营养源耗尽时，蘑菇与马勃自然消失	所有过潮湿的草坪、有机质含量高的草坪

(续)

病名	特征及管理	危害对象
斑块病	是温带海洋性气候地区的一种严重病害，首先在草坪中出现凹陷的、不规则圆形的枯萎禾草的斑块，直径可达60cm以上，斑块的中心常侵入其他抗病的株体，从而产生蛙眼状的外观，病原菌在活或死组织内以休眠菌丝链的形式越冬，在初期最活跃，但初夏到仲夏干旱时最明显，对杀菌剂不敏感，可用施硫酸铵或降低土壤pH方法防治	温带海洋性气候地区的草坪
白粉病	是生长在遮阳环境下多种早熟禾的一种严重病害，首先在叶表面出现小的白菌丝链的斑块，当菌丝链的覆盖增加时，叶变浅绿而后死亡，病株呈灰色，如撒上面粉，该病原菌为寄生性真菌，在死或活的株体上以菌丝链丛的形式越冬，在春季和秋季温度适宜（12～21℃），潮湿、多云的天气发病，白天遮阳地特别严重，该病可用杀菌剂来防治（苯菌灵放线菌酮、敌螨灵等）	主要危害早熟禾、细羊茅、狗牙根亦发病
枯萎病	是寒地型草坪草和狗牙根的重要病害，在适宜的条件（潮湿，26～32℃）能在一昼夜间灭一块草坪，发病时首先出现直径达15cm的圆形斑或伸长的条纹，菌丝体灰白色，呈絮状生长，当禾草干燥时，菌丝体消失，草叶衰萎，变成棕色，后变成稻草色，腐霉菌为兼性寄生性真菌，它们在已感染的植物上以休眠的菌丝体和厚壁的合子越冬，病原菌通过从植物到植物的迅速菌丝生长或其他机械形式传播，夏季过量施肥易引起感染	寒地型草坪草、狗牙根和假俭草等
褐斑病	病原菌侵袭所有的草坪及草坪草的所有部分，感病后呈粗糙、圆形、稀疏或枯萎的斑块，清晨低修剪的草坪草斑块边缘可出现一个黑色的烟圈状，最后斑块呈淡褐色或稻草色，严重时引起整株死亡，病原菌为兼性寄生性真菌，以小的紫褐色到黑色的菌核和菌丝体在活或死的植物组织或表层（1.5cm）土壤越冬，不良的草坪表面及亚表面，排水不良及过量施氮肥加重病情，可用敌菌灵、苯菌灵、百菌灵、放下菌酮、代森锌等杀菌剂来防治	侵染温带所有草坪，对小糠草、黑麦草危害较重
锈病	对草坪草严重危害，包含叶锈、秆锈和条锈，发病时叶片上散生小而圆的橙黄色夏孢子堆，接着叶的角质和表皮层破裂，病痕发展成红棕色或枯黄色的点，后期叶背面有黑色的冬孢子堆，最后叶变成黄色到棕色，草坪草变稀疏	多年生草地早熟禾、匍匐翦股颖
币斑病	是低修剪草坪最有破坏性的病害之一，对匍匐翦股颖的危害尤重，币斑病在15.5℃开始发病，在21～27℃最旺盛，病点约呈银币大小的脱色斑点，多个斑点的重叠以至产生不规则出现凹陷的死草坪区，单叶呈红棕色边缘的稻草色黄带，清晨结露时病叶上可见白色蛛网状菌丝体，病原菌是兼性腐生性真菌，在土壤中及土壤上以黑色纸一样薄的菌核形式以及感染植物组织上越冬，春季或初夏萌发，低肥、低水及过分遮阳利于病的传播	危害大多数草类，为翦股颖、细羊茅、狗牙根和一年生黑麦草的严重病害
黏菌病	病原体为表面生腐生性真菌，会因籽实体大面积和长期的覆盖而造成危害，最初分泌奶油般白色到油脂般黑色的黏性产物，最后因分地生长变成粉状，灰白色、红灰白色、枯色到枯黄色，该病是通过灌溉、修剪、耙和其他方法除去	一般草坪草
黑粉病	是寒地型草坪草的一种重病害，感病叶变硬，直立，生长受阻，在寒冷的气候（10～15℃），最先出现沿叶长排布的黄绿色条纹，随之条纹变成淡灰白色，不久条纹的表皮破裂，从叶尖向下变成棕褐色并枯萎，病原在感病植株的根和节上以休眠菌丝形式越冬，通过风、降水、修剪、灌溉等传播孢子，春季过量施氮肥可引起感染	多年生草地早熟禾、匍匐翦股颖
雪腐病	该病包括几种病害，有些在雪覆盖下，有些不在雪覆盖下的冷温时期产生，镰刀霉斑块病在秋到仲春持续冷温带海洋性气候下普遍存在，在0～7℃旺盛，冬季及早春在低刈的草坪上出现小而粗糙的圆斑，直径2～12cm，染病时先为棕褐色、红褐色到黑褐色，叶交织在一起，上面覆盖白色的粉红色菌丝物。潮湿时菌丝黏着，当多在阳光下暴露时，斑点可呈粉红色，病原以休眠菌丝体或厚壁孢子存于禾草活的组织及残茬上，当施氮过多，冬季的保护覆盖及芜枝层过厚时均易发病，此外还有核线菌枯萎病、冬季冠腐病、核盘霉斑块病等	侵染一般冷季型草坪草，翦股颖尤为严重

(续)

病名	特征及管理	危害对象
轮斑纹病	病斑初期小，水渍状，红色至褐色，后病斑扩大呈长圆形，病斑上有粉红色或青铜色孢子团	翦股颖、小糠草
根腐病	主要危害茎部，病斑水渍状，病势发展迅速，多雨潮湿时病株很快死亡，感病部长出白色棉絮状菌丝体	一般冷季型草坪感病，以小糠草、黑麦草、狗牙根严重
霜霉菌	叶片有黄白色条纹，肥大而增厚，早晨有露时，叶片表面具白色霜层，施用硫酸铁有助掩盖症状，一般不引起草坪永久危害	所有冷季型草坪草
春季死斑病	是生长在亚热带的狗牙根极易感染的一种病，是由一种尚未识别的病菌引起，春季当草坪开始生长时，在草坪中出现直径 0.1~1m 的死斑，有时中心存活，形成"炸饼面圈"斑点，该病是休眠草坪草的冠腐，匍匐茎腐病和根腐病，至今尚未有有效的防治方法，适度地控制芜枝层和施肥有利于减少发病	狗牙根

一、重点名词解释

草坪病害、病原、非侵染性病害、侵染性病害、病状、病征、线虫病害、细菌病害、病毒病害、综合防治、生物防治。

二、知识结构图

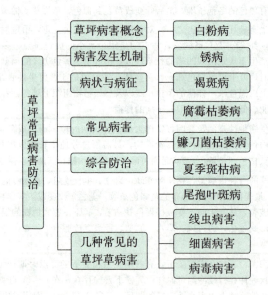

1. 什么是草坪病害？

2. 草坪发生病害主要有哪些表现特点？
3. 常见的草坪草病害主要有哪些？
4. 什么是综合防治？草坪病害防治的主要措施有哪些？
5. 如何防治白粉病？如何防治锈病？如何防治褐斑病？如何防治腐霉枯萎病？

任务 2　草坪常见虫害防治

了解常见草坪虫害发生原因及发生特点，熟悉常见的草坪害虫，掌握常见虫害特征及防治方法。

掌握常见虫害诊断特征及方法，学会常见虫害防治措施及操作步骤。

1. 问题提出
（1）很多植物都会遭到害虫的侵袭，草坪也会有害虫"感兴趣"吗？
（2）草坪发生虫害之后，会出现哪些变化呢？
（3）草坪染病了可以用药物喷施进行防治，那草坪发生虫害了怎么办呢？

2. 实训条件　以小组为单位，5～6人一组，在教师的指导下进行实训操作。每组配备：毒瓶、幼虫瓶、扩大镜、镊子、杀虫剂、水桶、喷雾器、手套、口罩、昆虫检索表、昆虫彩色图谱。

一、草坪虫害概念

草坪虫害是由植物性致病因素以外的昆虫致害因素所引起的危害，它有时会对草坪造成毁灭性的危害。防治害虫是草坪养护管理中不可忽视的，害虫的防治是草坪管理的重要部分。要把害虫防治好，就要采取行之有效的措施，最关键的就是要能够正确地识别害虫的种类及其他们的生物学特性。

二、虫害类型

虫害的种类很多，分布又极其广泛，根据危害的部位，一般分为地下害虫与地上害虫两类。

（一）地下害虫

地下害虫是指在生活在草坪地表下的害虫，危害方式主要有：①取食草坪的根系；②吸取根系的营养液；③寄生在根系内破坏根系组织，消耗营养，并分泌毒素；④居住于地下，但是晚间出来取食地表上茎、叶。

常见的有：地老虎、蛴螬、蝼蛄、金针虫、线虫等。地下害虫一般可以用药液灌根，毒土法，或者毒饵诱杀法进行防治。

1. 蝼蛄 属于直翅目蝼蛄科，在我国危害牧草的有三种：华北蝼蛄、非洲蝼蛄、普通蝼蛄。蝼蛄的成虫和若虫均在土中咬食刚播下的种子，特别是刚发芽的种子及植物根、茎，致使植物萎蔫而死。蝼蛄在表土层来往穿行，形成很多隧道，造成幼苗和土壤分离，使幼苗干枯而死。

蝼蛄均为昼伏夜出，活动取食高峰在21:00～23:00。初孵化的若虫怕光、怕水、怕风，有群居性，具有强烈的趋光性，对马粪等未腐烂的有机物质也有趋性。蝼蛄喜欢在潮湿的土壤中生活，一般地表10～20cm处土壤湿度在20%左右，活动危害最盛，低于15%时活动减弱。

2. 蛴螬 蛴螬是金龟子的幼虫，属鞘翅目，是重要的地下害虫。危害草坪草严重者主要有三种：大黑鳃金龟、黄褐丽金龟、黑绒鳃金龟。

蛴螬食性很杂，主要危害的植物有苜蓿、草木樨、三叶草、沙打旺、苏丹草、披碱草、狗尾草和其他树木等。蛴螬栖息在土壤中，主要取食植物根系，使植物吸收水分、养分及在土壤中固着能力遭到破坏，受害植物出现萎蔫、枯死。蛴螬长1.3～3.8cm，虫体柔软，白色或灰色，具有坚硬的棕色头部和六只明显的足，通常在土壤里卷曲成C形。蛴螬的生活史长的5～6年完成1代，最短的1～2年内发生2～3代，其种间差异很大，而生活习性和发生规律种间也存在显著差异，一般均以幼虫在土中越冬。

3. 地老虎 地老虎是鳞翅目夜蛾科昆虫幼虫的俗称。主要有小地老虎、黄地老虎、大地老虎等。危害草坪时，小龄幼虫将叶子啃食成孔洞、缺刻，大龄幼虫傍晚和夜间切断近地面的茎秆，使整株死亡。发生数量多时，可使草坪大片光秃。

（二）地上害虫

地上害虫是指其危害活动发生在地表以上部位的害虫，危害方式主要有：①取食草坪的茎、叶组织；②吸取草坪茎、叶组织的营养液；③寄生在地表茎、叶组织内部，破坏茎、叶组织，消耗营养，并分泌毒素。

常见的有：黏虫、草地螟虫、飞虱、叶蝉、蚜虫、蝗虫等。地上害虫可以用直接喷施农药防治，也可以灯光诱杀、人工捕杀等方法防治。

当环境、气候等条件不利于草坪草的生长，有利于害虫虫口的发育时，就可能会使草坪遭受伤害，如果害虫的数量太多，就应当施用杀虫剂，杀虫剂仍然是防治草坪害虫的主要方法。有效防治害虫的关键，主要是对害虫的早期诊断和处理。对于草坪管理者来说，应当抓住时机，及早治疗，不断地寻找害虫危害草坪或其存在的迹象，及时检查任何黄色的草或衰退的草坪，及早检测治疗，使管理者在草坪发生严重伤害前施用杀虫剂。

1. 食叶害虫的形态及危害状识别 食叶害虫的形态及危害状识别：黏虫、斜纹夜蛾、草地螟等。

(1) 黏虫。属鳞翅目夜蛾科。在我国各省区均有发生，是世界性禾本科植物的重要害虫。黏虫的幼虫食性很杂，可取食多种植物，尤其喜食禾本科植物，主要危害苏丹草、羊草、披碱草、黑麦草、冰草、狗尾草等。幼虫咬食叶片，1～2龄幼虫仅食叶肉，形成小圆孔，3龄后形成缺刻，5～6龄达暴食期。危害严重时，将叶片吃光，使植株形成光秆。

(2) 斜纹夜蛾。又名莲纹夜蛾。属昆虫纲鳞翅目夜蛾科。主要以幼虫危害全株、小龄时群集叶背啃食。3龄后分散危害叶片、嫩茎、老龄幼虫可蛀食果实。其食性既杂又危害各器官，老龄时形成暴食，是一种危害性很大的害虫。

中国从北至南一年发生4～9代。以蛹在土中蛹室内越冬，少数以老熟幼虫在土缝、枯叶、杂草中越冬。南方冬季无休眠现象。发育最适温度为28～30℃，不耐低温，长江以北地区大都不能越冬。成虫具趋光和趋化性。卵多产于叶片背面。幼虫共6龄，有假死性。4龄后进入暴食期，猖獗时可吃尽大面积寄主植物叶片，并迁徙他处危害。

(3) 草地螟。又名黄绿条螟，属鳞翅目螟蛾科。分布于我国西北、华北、东北各省区。杂食性害虫，可危害35科200多种作物、牧草和灌木。初孵幼虫取食幼嫩叶片的叶肉，残留表皮，3龄以后食量大增，将叶片吃成缺刻而仅剩余叶脉。

幼虫头黑色有明显的白斑，前胸背板黑色，有3条黄色纵纹，体黄绿色或灰绿色，有明显的暗色纵带，间有黄绿色波状细线，体上疏生刚毛，毛瘤较显著，刚毛基部黑色，外围着生两个同心的黄白色环。幼虫共6龄，各幼虫龄期各有区别。蛹：长5mm，黄色至黄褐色。腹部末端有8根刚毛构成锹形，蛹为口袋形的茧包围，茧长20～40mm，直立于土地表皮下，上端开口以丝状物封住。

2. 吸汁害虫的形态及危害状识别 主要的吸汁害虫有蚜虫、叶蝉、盲蝽、飞虱、叶螨等。

(1) 蚜虫。属于半翅目，体小而软，大小如针头。腹部有管状突起（腹管），吸食植物汁液，不仅阻碍植物生长，形成虫瘿，传布病毒，而且造成花、叶、芽畸形。

蚜虫分有翅、无翅两种类型，体色为黑色，以成蚜或若蚜群集于植物叶背面、嫩茎、生长点和花上，用针状刺吸口器吸食植株的汁液，使细胞受到破坏，生长失去平衡，叶片向背面卷曲皱缩，心叶生长受阻，严重时植株停止生长，甚至全株萎蔫枯死。

蚜虫生活史复杂，无翅的雌虫在夏季营孤雌生殖，卵胎生，产幼蚜。植株上的蚜虫过密时，有的长出2对大型膜质翅，寻找新宿主。夏末出现雌蚜虫和雄蚜虫，交配后，雌蚜虫产卵，以卵越冬。

(2) 叶蝉。叶蝉均以成虫、若虫群集叶背及茎秆上，刺吸其汁液，使寄主生长发育不良，叶片受害后，多褪色呈畸形卷缩现象，甚至全叶枯死。苗期的寄主常因流出大量汁液，苗经日晒枯萎而死。

①大青叶蝉。成虫体长7～10mm，青绿色。头部淡褐色，颊区在近唇基缝处有一块小形黑斑，在触角上方有一块黑斑，头部后缘有一对不规则的多边形黑斑。前胸背板和小盾片淡黄绿色。前翅绿色带青蓝色光泽，前缘淡白色，端部透明，翅脉青黄色，具狭窄的淡黑色边缘，后翅烟黑色半透明。卵长1.6mm，长卵圆形，中间稍弯曲，初产时淡黄色，近孵化前可见红色眼点。若虫初孵时灰白色，后变淡黄色，胸、腹部背面有4条暗褐色纵纹。

②二点叶蝉。成虫体长3.5～4mm，淡黄绿色，略带灰色，头顶有2个明显小圆黑点。复眼内侧各有一条短纵黑纹。单眼橙黄色，位于复眼及黑纹之前。前头有显著的黑横纹2

对。前胸背板淡黄色，小盾片鲜黄绿色，基部有 2 个黑斑，中央有一条细横刻痕。腹部背面黑色，腹面中央及雌性产卵管黑色。足淡黄色，后足胫节及各足跗节均具小黑点。卵长椭圆形，长约 0.6mm。若虫初孵时黄灰色，成虫后头部有 2 个明显的黑褐色点。

③黑尾叶蝉。成虫雄虫体长 4.5mm，雌虫 5.5mm。黄绿色。在头部两复眼间有一条黑色横带，横带后方的正中线黑色，极细，有时不明显。复眼黑色，单眼黄色。前胸背板半部黄绿色，后半部为绿色，小盾片黄绿色。前翅鲜绿色，翅端 1/3 处雄虫为黑色，雌虫为淡褐色。雌虫胸、腹部腹面淡褐色，腹部背面为灰黑色；而雄虫均为黑色。卵长约 1mm，长椭圆形，中间微弯曲。初产为乳白色，后由淡黄变为灰色，近孵化时，2 个眼点变为红褐色。若虫共 5 龄。

（3）盲蝽。危害草坪的盲蝽属半翅目盲蝽科。主要有绿丽盲蝽、中黑盲蝽、苜蓿盲蝽等。盲蝽成、若虫均以刺吸式口器吸食草坪草嫩茎、叶、花蕾和子房，受害部分先褪绿变黄，或叶片出现黄色小斑点，后逐渐扩大成黄褐色大斑，并皱缩，继而逐渐凋萎，最后枯干脱落。

①绿丽盲蝽。成虫：体长约 5mm。触角比身体短，绿色。前胸背板上有黑色小刻点，前翅绿色，膜质部暗灰色。卵：长约 1mm，卵盖奶油色，中央凹陷，两端突起，无附属物。幼虫：初孵时全体绿色、复眼红色，5 龄幼虫体鲜绿色，眼灰色，身上有许多黑色细毛，翅芽尖端蓝色，达腹部第 4 节，腺囊口为一条黑色纵纹。

②中黑盲蝽。成虫：体长 6~7mm，触角比身体长，褐色，前胸背板中央有 2 个稍小黑圆点。卵：长约 1.2mm，卵盖有黑斑，边上有一个丝状附属物向内弯曲。幼虫：全身绿色，5 龄时深绿色、眼紫色、腹部中央色深。

③苜蓿盲蝽。成虫：体长 7.5mm，触角与身体等长，黄褐色，前胸背板后缘有 2 个黑色圆点，小盾片中央有倒 U 形黑纹。卵：长约 1.3mm，卵盖平坦，黄褐色，边上有一个指状突起。幼虫：初孵时，全体绿色，5 龄时体黄绿色，眼紫色，翅芽超过腹部第 3 节，腺囊口为八字形。

（4）飞虱。同翅目飞虱科的通称。全部植食性，很多种生活于禾本科植物，是农业的重要害虫，如褐飞虱、灰飞虱、白背飞虱等。飞虱体型小，长多在 5mm 以下。大多以卵或若虫越冬。1 年发生 3~4 代以至 10 代以上。越冬卵产在寄主组织里。若虫则蛰伏于冬季寄主或杂草中，天气转暖便孵化或活动取食。主要以成、若虫群集于寄主下部刺吸汁液危害，被害叶表面呈现不规则的长条形棕褐色斑点；产卵刺破茎秆组织，影响植株生长发育。叶片自下而上逐渐变黄，植株萎缩。严重时，植株下部变黑枯死。

（5）叶螨。叶螨科是节肢动物门、螯肢亚门、蛛形纲、广腹亚纲、蜱螨目的 1 科，通称为叶螨。叶螨体型小，圆形或椭圆形，体长 0.2~0.6mm，大型种类可达 1mm。有红色、橙色、褐色、黄色、绿色等。体侧有黑色斑点，前外侧各有 1 对眼，体壁柔软，表皮具线状、网状、颗粒状纹或褶皱。背面有成排的背毛，一般不超过 16 对，呈刚毛状、叶状或棒状。螯肢针状，位于可伸缩的针鞘内。颚体包括 1 对须肢和口器，须肢 5 节，须肢跗节具 6~7 根刚毛。气门沟发达，位于颚体基部。足的 Ⅰ、Ⅱ 跗节通常具有 1 根感觉毛和 1 根触觉毛相伴而生，称为双毛结构。雌螨生殖区具褶皱，生殖孔横裂。

叶螨为植食性螨类，有单食性、寡食性和多食性三种类型。叶螨属大多栖居于叶片的下表面，而小爪螨则大多在叶片的上表面取食。叶螨可凭借风力、流水、昆虫、鸟兽和农业机具进行传播，或是随苗木的运输而扩散。叶螨的很多种类有吐丝的习性，在营养恶化时能吐丝下垂，随风飘荡。

3. 钻蛀害虫的形态及危害状识别　草坪主要钻蛀害虫有麦秆蝇、稻小潜叶蝇等。

（1）麦秆蝇。属于双翅目秆蝇科。危害多种草坪草和牧草，如黑麦草、雀麦、早熟禾、披碱草、狗尾草等。幼虫从叶鞘与茎间潜入，在幼嫩的心叶或近基部呈螺旋状向下蛀食幼嫩组织。幼虫取食心叶基部与生长点，使心叶外露部分干枯变黄，成为枯心苗。

麦秆蝇成虫体长雄虫3.0～3.5mm，雌虫3.7～4.5mm，黄绿色。复眼黑色，有青绿色光泽，单眼区褐斑较大，边缘超过单眼以外。胸背有3条纵线。中央有1条纵线直达棱状部的末端，两侧的纵线各在后端分叉。越冬代成虫胸背纵线为深褐色至黑色，其他各代成虫则为土黄色至黄褐色。翅透明，有光泽，翅脉黄色。后足腿节显著膨大，内侧有黑色刺列，胫节显著弯曲。卵长1mm，长椭圆形，两端瘦削，白色，表面有10多条纵纹，光泽不显著。老熟幼虫体长6.0～6.5mm，蛆形，细长，黄绿色至淡黄绿色。前气门扇状，上有气门小孔6～9个。蛹初期色淡，后期黄绿色，透过蛹壳可见复眼。

（2）稻小潜叶蝇。属于双翅目水蝇科。以幼虫潜入叶片内部，潜食叶肉危害，被害叶片留下两层表皮，呈现白条斑。危害严重时，稻叶枯白腐烂，全株枯死，受害区域大量死苗。

稻小潜叶蝇一生经历成虫、卵、幼虫、蛹4个虫期。成虫为青灰色小蝇，在光照下有绿色金属光泽。体长2～3mm，头部暗灰色，复眼黑褐色，触角黑色，末节扁而椭圆，有一根粗长的刚毛，刚毛一侧排列有5根小短毛。足黑色，中后足跗节前一节黄褐色。前翅灰黑透明，后翅退化成黄白色平衡棒。卵乳白色，长椭圆形，表面光滑，长约0.2mm，多产于靠近叶尖部平伏水面的叶片上。幼虫体长3～4mm，圆筒形，稍扁平，头尾较细；乳白色至乳黄色，尾端有两个黑褐色气门突起。蛹长约3.6mm，黄褐色或褐色，尾部也具2个黑褐色气门突起。

稻小潜叶蝇发生世代重叠。主要以成虫或蛹在杂草上越冬，越冬成虫4月末开始活动。成虫适应低温，在气温5℃左右即可活动、交尾、产卵。11～13℃活动最盛，30℃以上正常活动受到影响。成虫喜在平伏水面的叶尖部产卵。

三、害虫防治方法

对害虫的防治目的，并不是从某地草坪上将害虫全部杀灭，而是应该结合建坪和草坪管理、生物防治、物理机械防治、化学药物防治等途径进行综合防治，将虫口压低到对草坪不至造成经济威胁的水平。

防治害虫的有效措施，通常一般规律是，幼龄时用药容易取得好的防治效果，此时，害虫幼小容易中毒，害虫还不能造成严重的危害。除了用药时机以外，还要掌握用药次数，当一次用药后，不能根治时，有再发生的可能性，就要反复用药，避免第二次危害。

草坪害虫通常用杀虫剂杀灭，使用杀虫剂时，要使害虫充分接触药剂或者使害虫的食物上接触到药剂。在防治地下害虫时，要用长效杀虫剂，最好在施药后灌水，使药剂渗入到土层下面，深度要达到20～30cm，使药剂能接触到害虫的虫体。在防治吃茎、叶的害虫时，所用药剂最好是液剂，在喷药前后都不要喷水或下雨。当使用颗粒剂防治食茎、叶害虫时，可在用药前喷水，使叶面潮湿而粘上药剂，达到杀虫的效果。喷药的时间最好是在午后或傍晚，一般此时是害虫的活动期，害虫接触药剂的机会多，从而达到预期的防治效果。

草坪害虫化学防治的方法有以下几种：

(一) 药剂拌种

建坪时对草坪草种子进行药剂拌种可以防治地下害虫。拌种用的农药剂型为高浓度的粉剂及可湿性粉剂或乳油等。拌种的用药量应根据药剂种类、种子种类及防治对象而定,一般的用药量为种子质量的 0.2%~0.5%。常用的拌种药剂有50%辛硫磷乳油、50%乐果乳油、75%硫磷乳油等,用以防治蛴螬,并能兼治地老虎、金针虫、蝼蛄。拌种时先将原液加入少量水化开,然后加到所需水量,边加药液边搅拌种子,待药液被种子吸收后,堆放数小时再播种。

(二) 毒饵

将药剂拌入半熟的小米或炒香的饵料中称为毒谷或毒饵。毒谷或毒饵可用来防治土栖类害虫,以及害鸟、鼠类。毒饵、毒谷用药量一般为干谷及饵料用量的 1/10~1/20,饵料可选用麦麸、各类饼肥、米糠等。对于地老虎类可选用鲜草毒饵。配制方法是用90%敌百虫50g 或 2.5%敌百虫粉500g 与切碎的鲜草 25~40kg,并加入少量水均匀拌和,傍晚撒在草坪内诱杀地老虎。

(三) 喷雾

利用喷雾机具将配制好的药液喷洒在受害草坪处的施药方法。随着喷雾机械的发展,喷雾法有了很大改进,主要有以下三种:

1. 常用喷雾法 利用人工式机动喷雾器喷药。药液雾点的直径约为 $250\mu m$,每 $667m^2$ 药液用量 50~100kg。

2. 少量和极少量喷雾法 利用机动背负式喷雾机喷药,雾粒直径为 $150\mu m$ 喷雾用药量 $7.5~15g/m^2$,地面极少量喷雾药量为 $0.75g/m^2$。

3. 微量喷雾(超低容量喷雾)**法** 通过高效能的雾化装置,使药液雾化成直径为 $50~100\mu m$ 的雾点,经飘移而沉淀。地面喷雾用药液量为 $0.03~0.25g/m^2$,必须用低毒性农药和超低容量剂型。如25%敌百虫乳剂、25%辛硫磷乳油、25%马拉松乳油、25%乐果乳剂等。此法的优点是用水少或不用水、省药、高效、防治效果好。缺点是受风力影响很大,当风速大于 1~3m/s 时不能作业。

喷雾的技术要求是使药液雾滴均匀覆盖在带虫植物体上,应该抓住防治对象对药剂敏感时期,选用适宜有效的药剂,才能收到良好的防治效果。基本要求是:

(1) 对活动性强、暴露在外的咀嚼式口器害虫,如黏虫等,可用胃毒和触杀剂量,如敌杀死等农药防治。

(2) 对蛀茎潜叶性害虫,如瑞典杆蝇、白翅潜叶蝇等,可用乐果等内吸触杀剂来防治。

(3) 对活动性弱的全部暴露在外的刺吸式口器害虫,可用内吸杀虫剂,如乐果等农药,也可用触杀剂,如杀螟松。

(4) 对活动性强,在草坪草中上部危害的刺吸式口器害虫,如叶蝉、盲蝽、蓟马等,除用内吸剂品种外,还可用触杀剂防治。

草坪虫害除线虫和昆虫外,还有一些大型的动物引起危害。其中有松鼠、家鼠、袋鼠、鼹鼠等啮齿动物,这些动物常在草坪中挖掘大量洞穴和通道,引起草坪的严重损坏,这些有害动物可通过捕捉、投毒饵和通道内引入毒气来进行防治。

除了害虫防治之外,良好的管理、合理的施肥与浇水、使草坪草生长健壮、增加草的抵抗力及培养良好的抗虫品种更是草坪管理的重要措施。

四、草坪害虫防治的步骤

草坪害虫防治有 5 个基本步骤：
（1）识别昆虫的种类和虫口的数量。
（2）确定害虫的危害能力。
（3）确定防治害虫的方法。
（4）实施对害虫的防治。
（5）评价防治的结果。

在进行草坪害虫的防治时，除了遵照以上步骤进行防治外，还要结合建坪和草坪管理等过程，进行生物防治和药物防治相结合的综合防治方法，这样才能达到很好的效果。

一、任务分析及要求

（一）任务分析

调查并确定草坪上主要危害的害虫，使用杀虫剂喷施草坪进行害虫防治。

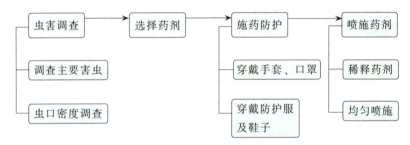

（二）实训要求

调查主要危害害虫、虫龄、虫口密度、危害程度，准确选择杀虫剂、按要求稀释杀虫剂，晴天、无风或者微风天气喷药，防护到位，喷施均匀、喷施量适宜，喷施结束机具清理干净。

二、实训内容

以小组为单位，在教师的指导下进行实训操作。完成草坪虫害调查、选择杀虫剂、稀释杀虫剂、杀虫剂喷施、清洗喷施机具等步骤。

三、实训操作

（1）虫害调查。现场实地调查，每年 5～6 月或 9～10 月到草坪现场进行草坪病虫害的一般情况调查。通过观察记载的项目及内容如下：

①包括害虫类型（地下害虫、食叶害虫或刺吸害虫）、发生面积、危害程度、主要害虫种类、虫龄、虫口密度等内容。

②防治情况调查：包括防治方法（化学防治或物理机械防治等）、杀虫剂应用情况（包括已使用的品种、浓度、次数、用药时间、防治效果等）等内容。此项内容须向草坪管理人

员咨询并结合现场观察来进行。

现场调查时,可全班集体活动,也可分组进行,记载并采集标本。

(2)室内鉴定。对于被害特征明显、现场容易识别的害虫种类可以当场鉴定确认。难以识别或新出现的害虫种类,则须带进实验室,在教师的指导下,查阅检索表、比照彩色图谱等相关资料,完成进一步的调查鉴定工作。

(3)根据调查鉴定的结果选择杀虫剂。

(4)戴上口罩、手套,穿戴严实,把杀虫剂倒进水桶中,按说明书要求,倒入适量的清水,搅拌均匀。

(5)清洗好喷雾器,把稀释好的药剂倒进喷雾器中。

(6)均匀喷施(或者浇灌)草坪。

(7)清洗器具。

(8)喷施后一周内再次调查,验证害虫防治效果,决定是否要再次喷药防治。

四、实践技巧

(一)虫口密度调查

现场调查草坪地面上主要危害的害虫的虫口密度及危害程度,并通用铲子挖开受害草坪的根系土壤,调查地下害虫的种类及虫口密度。

(二)虫害防治

(1)根据调查的结果,确定购买何种杀虫剂。

(2)地上害虫可以直接用杀虫剂兑水,稀释成一定的浓度用喷雾器对茎、叶进行喷施,地下害虫可以采用根际浇灌药液的方式进行杀虫,杀虫剂稀释浓度要合理,搅拌均匀,适当加入肥皂水、洗衣粉等一些表面活化剂。

五、评价考核

(1)考核调查是否仔细,调查结果是否准确,药剂选择是否正确,施药浓度是否合理,保护措施是否做好,喷施是否均匀,喷施量是否合适,考核喷施后的防治效果是否理想。

(2)完成实训报告。

草坪常见危害草坪草昆虫(表5-2-1)

表5-2-1 常见危害草坪草昆虫

类别	名称	特 征	危 害
食根昆虫	蛴螬	鞘翅目金龟子的幼虫,成虫一般不采食草坪草,但新月状的幼虫贪婪地咀嚼草坪草的根,尤其在夏末和秋季最甚	损伤草坪草根系,造成危害,甚至死亡
	象虫	采食草坪草的根和茎,夏季受害的植株变棕褐色,在采食处出现铁屑状的虫类,晚上最活跃,此时到达地面采食	采食草坪草

(续)

类别	名称	特 征	危 害
食根昆虫	金针虫	圆柱状，硬质，长约2.5cm，在土壤中生活2~6年，其成虫叩头虫	咀嚼草根
食茎、叶昆虫	草坪野螟	草坪蛾的幼虫，在生长季繁殖2代，以幼虫形式越冬，在受害地面有咀嚼样的叶鞘和在芜枝层上有绿色粪便积累	咀嚼叶鞘基部附近的叶
	黏虫	为3cm左右长短的毛虫，身体侧面有明显的条纹，晚上采食禾草叶片及种子，在生长季节可繁殖1~6代	咀嚼草叶，严重的可毁灭整个草坪
	地老虎	夜蛾的幼虫，长3~5cm，生长季可繁殖1~4代	咀嚼草坪表面及地表下禾草枝条
	草坪草象	它们与甲虫有亲缘关系，不同之处在于它们具细的喙，长约3cm	采食一年生早熟禾的茎叶，钻空或从基部切断禾草
	长蝽	用口器插入禾草枝条内吸食汁液的昆虫，长1cm左右，黑色、具有白色折叠的翅，生长季内可繁殖1~5代	吸食时将唾液注入植株，在干热的条件下，使受害草坪草褪绿，最后死亡
	蚜虫	淡绿色，长0.4cm的软体昆虫，靠口器刺入植物体（叶片）吸取汁液，同时将唾液注入叶内引起危害，蚜虫为孤雌胎生，成熟较快	在草坪上可以看到蚜虫密集的群体采食，在遮阴处尤甚，受感染的草坪草呈黄色，然后枯黄，最后棕褕色，植株死亡
	瑞典杆蝇	是细小光亮黑蝇，成虫长约0.2cm，幼虫0.3cm，钻入植株基部附近的茎里，在组织内越冬，在生长季内繁殖若干代	在炎热干燥的气候下，感染植株会死亡
	叶蝉	小型具跳跃能力，长约0.5cm的楔形昆虫	成虫和幼虫都吸取禾草枝条的汁液，引起褪绿和妨碍生长，禾草幼苗被严重损害
	螨类	体小型或微小型，常生活于植株叶片上，刺吸植物汁液	采食草坪草，引起叶斑，不断采食引起草坪褪绿，以至死亡
	介壳虫	它们是极小的昆虫，经常用壳状的覆盖物保护自己，用针状口器采食，感染的植株具苍白或发霉的外观	引起草坪草凋萎、死亡
掘穴昆虫	蚂蚁	是群居于地下巢穴中的昆虫	群居于草坪时，挖出大量土壤，在地表形成土堆，破坏草坪的一致性，在刚播种的位点，还会搬走种子
	周期蝉	是稀有长寿命的昆虫，成虫13或17年从洞中孵化出来	孵化出洞的成虫采食草坪草，另又在草坪上产生大量的、新的小洞
	杀蝉泥蜂	是周期蝉捕食者	可在草皮上形成土堆

一、重点名词解释

草坪虫害、地下害虫、地上害虫、蝼蛄、蛴螬、地老虎、黏虫、斜纹夜蛾、草地螟、蚜虫、叶蝉、盲蝽、飞虱、叶螨、麦秆蝇、稻小潜叶蝇、药剂拌种。

二、知识结构图

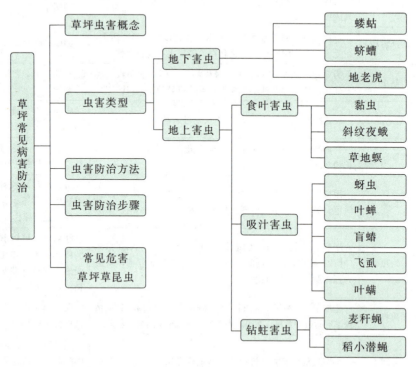

1. 什么是草坪虫害？发生虫害的草坪主要表现出哪些特征？
2. 主要的草坪虫害有哪些类型？常见的草坪害虫有哪些？
3. 本地区危害较大的害虫主要有哪些？发生特点有哪些？如何进行有效的防治？

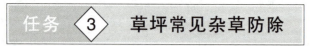

　　了解常见草坪杂草发生原因及发生特点，熟悉常见的草坪杂草，掌握常见草坪杂草特征及防除方法，了解常用的除草剂类型、种类及使用方法。

　　掌握常见草坪杂草诊断特征及方法，学会常见草坪杂草防除措施及操作步骤。

项目五　草坪病虫草害防治

1. 问题提出

（1）草坪中除了草坪草还会有其他植物吗？它们会对草坪产生危害吗？

（2）是不是我们常用的草坪草在所有的草坪中都不是杂草呢？

（3）草坪上生长有其他杂草该怎么办呢？你有什么好办法吗？

2. 实训条件　以小组为单位，建议5～6人一组，在教师的指导下进行实训操作。每组配备：人工除草用的小铲子、小锄头、旋刀式修剪机；各种除草剂：二甲四氯、2，4-D、阔草净、史它隆、莎草净、坪绿1-5号等；喷雾器、量杯、水桶、皮尺、警示标牌、笔记本、铅笔等。

一、草坪杂草概念

草坪杂草也就是在不需要的地方生长的任何一种草（或指草坪上除种植草坪植物以外的草，即使有些草坪生长在其他草坪中时，也会被认为是一种杂草）都属于杂草。

二、杂草的危害机理

草坪中滋生杂草不但影响草坪的整体外观形象，而且杂草与草坪草争阳光、养分和水分，从而影响草坪草的生长，使草坪的品质、功能显著退化，严重时会导致草坪草全部死亡。

三、杂草的种类

按不同的分类方式，可以把杂草分成很多类型。按生长年限分，杂草主要有3种类型：一年生、两年生和多年生杂草。一年生杂草从种子开始一年内完成生活周期，如一年生早熟禾、普通卷耳、宝盖草、大戟、马唐等。两年生杂草生活一年生以上，但不超过两年；多年生杂草可存活两年以上，如蒲公英、车前草、水花生等。

按杂草的植物学分类，草坪上最常见的杂草有三类：一是双子叶阔叶类的杂草，二是单子叶禾本科类杂草，三是莎草科杂草。

按危害的程度以及防除的难度，一般可以把杂草分为一般杂草以及恶性杂草，一般杂草多为一二年生，恶性杂草则多为长期多年生，有宿根，繁殖速度快，适应性强。

四、杂草的综合防治

防除杂草是一件复杂与长期的事情，在防除策略上，要采用综合防治的策略。综合防治是指应用养护管理、人工、生物以及化学等措施来进行杂草防治。

（一）加强养护管理防除杂草

通过加强草坪的水肥管理，可以使草坪生长健康，提高与杂草竞争力，而且可以增加草坪密度与郁闭度，杂草就难以在草坪上生存了。

养护管理防除杂草的方法又可具体地分为以下几种：

1. 清除杂草种子 杂草可产生大量的种子，并通过各种媒介物质传播而广泛分布。清除草坪土壤中（浇水诱杀）以及草坪上正在进行生殖生长的杂草的种子，这可以最大限度地降低杂草的危害程度。

2. 草坪的修剪与滚压 修剪措施可以防除以种子繁殖为主的杂草，特别是对于一二年生长杂草。通过剪除杂草的花序、花，使杂草不能长出种子；定期修剪还可以抑制杂草的生长，减弱杂草的生存竞争能力。尤其是在杂草种子成熟前进行修剪，可有效地减少或控制以种子繁殖的杂草数量。

大多数草坪草生长点低、分蘖力强、耐强修剪，而大多数杂草，尤其是阔叶杂草则再生能力差、不耐修剪。修剪可以促进草坪草生长而抑制杂草生长。滚压则是将子叶期的阔叶杂草压死或压伤，使草坪所覆盖而长不上来。

（二）人工拔草

人工拔草主要是适用于零星的草坪地，管理人员用手拔除、剔除、挖除杂草的方法。人工防除有利于防止除草剂污染环境，不会对草坪草产生不利的影响。但其最大缺点是费工费时，效率低，还会损伤新建植的幼小草坪植物，而且对多年生杂草很难除尽。

（三）化学防除

化学防除主要是指喷施除草剂来防除杂草。化学除草剂能有效的防除杂草，如：2,4-D类、二甲四氯类化学药剂能杀死双子叶杂草植物，对单子叶植物则是很安全。由于禾本科草坪植物与单子叶杂草的形态结构和生物学特性极其相似，采用化学除草剂防治杂草有一定的困难，因此主要是以萌前除草剂为主。

在应用化学除草时应注意以下几点：

（1）施用除草剂要做到高效与安全，对杂草杀灭效率高而对草坪草安全。

（2）施用除草剂的用量要准确，施用要均匀一致，量过多了会发生药害，污染环境，量少了则效果不显著。

（3）除草剂要合理混用，由于草坪内的杂草多种多样，而且随着季节的变化而发生变化。一种除草剂难以杀死大部分的杂草，这就考虑用2种或2种以上的除草剂来进行防除。除草剂的混合施用能扩大杀草范围，在混合施用时，要注意混合的比例以及草坪草的安全。

五、草坪常见杂草的药剂防治

（一）一年生杂草防除

一年生禾草如蟋蟀草、牛筋草、一年生早熟禾等，宜用萌前除莠剂灭除。夏生一年生禾草的施药时间以夏季为宜。

萌前除莠剂在表土形成毒药层，药力可保持6~12周，最后为微生物所破坏。因此，萌前除莠剂必须在种子萌发前1~2周施用，最迟也不应晚于禾草种子的始萌期。

土壤温度对药效也产生影响。科学的施药方法是在地表下5cm深处的土温度连续3~4d维持在13℃时施药，或连续2周气温平均13~16℃时施药。

液体和颗粒状萌前除莠剂的药效相同，通常每个生长季节施药2次。

萌后有机砷除莠剂，如甲胂钠（MSMA）或甲胂二钠（DSMA），可用于防除苗后生长早期的一年生禾草，一般需施药 2 次以上以根除杂草，其间隔为 10～14d。萌后防治难以令人满意，因为中毒后死亡的杂草会破坏草坪的外观。另外，MSMA 和 DSMA 对草坪草，尤其是冷季型草坪禾草亦产生毒害。

对冬季一年生禾草，宜在夏末或秋初其萌发前施用萌前除莠剂。

（二）多年生禾草类杂草防除

多年生禾草类杂草其生理与结构均与草坪草相似，因此采取禾本科杂草的除莠剂亦会伤害草坪草，因此，不宜使用选择性除莠剂。生产中多采用如达拉朋之类的非选择性除莠剂，并采用选择植株喷施的方法进行个体杀灭。

香附子是莎草科的多年生单子叶植物，在杂草防除中通常把它与多年生禾草型杂草相提并论，多用有机砷除莠剂进行防除。灭草松是一种新型除莠剂，对香附子有良好的防除作用，且对草坪草毒性甚小。

（三）阔叶杂草防除

阔叶杂草是除莠剂杀灭的主要对象。在生产中常用 2，4 - D 和麦草畏等选择性除莠剂施于杂草叶表来防治阔叶杂草。

阔叶杂草除莠剂必须小心使用，因为它们对树木、灌丛、花果和蔬菜均能产生伤害。喷施这些药物应在无风、干燥的天气进行。麦草畏可通过土壤淋失，因而不应在乔、灌木的根部上方使用。

使用阔叶杂草除莠剂应遵循以下规则：阔叶杂草除莠剂对幼小多汁植物作用最好，施用时杂草应处于旺盛生长状态，气温在 18～29℃时施用最好。当温度再高时叶面气孔关闭不利药物吸收，同时易引起药物的散失。如果土壤干燥，则应在施药前灌溉，避免在长时间过分干旱的季节施药；不宜在施药前修剪，以保证有足够的叶面积与除莠剂接触；刮风时不能喷施，以免药剂随风飘失；施用颗粒状除莠剂时，杂草叶面应湿润，施药后 8～24h 内不宜灌水，施药 2d 后方可修剪，以避免除莠剂在产生效果前随草屑而被排出。杂草死亡需 1～4 周，因此第二次施药至少在第一次施药后的 2 周之后。禾草对除莠剂很敏感，新建草坪应在草坪草开始修剪 2～3 次后方能施药。

暖地型草坪阔叶杂草的防除应在晚春、秋季或冬季草坪草休眠时进行，冷季型草坪则应在春季或夏末秋初进行。

一、任务分析及要求

1. 任务分析 用人工拔除或者喷施除草剂的方式清除草坪上的杂草。

2. 实训要求

（1）杂草要调查详细，准确分类，根据杂草的类别，选择针对性的除草剂。

（2）戴好手套与口罩，并穿戴严实，防护到位。

（3）根据草坪面积的大小使用适量除草剂，除草剂稀释浓度合适，喷施时不能喷施到附近的其他植物上，杂草多的地方重点喷施。

（4）喷施后，清洗喷雾器，并树立警示标牌。

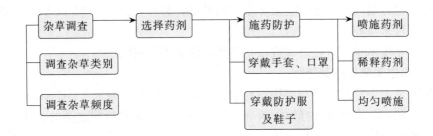

二、实训内容

以小组为单位,在教师的指导下进行实训操作。完成草坪杂草调查、人工除草、修剪除草、化学除草(除草剂选择、除草剂配置、喷施、清洗喷施机具)等步骤。

三、实训操作

1. 现场调查 调查主要危害的杂草类型,调查杂草危害度,并调查杂草与草坪草的生长情况。

2. 人工拔草 利用小锄头、铲子等进行人工除草,把大型的一二年生杂草清除出草坪。

3. 修剪除草 利用旋刀式修剪机修剪草坪,剪除一二年生杂草,主要剪除其种子等生殖器官,通过修剪抑制草坪杂草生长。

四、化学除草

(1) 选择无风或者微风的晴天进行喷药。

(2) 根据调查的结果,选择对杂草杀灭效率高,对草坪草安全的除草剂。

(3) 用皮尺测量,计算出草坪的面积,根据除草剂的用量标准,计算出适量的除草剂用量,戴上橡胶手套与口罩,穿戴严实,然后用水桶与量杯兑水稀释至说明书要求的倍数,如需要混合多种除草剂,则分开稀释。

(4) 把稀释好的除草剂倒进喷雾器,如混合使用的除草剂,要先把各种稀释好的除草剂充分混合搅拌均匀后,倒进喷雾器。

(5) 喷施除草剂,对杂草危害严重的局部区域要重点喷施,加大喷施量。

(6) 喷施结束后,清洗喷雾器,树立警示标牌。

五、实践技巧(草坪除草剂的使用)

(一) 除草剂使用程序

应用除草剂防除杂草,应按照正确的使用程序:准备工作→配药→施药→施药后清洗四个步骤进行。

1. 准备工作

(1) 定药:以草坪草和杂草定所用除草剂,这种药剂对草坪草安全,能杀死杂草。

(2) 定时间:杂草最敏感的时间,以最小的量和最快的速度杀死杂草。

(3) 定量:杂草的大小,定出杀死杂草的使用量。

（4）定方法：使用喷雾或涂抹或其他方法，确定使用器械。

准备工作的第二步是人员安排（技术人员、协助人员）、药剂认定、确保喷雾器械性能、保护工具以及量具（天平和量筒）等。

2. 配药　配药工作分倒药和装药两个程序。倒药时先摇晃药瓶，倒出药，两次稀释，再摇匀。装药时，先加 1/3 水，加药，再加 1/3 水，摇匀，最后再加 1/3 水。

3. 施药　前进方向逆风，倒退喷药。喷幅以喷雾器械性能来定。大面积喷药，要作标记，最好用有色绳子标好，防止重复或漏喷。

4. 清洗　先清洗器械，后清洗人。喷雾机械用水清洗 2～3 次，后装满水，加入洗涤液 100～200g，泡 24h。

（二）药剂品种的确定

使用除草剂，会对植物产生影响，选择的药剂品种，应对人和动物安全；符合环保要求；选择性杀灭杂草。正确选用草坪除草剂，包括在不同种草坪的不同生育期，针对不同杂草选用高效、低毒、无残留、无环境影响的除草剂并采用正确的应用技术。

（1）根据草坪种类选用除草剂。不同种类草坪对除草剂的耐药性不同，一般来说，成坪的草坪耐药性从大到小为：结缕草＞百慕大＞早熟禾＞海滨雀稗＞黑麦草＞高羊茅＞翦股颖；翦股颖草坪的生长期一般不可应用除草剂。

（2）根据草坪不同生育期选用除草剂。不同生育期的草坪对除草剂的耐药性不同。通常以种子播种的草坪，在播种前若用过长残效除草剂，直播的草坪草籽不易出苗。草坪从出苗到四叶前，只能选用安全性较高的除草剂。直播草坪五叶后或以营养体栽植的草坪，对除草剂的耐药性增强，可选用的除草剂种类较多。

（3）根据杂草种类选用除草剂。如广谱灭生性除草剂草甘膦，阔叶杂草选择性除草剂 2，4-D、二甲四氯；主要针对禾本科杂草的地散磷。

（4）根据杂草不同生育期选用除草剂。在杂草的不同生育期，选用不同的除草剂，这是草坪杂草防除中最重要的一点。根据应用时期，草坪除草剂分为萌前除草剂、苗后早期除草剂和苗后中期除草剂。

（5）根据环境要求选用除草剂。高尔夫球场、运动场、绿化草坪经常有人活动，喷施除草剂的次数要尽量减少，宜选用药效期长的除草剂。飞机场停机坪虽然少有人去，但经常喷药会妨碍飞机升降，应选用药效期特长同时具有矮化草坪作用的药剂。

（三）除草剂处理方法

处理方法有以下几种：

（1）喷雾法：将除草剂配制成溶液，用喷雾器械将液体喷于草坪表面。

（2）撒施：将药液拌上细小载体颗粒，撒于目的地域。将药与土或者沙子混合，混匀后撒于地块中。采用此方法的条件之一是地域中有水，以便使药剂均匀分布。

（3）泼浇：与撒施相反，将除草剂制成液体，用器械泼入目的地域，药在水层中从浇点向四周扩散。实现泼浇的条件除了水外，除草剂的扩散性能要高，例如农得时、草克星。

（4）滴灌：将除草剂混入灌溉水中，随水滴入土壤中。同泼浇一样，均匀性差。但省工、省力、方便。

（四）常用除草剂介绍：

1. 用于草坪种植前的除草剂　草甘膦：一年生杂草用 10% 草甘膦水剂 0.45～0.75kg/

hm², 多年生杂草 1.2~1.5kg/hm²。施药时加入 0.1% 表面活性剂或 0.2% 中性洗衣粉能明显提高药效。草甘膦与土壤中的金属离子，如铁和铝结合而失活，所以施药一周后，将残草清理干净方可播种。施用后作业的关键是别把深层的杂草种子翻到土表上。

2. 用于禾本科草坪播后苗前的除草剂

(1) 环草隆：萌前选择性土壤处理剂，通过根系吸收进入植物体内。可用于早熟禾、多年生黑麦草和高羊茅上防除马唐、狗尾草和稗草等，对一年生早熟禾、牛筋草与多数阔叶草效果不好。播种后随即施用。用量 4.5~6.75kg/hm²。施药后应及时喷灌。翦股颖的忍耐力不足，不宜在高尔夫果岭上使用。

(2) 坪绿1号：于草坪草播后苗前使用，可防除马唐、稗草、狗尾草、藜、苋及莎草等一年生杂草，防除效果好，对草坪草安全。使用量：0.25kg/hm²。施药时间：至少在草坪草萌发 3d 前使用，否则会抑制草坪草生长。此药剂效果优于环草隆，已广泛用于高尔夫球场及各类园艺草坪上。

3. 用于禾本科草坪成坪上杂草苗前的除草剂

(1) 除草通：除草通的半衰期为 82d，药效长。可用于成坪的禾本科草坪上防除马唐、狗尾草、牛筋草、一年生早熟禾、繁缕、蓼、马齿苋、宝盖草等。其对草坪草根数、根长有明显的影响，不能用于新种新铺草坪上。对翦股颖不安全。不能通过任何灌溉系统施药。用量：33% 除草通乳油 0.74~0.99kg/hm²。

(2) 氟硫草定：可用于所有的成熟草坪上，防除多种阔叶草和一年生禾本科杂草，用药量：0.28~0.56kg/hm²。于杂草出苗前用药。

(3) 精异丙甲草胺：用于成坪的暖季型草坪上，防除多种一年生禾本科杂草、莎草和香附子等，用药量：0.86~1.0kg/hm²。于杂草出苗前使用。

4. 用于禾本科草坪的苗后茎叶处理除草剂

(1) 百草敌：用量 0.15~0.225kg/hm²，用药时期与 2,4-D 相同。在杂草萌发和活跃生长期防除多年生杂草。

(2) 苯达松：成熟的高羊茅、早熟禾、多年生黑麦草和翦股颖对该药都具有忍耐性，可防除苍耳、曼陀萝、荠菜、芥菜、苋、马齿苋、繁缕、蓼、加拿大飞蓬、异型莎草、三棱草等阔叶草和莎草。用量 0.96~1.125kg/hm²。不能用在新播或新定植的草坪上，以及水源地，也不用在高尔夫球场。

5. 禾本科杂草除草剂

(1) α-双氟羧涕丙酸：可在成坪的草地早熟禾、羊茅类、黑麦草、结缕草、翦股颖等草坪中高效防除 5 叶以下的马唐、牛筋草、狗尾草、稗草、千金子、野燕麦、画眉草等多数禾本科杂草，用量 680mg/L 左右。

(2) 秀百宫：磺酰脲类除草剂，具有很高的茎、叶处理活性，用于成坪的暖季型草坪，能有效地防除一年生或多年生阔叶杂草及莎草，对一年生禾本科草也有一定的防效。用量：25~100g/hm²。

(3) 禾草灵：可防除稗草、狗尾草、马唐、牛筋草、䅟子、千金子等，对成坪的多年生黑麦草和高羊茅的伤害较轻。早熟禾和匍匐翦股颖上应用不安全。防除一年生杂草在 1 叶期到分蘖前应用，防除多年生杂草则应相隔 28~35d 后重复用药，用量 42~63g/hm²。施药后 24h 不修剪；不与 2,4-D 类除草剂混用，否则药效降低，药害加重。

(4) 坪绿 3 号：坪绿 3 号是用于高羊茅、早熟禾、多年生黑麦草和结缕草草坪上，防除马唐、稗草、狗尾草、苋、藜、荠菜、车前草、繁缕、播娘蒿等一年生禾本科草与阔叶草，对草坪安全。夏、秋在杂草有 3~4 叶时应用，用量：158~175g/hm²，茎、叶喷雾处理。

6. 阔叶草的防除剂

(1) 2, 4 - D：2, 4 - D 铵盐用量 0.6~1.0kg/hm²，在杂草生长旺盛时用药。新播种的草坪不用 2, 4 - D 类除草剂，因它有明显抑制分蘖的作用。注意施药后机械要彻底清洗。

(2) 二甲四氯（MCPA）：用量 0.57~1.2kg/hm²。注意施药后机械要彻底清洗。

(3) 阔叶净：磺酰脲类内吸传导型除草剂，可在早熟禾、高羊茅和多年生黑麦草上防除繁缕、田蓟、藜、反枝苋、猪殃殃、荠菜、猪毛菜、婆婆纳、马齿苋、车前草等一年生和二年生阔叶草。用量：11.25~16.88g/hm²。此药的作用缓慢，施药后 2~3 周才能明显见效。

六、评价考核

(1) 人工除草是否除去大部分的大型杂草，是否连根铲除。

(2) 现场考核杂草调查结果的准确性，除草剂选择的准确性，兑水比例是否正确，浓度是否合理，保护措施是否做好，喷施量是否合适，是否按照实训步骤去喷施除草剂，考核喷施后的除草效果是否理想。

(3) 完成实训报告。

常见的草坪杂草

草坪杂草从防治目的出发，杂草又可分为 3 个基本种类：一年生禾草、多年生禾草和阔叶杂草。依此可采用不同的除莠剂进行防除。

（一）一年生杂草（表 5 - 3 - 1）

表 5 - 3 - 1　常见一年生杂草

杂草名称	学　　名	识别要点
一年生早熟禾	*Poa annua* L.	一年生或二年生禾本科。秆丛生，基部倾斜。叶带状披针形，质软，叶鞘中部以下闭合。叶片先端呈舟形，圆锥花序
马唐	*Digitaria sanguinalis* (L.) Scop.	一年生草本，秆丛生，节着地生根，叶带状披针形，叶基部或鞘口有毛。叶舌膜质，黄棕色，先端钝圆。总状花序 3~10 个，呈指状排列。马唐喜温、喜湿、喜光，春末和夏末萌发
蟋蟀草	*Eleusine indica* (L.) Gaertn.	夏季一年生禾草。须根深而长。秆扁形，丛生，基部倾斜，叶带状，叶鞘扁，鞘口具柔毛。穗状花序 2~7 枚，呈指状着生；小穗覆瓦状双行紧密排列于穗轴一侧；小穗具小花 3~6 朵。外观上具银色中心和拉链状的穗，在紧实和排水不良的土壤上能良好生长

(续)

杂草名称	学名	识别要点
蒺藜草	Cenchrus calyculata Cavan.	秆丛生，压扁，基部横卧，节着地生根。叶片质软。总状花序顶生，小穗围以刺苞，花序刺球状。是分布于稀疏草坪中的夏季一年生禾草，尤其在贫瘠、质地粗糙的土壤上广泛分布
看麦娘	Alopecurus aequalis Sobol.	一年生或二年生草本。秆丛生，具3～5节，秆基部膝屈。叶带状，叶舌常2～3裂，全株无毛。圆锥花序柱状。小穗含一朵小花，雄蕊2枚，花药橙黄色
雀麦	Bromus japonicus Thunb.	一年生或二年生草本。秆丛生，叶带状，正、反两面均披白色柔毛；叶鞘闭合。外披白色柔毛；圆锥花序，小穗两颖等长，内含7～14朵小花，外稃具一长芒
光头稗	Echinochloa colonum (L.) Link	一年生禾本科。秆细弱，叶鞘压扁。叶线形。圆锥花序狭窄，分枝为总状花序，长不超过2cm，排列于主轴一侧，在一个平面上，小穗规则的成四行排列于分枝轴一侧，小穗无芒
无芒稗	Echinochloa crus-galli var. mitis (Pursh.) Peterm.	一年生禾本科。秆丛生，基部带紫色，叶条形。圆锥花序尖塔形，分枝互生、对生或轮生，小穗无芒。幼苗全株光滑无毛
碎米知风草	Eragrostis tenella (L.) Beauv.	一年生禾本科。秆丛生，具3～4节。叶扁平。圆锥花序长圆形，长占株高的1/2或超过1/2。小穗卵圆形，熟后紫色
千金子	Leptochloa chinensis (L.) Nees	一年生禾本科。秆丛生，基部膝屈，具3～6节，节着地生根。叶带状披针形，叶舌多裂具小纤毛。圆锥花序，分枝细长，小穗双行覆瓦状排列穗轴一侧，两颖不等长，内含3～7朵小花
狗尾草	Setaria viridis (L.) Beauv.	一年生禾本科。秆丛生。叶线状披针形。叶耳处具紫红色斑。圆锥花序紧密成圆柱状，长2～10cm。小穗刚毛绿色或紫色

（二）多年生杂草（表5-3-2）

表5-3-2 常见多年生杂草

杂草名称	学名	识别要点
香附子	Cyperus rotundus L.	莎草科多年生草本。茎三角形，黄绿色，横生根茎细长，顶端膨大成块茎，棕褐色。叶基生，叶鞘棕色。叶状苞片2～3个。花序有辐枝3～10个，穗状花序，有小穗3～10个，小穗长1～3cm。鳞片两侧紫红色
孔颖草	Bothriochloa pertusa (L.) A. Camus	多年生草本。秆高100cm。叶线形。总状花序在秆顶呈指状排列。第一颖背部中央有一细圆孔穴
白茅	Imperata cylindrica var. major (Nees) C. E. Hubb	多年生禾本科，具发达的匍匐根茎，秆直立，2～3节，节披长柔毛。叶带状或带状披针形，叶背主脉突出。圆锥花序圆柱状，小穗一具长柄，一具短柄，孪生于各节，小穗基部密生丝状毛
铺地黍	Panicum repens L.	多年生禾本，根茎粗壮。叶坚挺、质硬。圆锥花序开展。小穗长圆形。是南方高尔夫草坪的顽固杂草。其根茎在土中可延伸2m以上，从土中挖出的根茎，风干7d后，放在水中或埋入土壤，仍可复活
双穗雀稗	Paspalum distichum L.	多年生禾本科。具横生根茎；秆匍匐地面，节上生根。叶鞘压扁，背部有脊。叶线形，平展。叶片与叶鞘间有一顶端齿裂的三角形叶舌，无叶耳，但两侧有绒毛。总状花序常2个生于总轴顶端。小穗成两行

(续)

杂草名称	学　名	识别要点
棒头草	Polypogon fugax Nees et Steud.（P. higegaweri Steud.）	二年生禾本科草本。秆丛生，具4～5节，基部膝屈。叶带状。圆锥花序穗状，长圆形，分枝较疏松，有间断。幼苗：第一片真叶带状，有3条平行叶脉，叶舌2个裂齿状
鹅观草	Roegneria kamoji Ohwi（Agropyron kamoji ohwi）	多年生禾本科草本。秆丛生，叶扁平。穗状花序长7～20cm，下垂。外稃芒长20～40mm，茎直或上部稍弯曲
硬草	Sclerochloa kengiana (Ohwi) Tzvel.	二年生禾本科草本。秆丛生，节较肿胀，基部卧地。叶扁平或对折，叶缘波状。圆锥花序，分枝孪生，一长一短
灯心草	Juncus effusus L.	灯心草科。多年生草本。根茎短，横生。茎丛生，内腔充满白色髓心。叶退化为茎刺状。聚伞状花序，侧生，苞片5～10cm

（三）阔叶杂草（表5-3-3）

表5-3-3　常见阔叶杂草

杂草名称	学　名	识别要点
两栖蓼	Polygonum amphibium L.	蓼科。多年生草本。水生型叶片椭圆形，叶柄自托叶鞘中部以上伸出，陆生型叶片宽披针形。穗状花序圆柱形；花淡红色或白色
藜（灰菜）	Chenopodium album L.	藜科。一年生草本。茎生有棱和纵条纹。叶互生，菱状卵形或菱状三角形，两面均有粉粒。花簇生，组成圆锥花序。花小，黄绿色。叶卵形先端钝圆，叶缘波齿状，叶基近戟形。叶两面布满白色粉粒。幼苗呈灰绿色
小藜	Chenopodium serotinum L.	藜科。一年生草本。叶互生，叶柄细长，叶片长卵形，叶缘具波状齿，下部有2个裂片，两面疏生粉粒。花序穗状或圆锥状腋生或顶生。花淡绿色。幼苗：子叶长椭圆形或带状。基部紫红色。上、下胚轴均为玫瑰红色。初生叶2枚对生，单叶，椭圆形，叶背略呈紫红色。后生叶披针形，互生，基部有2个小裂齿。叶背密布白粉粒
空心莲子草（水花生）	Alternanthera philoxeroides (Mart.) Griseb.	苋科。多年生草本。具肉质贮藏根，具形成不定芽能力。茎全卧或上部斜升，常呈粉红色，中空，节着地生根。叶对生，长圆形。头状花序具长梗，花被5，白色，纸质
反枝苋	Amaranthus retroflexus L.	苋科。一年生草本。全株被柔毛，茎直立。茎有时具淡红色条纹。叶互生，菱状卵圆形或椭圆状卵形，先端微凹，具小尖芒。叶两面具柔毛。多数穗状花序组成圆锥花序，较粗壮
马齿苋	Portulaca oleracea L.	马齿苋科。一年生肉质草本。茎匍匐，暗红色。叶互生或近对生，倒卵形，或匙形，背面淡绿色或淡红色，先端钝圆或微凹。花3～5朵生于枝端，花瓣5，黄。蒴果盖裂，种子多数细小。幼苗：子叶卵圆形或椭圆形，肥厚，红色。上下胚轴均呈红色。初生叶2枚，倒卵形，叶缘有波状红色狭边
卷耳	Cerastium arvense L.	石竹科。多年生草本。茎基部匍匐，有毛。叶对生，浅状披针形。疏生长柔毛。二歧聚散花序顶生。有花3～7朵，花梗密生白色腺毛，花白色。花瓣长为萼片的2倍或更长

(续)

杂草名称	学　名	识别要点
繁缕	Stellaria media (L.) Cyr.	石竹科。二年生草本。茎枝细弱，下部平卧，生有一纵列柔毛。叶对生，卵生，基部圆形。二歧聚散花序顶生。花白色，雄蕊3～5枚。幼苗：子叶卵形。初生叶2枚，卵圆形，叶柄疏生长柔毛
荠菜	Capsella bursa-pastoris (L.) Medic.	十字花科。一年或二年生草本。全株被单毛或分叉毛。茎直立。基生叶大头状羽裂，裂片有锯齿；茎生叶披针形，叶缘具缺刻或锯齿。总状花序生于枝端。花白色，短角果倒心形或倒三角形。全株密生星状毛或单毛混生
匍匐委陵菜	Potentilla reptans L. sericophylla Franch	蔷薇科。多年生草本。具纺锤状块根。茎匍匐。叶互生，掌状复叶，小叶3枚，侧生小叶常分裂为2；小叶倒卵形或菱状倒卵形。叶缘具钝圆齿，叶背伏生绢状疏柔毛。花单生叶腋，花冠黄色
打碗花	Calystegia hederacea Wall.	旋花科。蔓性多年生草本。根茎横生，白色。茎具细棱，缠绕或伏地。叶互生；下部叶片长圆状心形；中上部叶片三角状戟形；中裂片卵状三角形；侧裂片戟形，再二裂
宝盖草	Lamium amplexicaule L.	唇形科。二年生草本。茎常带紫色。叶对生，圆形或肾形，基部半抱茎，无柄。轮伞花序生于茎枝上部叶腋，每轮有花6～10朵。花冠紫红色，唇形
车前草	Plantago asiatica L.	车前科。多年生草本。根茎短而壮。叶基生，广卵形或卵形，叶柄与叶片几等长。穗状花序着生在花茎上部。每个蒴果内有种子6～8粒。幼苗：子叶匙状椭圆形。上胚轴缺。初生叶卵形，1条脉。后生叶具3条弧形脉
刺儿菜（小蓟）	Cephalanoplos segetum (Bunge.) Kitam.	菊科，多年生草本，具匍匐根茎。茎有棱，幼茎被白色蛛丝状毛。叶互生，椭圆状披针形，缘具刺状齿，两面被白色蛛丝状毛。头状花序，单性花，雌雄异株，总苞片多层，外层有刺，全为紫红色管状花
旋花	Inula japonica Thunb.	菊科。多年生草本。茎单生不分枝。叶互生，茎中部叶长圆形。头状花序多个，直径2～3cm。缘花舌状，黄色
蒲公英	Taraxacum mongolicum Hand.～Mazz.	菊科。多年生草本。主根粗长，可形成不定芽。全株具乳汁。茎极短缩。叶基生，倒披针形或椭圆状披针形。羽状裂片3～5对，两面疏生蛛丝状毛。头状花序，花全为舌状，黄色，背有紫红色条纹

一、重点名词解释

草坪杂草、一年生杂草、多年生杂草、阔叶杂草、杂草化学防除、萌前除莠剂、萌后除莠剂、广谱灭生性除草剂、选择性除草剂。

二、知识结构图

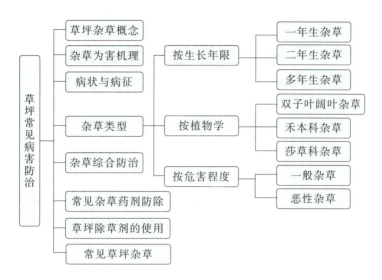

 **课后思考**

1. 什么是草坪杂草？它有哪些不同的种类？
2. 杂草防除的方法有哪些？各有何利弊？
3. 常见的草坪杂草有哪些？
4. 本地区危害较大的杂草有哪些？如何对其进行防除？
5. 草坪除草剂的使用要注意哪些方面？

项目六

不同类型草坪综合应用

学习目标

了解不同类型草坪的建植方法与养护管理技术,并通过实际案例分析,借鉴不同类型草坪的养护管理措施,将其运用到各种不同类型的草坪建植与养护实践之中。

项目任务

编号	名称	内容提要
任务1	居住区绿化草坪的建植与养护	学习掌握居住区绿化草坪的草种选择、建植及养护管理技术
任务2	企事业单位草坪的建植与养护	学习掌握企事业单位草坪的草种选择、建植及养护管理技术
任务3	城市公共绿地草坪的建植与养护	学习掌握城市公共绿地草坪的草种选择、建植及养护管理技术
任务4	足球场草坪的建植与养护	学习掌握足球场草坪的草种选择、建植及养护管理技术
任务5	高尔夫球场草坪的建植与养护	学习掌握高尔夫球场草坪的草种选择、建植及养护管理技术
任务6	防护草坪的建植与养护	学习掌握防护草坪的草种选择、建植及养护管理技术
任务7	屋顶绿化草坪的建植与养护	学习掌握屋顶绿化草坪的草种选择、建植及养护管理技术

任务 1 居住区绿化草坪的建植与养护

知识目标

了解居住区绿化草坪的组成及不同类型,熟悉居住区绿化草坪的建植方法、养护管理技术,通过案例讲解及实训操作熟练掌握居住区草坪建植与养护技能。

掌握居住区草坪草种选择方法。熟练掌握直播、铺草皮等几种主要的草坪建植方法。掌握居住区绿化草坪养护管理技术。

1. 问题提出
(1) 居住区一般有哪些绿地组成?
(2) 草坪在居住区绿地景观中的作用是什么?

2. 实训条件 参观某居住区草坪绿化情况,对居住区草坪绿化有初步了解。在此基础上完成一个新小区的草坪建植规划。以学校草坪实训基地为实训场所,并以小组为单位,在教师的指导下进行实训操作。

居住区草坪要根据居住区的规划布局形式,合理组织、统一规划。绿地要求均衡分布在居住区内部,使绿地指标、功能得到充分利用,采取集中与分散、重点与一般,点、线、面相结合,以居住区公园(居住小区中心游园)为中心,以道路绿化为网格,以住宅间绿化为基础,协同市政、商业服务、文化、环卫等综合治理,使居住区绿化自成系统并与城市绿化系统相协调成为有机的组成部分。

居民区绿地可分为公用绿地与专用绿地。

(一) 公用绿地

居住区中心公园、游园是居住区中公用绿地面积较大的块状绿地。它常布置在居民区中心部位,常与商业服务中心、文化体育设施或儿童游戏场地相结合,有利于全区居民购物、观赏、游乐、休息、聚会等使用。其大小应根据该区的规模、在城市中的位置、周围城市公共绿地的分布而定。一般为 0.5hm^2。小游园要均匀地分布在居民区各组群之中,应多设几处出入口,以利居民中老人、儿童体育锻炼、休息游玩等。

(二) 专用绿地

居民区内各公共建筑和公用设施的环境绿地,如幼儿园、学校、医院等。在满足其使用功能的前提下,应适当加大绿地面积。利用现有地形地貌进行绿化规划,力求达到遮阳、减少噪声、美化环境的效果,为人们创造环境优美、安静、舒适的室外空间。

1. 道路绿化 居住区道路把游园、住宅、庭院连成一体,它是组织联系各小区绿地的纽带。其功能是具有美化环境、遮阳、减少噪声、防尘等特点。其主、次干道通过采用不同的植物种植加以区分,在统一中求变化,使居住区各组成部分各具特色。绿化树种应选择开花或具有叶色变化的乔木、灌木,其形式与周围环境的绿化布局紧密配合,以形成相互关联的整体。靠近宅间的道路绿化,不能影响堂内采光和通风,适合种植低矮的花灌木、花卉和草坪。在人流较多的地方，如公共建筑的前面的街道绿化可与其周围公共绿地相互渗透，并融为一体。

2. 宅旁和庭院绿化 泛指居住区住宅前后和宅内院的绿化。在居住楼前后的绿化应根据住宅的类型、建筑的平面布局、层数高低、迎光或背光以及建筑组合形式、间距的大小等因素进行规划。这部分绿地占居民区用地的比重比较大，因此搞好庭院绿化是搞好小区绿化的关键，也是居民最关心的话题。住宅绿化必须贯彻"实用、经济、美观"的原则，创造一个安静、舒适、美化的生活环境。

一、任务分析及要求

通过参观某居住区绿化情况，对居住区绿化有初步了解，了解该居住区的情况、植物配置情况，熟悉植物特别是草坪草的种类名称及特性。在此基础上完成一个新居住区休闲草坪的规划设计。

通过参观，实际规划，以及相应的方案实施，系统的学习居住区休闲草坪的规划设计、建植养护。

二、实训准备

场地准备：选择有一定自然地形的场地，划分出使用不同建植方法需要的场地面积，然后进行坪地整理。

建植材料准备：所需草种及常用草坪建植工具。

分组：为操作与考核的方便，可以分成8～10人的小组进行具体任务实施。

三、实训操作（以种子直播建植草坪为例）

1. 播种前准备 根据要求计算播种量，按比例混配草种；把计划建坪地分成若干等分的块，按照规定的播种量把种子按地块分开，按块进行播种。

2. 播种 将特定的草坪所需的播种量的一半按照南北方向均匀撒播，另一半种子按照东西方向均匀地进行撒播。

3. 覆土 沿着一个方向，用钉耙轻轻地把种子耙到土中。

4. 镇压 播种后用镇压器轻轻地镇压土壤，以保证土壤紧密接触。

5. 覆盖 用覆盖材料（例如稻草、无纺布、塑料薄膜等）覆盖播种后的坪地。

6. 撤除覆盖物 当幼苗基本出齐时，应及时撤除覆盖物（撤除覆盖物的时间一定要在阴天或晴天的傍晚，切忌在烈日下进行）。撤除覆盖物后，要均匀适度地喷水。

7. 苗期管理 幼苗开始生长和发育时，进行草坪的养护管理，主要内容是灌水、除杂草、修剪、表施追肥和病虫害防治等常规管理。

8. 养护管理 根据规划设计中制订的该居住区草坪养护管理方案，结合现场的实际情况，有效地利用各种设备完成草坪养护各项作业，包括：修剪、灌溉、施肥、病虫害防治、打孔、梳草等。

四、评价考核

根据居住区的实际情况和居住区休闲草坪的设计建造原则,系统地评判各组方案的可行性和优劣,再根据各方案的执行情况及现场处理状况综合评判。

案例借鉴

北京昌平龙泉花园别墅绿地草坪的建植与管理

场地概况:龙泉花园别墅位于北京昌平县榆河中游,地理位置为北纬39°58′,东经106°26′,海拔50m,属温带半湿润过渡带气候。全年10℃以上积温为3 500～4 000℃,年平均气温11℃,1月平均气温−8～−4℃,绝对最低气温−22℃,7月平均气温23～26℃,绝对最高温度40℃,全年无霜期160～180d(4月中旬到10月中旬),平均降水量600mm,降水季节分布很不均匀,夏季降水占全年的74%。总的气候特点是春旱多风、夏热多雨、秋高气爽、冬寒少雪。土壤属沙姜潮土,冲积母质,pH7.6,全盐含量0.31%,土壤有机质含量1.32%。

草种的选择:根据以上气候及土壤条件,应选择抗寒、抗旱、抗高温、绿期长的草种,并采用混播技术建植适于本地区生长的绿地草坪。从当地以前建植的单播草坪来看,多数因不能安全越冬或越夏而退化或濒临淘汰。鉴于此,在草种的选择上采用耐热、耐寒、抗旱、耐践踏、绿期长和管理粗放的高羊茅,并以猎狗、爱瑞德等品种作为核心草种,但其缺点是叶片宽、较粗糙,影响草坪的观赏性;因别墅区建筑呈点状分布,有部分绿地草坪相应的镶嵌在建筑物中,所以在伴生种的选择上选择耐旱、耐寒、耐低度遮阳且草质柔软、低矮密集、外形美观、绿期长、覆盖度和竞争力强的草地早熟禾草种,品种如菲尔金、纳索等,以弥补高羊茅性状的某些不足。保护种选用再生性好、生长速度快的多年生黑麦草,品种如瑞培、德比等。各草种的特性及配比见表6-1-1。

表6-1-1 草种特性及混播方案

种 名	品种名	特 征	适 应 性	抗病性	配 比(%)
高羊茅	猎狗	深绿色、质地粗糙、有短的根茎、丛生型、再生性差、成坪速度快	较耐高温、强耐寒、抗旱性好、极耐践踏、耐阴、耐盐碱、耐贫瘠	抗锈病、蠕虫菌病及虫害	35
	爱瑞德	中暗绿、中细质地、稠密度中上、矮生长习性、绿期长	耐热、耐寒、抗旱性良好、耐中度修剪、生长较快、耐磨性好	抗网斑病、根颈锈病、褐斑病	35

(续)

种 名	品种名	特 征	适 应 性	抗病性	配 比（%）
草地早熟禾	菲尔金	暗绿色、中细质地、植株密度高、生长矮、垂直生长较慢、易形成腐殖质层	抗低温、抗干旱、低温保绿性好、建坪快、耐践踏和低修剪	抗螨虫病、秆黑粉病	10
	纳索	中暗绿、中等粗质地、矮生长习性、秋季保绿和春季返青良好、绿期长	强抗旱性、抗低温、绿期长、植株垂直生长慢、生长较快	抗钱斑病、红丝病、镰刀菌斑	10
多年生黑麦草	德比	亮暗绿色、中等细嫩质地、稠密度中上、矮生生长、生长速度快、耐阴性较好、春季返青快	有较好的耐热、耐寒和耐践踏性、耐低修剪	较抗褐斑病、褐斑病、草地螟、象鼻虫等	10

1. 草坪建植的技术要点、措施

（1）坪地准备。播前在平整土地的基础随耕翻施入 $2.2kg/m^2$ 腐熟有机肥。采用多齿铁耙、铁锟等工具人工创造平整的良好坪地，并人为形成 0.2% 的坡度，即按场地的边线中轴向两边递降，以利排除地表积水。

（2）排灌系统。为了保持草坪草植株体内 80%～95% 的水分，减少因蒸腾作用和土壤水分下渗所致干旱，安装了排灌系统。排水是在绿地草坪的边缘设置地下排水管，使多余降水和地面流水沿缓坡流向地下排水管。为保证快速成坪和非雨季草坪草的正常生长，并考虑资金问题，灌水设置移动式喷灌装置，由培训过的专门人员灌水。

（3）播种技术。依据种子大小、发芽率、混合比率和要求密度等，不同草种采取不同的播种量，混播总量为 $30.0g/m^2$（表 6-1-2）。1995 年 4 月 10 日、15 日、20 日分 3 次用手摇播种机播种，播种深 1～1.5cm。播前首先把坪地分为面积 $300m^2$ 的若干个面积相等的小区，然后把种子按划分的块数以及混播配比平均分开，最后将不同的草种分别均匀地播入相应的地块内，并轻轻耙平，使种子与表土混合均匀，以隐约可见种子为宜。播种应在无风的天气情况下进行。为固定种子和保温，并防止坪地板结和雨水冲刷，应用干净的麦秆草覆盖，用量为 $500g/m^2$，要求覆盖均匀一致，以不妨碍种子发芽和幼苗生长为宜。在坡度较大的地方应采用草垫覆盖，所用草垫厚度为 5cm，孔隙度为 15%～25%。

表 6-1-2 草坪草各品种近期发芽率及相应混播量

草 种	发芽率（%）	播 量（g/m^2）
猎狗	90	10.5
爱瑞德	89	10.5
菲尔金	93	3.0
纳索	87	3.0
德比	97	3.0

(4) 苗期管理。从播种到齐苗的这段时间称为苗期，不同品种的苗期长短各不相同。苗期管理对草坪的成功起着决定的作用。首先是浇水应采用雾状喷头浇水，以少量多次为原则，以保持土表长久湿润为度；其次是待苗出到50%时逐渐取走覆盖物，直至齐苗后取完为止；第三是第一次修剪应在5月20日进行，留茬高度为6.0cm，用TORO手推式剪草机刈剪；5月12日补施复合肥料，施量为8.0g/m^2，氮、磷、钾配比为10∶6∶4。

2. 成、幼坪的管理措施

(1) 灌水。灌水应少量多次，每天8:00喷灌第一次水，保证湿透地表下15cm，并在成坪状况较好的平坦地采用小流量皮管漫灌。下雨天或阴天可视具体情况而定。一般浇透后每周灌2次即可，以保持土壤湿润而不板结、草坪草不发生枯萎为度，水质以中性为好。本次建坪可使用城市自来水。

(2) 修剪。每次剪草量以不超过叶片生长量的1/3为限。剪草机刀片要保证锋利状态，以免损坏草坪草，使之易感染病虫害。为防止病虫害滋生，剪下的叶片应及时移出草地。

(3) 施肥。根据草坪草生长状况和定期对土壤测试的结果进行平衡施肥。因该次建植过程中苗期已补施复合肥料（磷酸二氢钾），所以成坪后的这段时间内未进行施肥。

(4) 除杂草。因坪地土为新填土壤，所以杂草相对较少。又因成坪初期禾草之间难以识别，所以只对某些有明显区别的杂草（如猫尾草、蒲公英、车前草等）施行人工拔除。阔叶形双子叶杂草用2，4-D实施叶面喷洒（用量0.45kg/hm^2），从观察结果看基本上控制了双子叶杂草的生长。

(5) 病虫害防治。幼坪期还未发现病虫害。

(6) 其他管理措施。因绿地草坪处于初建时期，受周围建筑工程的影响，人为造成的践踏很严重，并且因坪地工程质量问题，个别区域的坪地灌水后出现沉陷。为此，对下陷坪地区域补填土方并实行补播；对踩实很严重的区域用耙子重新耧耙，并覆少量沙土（2cm）。

居住区绿地草坪要求草坪质量高，其管理水平应高于普通草坪，除正常的施肥、灌水、除杂草、修剪、病虫害防治外，还应采用哪些专门细致的管理方式？

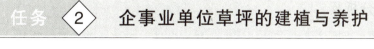

任务 2　企事业单位草坪的建植与养护

了解企事业单位绿化草坪的特点，熟悉企事业单位绿化草坪的建植方法、养护管理技术，学会将草坪建植养护的基础知识运用到企事业单位绿化的实践之中。

 **技能要求**

掌握企事业单位草坪草种选择方法。熟练掌握直播、铺草皮等几种主要的草坪建植方法。掌握企事业单位绿化草坪养护管理技术。

 **情景设计**

1. 问题提出

（1）企事业单位一般有哪些绿地组成？
（2）草坪在企事业单位绿地景观中的作用是什么？
（3）企事业单位草坪一般应具有哪些功能？

2. 实训条件　通过参观当地政府部门、医院、学校等企事业单位的草坪绿化情况，了解该区域草坪建植与养护概况。并结合所学知识完成一个新区域的草坪建植规划。以学校草坪实训基地为实训场所，并以小组为单位，在教师的指导下进行实训操作。

 **知识储备**

近年来，各工矿企业环境绿化与美化工作受到普遍的重视，许多工厂、矿区由于扩大了绿化覆盖面积，有目的、有规划地进行了环境的改造，从而使工厂、矿区的环境面目一新，使人的精神面貌和企业的生产也发生了显著的变化。工厂、矿区的绿化不仅有利于生态平衡，而且对城市环境与景观构成、职工的劳动生产情绪，以及对生产的精度与产品质量，甚至对企业的经营效益都将产生影响。企业的绿地规划设计应根据其自然条件、不同性质的生产内容、生产工艺、污染源等，进行综合考虑。绿化在工厂中要充分发挥其作用，必须有一定的绿化覆盖面积来保证。事业单位设计成规则式，中心绿地以主楼为核心，以大面积的草坪为主，按一定图案种植一些错落有致的花卉或灌木，也可适当设置喷水池、花坛等，构成美观、大方的中心绿地。其他草坪地可形成开放式绿地或活动场地，可设置亭、廊等建筑小品点缀。苗木选择应在考虑四季景观变化的同时以枝繁叶茂的优良品种为佳。

 **任务实施**

一、任务分析及要求

利用实训进一步熟悉掌握厂矿区草坪的规划设计、建植及养护管理技能，了解厂矿区草坪草种选择所需考虑的因素。

二、实训准备

场地准备：选定某处草坪一块。
工具材料：所需草种及常用草坪建植工具。

项目六　不同类型草坪综合应用

分组：6人一组，分别执行不同的任务。

三、实训操作

利用草皮铺植法建植厂矿区草坪。根据规划设计的方案，系统地完成草坪建植的各个过程。包括：场地清理→土质改良→坪地整理→施用底肥→坪地灌溉→草皮移植→幼坪养护管理→成坪。

（一）坪地准备

1. 清理场地　利用铁锹等工具清除场地中的砖、石块及其他垃圾（运出场地或深埋60cm以下）；按50t/hm^{2}的量将有机肥均匀撒施场地表面。

2. 旋耕　用旋耕机旋耕，要求土层深度达20cm以上；旋后撒施化肥，用量750kg/hm^2。再用免耕机旋耕场地一遍，使土块细碎，土块直径小于2cm。

3. 平整　用五齿耙耙耧场地，做到四周低中间高，坡度0.5%，场地无低洼处。

（二）满铺法建坪

1. 精整场地　用五齿耙从场地四周往中心耙耧一遍，达到中间高四周低，无低洼处。

2. 铺植草皮　将草皮按2cm的间距平整铺植于场地。

3. 镇压　用铁辊镇压一遍，或在第一次浇的水干后镇压。

4. 浇水　第一次要透水，以后每天浇水1~2次，保持土壤呈湿润状6~7d。

（三）养护管理

根据规划设计中制订的该厂矿区草坪养护管理方案，结合现场的实际情况，有效地利用各种设备完成草坪养护各项作业，包括：修剪、灌溉、施肥、病虫害防治、打孔、梳草等。

四、评价考核

根据厂矿区调查的实际情况和厂矿区草坪的设计建造原则，系统地评判各组方案的可行性和优劣，再根据各方案的执行情况及现场处理状况综合评判。

案例借鉴

昆明钢铁控股有限公司草坪建植与养护技术

昆明钢铁控股有限公司大规模、正规的绿化经过了10年的历程，现有绿化面积324万m^2，绿化覆盖率达34%，超出云南省标准。其中各种草坪72万m^2，占绿地总面积的22%，主要为冷季型草坪70.6万m^2，暖季型草坪6 300m^2，马蹄金草坪6 000m^2，其他草坪2 000m^2。现在昆明钢铁控股有限公司到处绿树成荫，绿草如茵，一幅生机盎然的景象。草坪的建植以及后期的养护管理在昆明钢铁控股有限公司的绿化中起了很重要的作用。

自然条件及地被植物选择：昆明钢铁控股有限公司位于安宁市南约2.3km，面积近10万m^2，海拔1 825~1 915m，气候为高原低纬度亚热带气候，年平均气温为14.7℃，土壤为酸性红壤（pH5.5~6.5）。10年前的昆明钢铁控股有限公司粉尘、有毒有害气体污染严重，绿化只局限于义务植树，绿化面积极低，覆盖率更低，为有效地治理污染，扩大绿化面积，改善生活、工作环境，根据气候特点及土壤条件选择了吸滞粉尘能力强，能迅速覆盖的草坪作为主要地被植物。

一、草坪建植

(一) 草种选择

通过对昆明钢铁控股有限公司气候特点及土壤条件分析，选用冷季型草作为主选草坪。冷季型草中草地早熟禾质感好、寿命长，有较强大的根系网络层，但缺点是成坪慢（半年时间），易形成草垫层；多年生黑麦草建植迅速，有好的质感和密度，无枯草层，缺点是不耐阴，丛生型、寿命短；高羊茅抗践踏性极好，只产生少量枯草层，缺点是叶片太宽、质地较粗、观赏性极差。因此这三系列单播都不能生长良好，不能满足要求。因此选择草地早熟禾、多年生黑麦草、高羊茅三系列草种混播的做法，以更好适应环境的变化，更快形成草坪，并延长草坪寿命。以草地早熟禾为最优品种，占50%～60%，多年生黑麦草为保护品种占15%～20%，主要起迅速成坪形成荫蔽小环境，保护草地早熟禾顺利发芽的作用，草地早熟禾成坪后，其强大的根系将逐渐取缔多年生黑麦草。混入高羊茅系列25%～30%，主要为了增加草坪弹性、抗病性及耐践踏性，每次混播品种都选择6种以上。已选用草地早熟禾系列的优异、巴润、午夜、阿姆森、菲尔金、纳苏、轿车、美国、挑战者、亨特、自由神等；高羊茅系列的维加斯、园里、爱瑞等及多年生黑麦草系列的弹地、得比、超级得比等近30个草坪品种混播。

(二) 冷地型草坪建植

1993年昆明钢铁控股有限公司首次对新建三炼钢厂进行有规划、有步骤的绿化，地被采用混合草坪全部覆盖，使可绿化率均达到100%，随即四轧厂、焦化五十孔焦炉、龙山活性石灰车间、氧气厂、铁前三厂以及新村小区、小南新区等各生活小区均纷纷投入绿化改造，均采用混合草坪覆盖的方法。通过客土、清除建筑垃圾、换微酸性红壤、粗整平、混入农家肥、细整平、碾压、灌水等环节后，按15～20g/m² 的量播入混合草籽，覆盖2cm细土，用草席覆盖保温加快萌芽，最后浇透水。播种时间不分季节，夏季播种一般7d多年生黑麦草可萌发、揭草席，冬季一般15～25d才发芽。草坪建植后半年内是成坪的关键时期，成坪后的管理养护关系到草坪的质感及寿命的长短。"三分栽培，七分管护"，昆明钢铁控股有限公司大面积草坪种植后的管理养护经过了10多年的探索，走出了一条草坪养护之路。

二、冷季型混播草坪的养护

1. 清除杂草及绿地浇水 草坪成坪的半年内清除杂草及保持绿地湿润是关键。除杂草采用人工挑出及修剪的方法外，一般草籽播种后一个月必须人工彻底拔除一次，半年内共人工拔除杂草4～5次。当草坪草长至5～7cm时进行修剪，此时杂草的花序被剪除不能结籽，多数杂草均为一年生，种子得不到传播，自然死亡。加之多年生黑麦草作为保护种防止了大量杂草的入侵，草坪成坪后杂草基本得到控制。绿地灌溉保证了草籽不风干而顺利萌发，保持了草坪草不枯萎，并保持了绿色，因而播种后一个月必须保证每天浇一次透水，喷洒一次叶面，以后保证每2d浇一次透水。

2. 修剪及梳草 成坪后草坪草的修剪及梳草管理又变得很重要。夏季为草坪生长旺季，必须保证每个月修剪2次以上，并合理留茬。留茬高度应控制在3cm左右，这样有利于通风，冬季则修剪次数控制在每月1次，留茬高度控制在5cm左右，有利于草坪保温。由于早熟禾本身易产生大量的枯草层，加之修剪后部分余草堆积，形成草垫层，此层不仅是病虫害滋生的温床，还会提高草的分枝点，从而缩短了草坪寿命，因此及时清除枯草层有利于防止病虫害发生。每年5～10月，每月梳1～2次枯草。冬季则减少梳草次数，每月梳1次，留茬2cm左右有利于保护草植株体免受寒冷袭击。

3. 水肥管理　在草坪整个生命周期中，水肥管理都是必不可少的。保持草坪植绒层及根系网络层湿润是草坪植株生命活力的保证。夏季一般每2d浇一次透水。冬季植株生长缓慢，适当控水，有利于草坪保存能量安全越冬，一般每3d浇一次透水。夏季早、晚浇；冬季则避开有雾和霜时，10:00～16:00浇水，避免草坪受冻。在草坪生长过程中，补充大量N、P、K肥是草坪生长健壮必不可少的，也是10年来昆明钢铁控股有限公司草坪未出现明显老化的原因之一。为防止土壤板结，降低管理养护成本，采用人粪尿、农家肥充分腐熟后，适当兑入少量复合肥稀释后喷施，一般每月施一次，即使在冬季草坪也能保持很好的绿色。

三、马蹄金草坪的管理养护

昆明钢铁控股有限公司目前有6 000m²的马蹄金草。由于建植时采用播种法，生长密度太大，也给后期管理养护带来了极大的困难，其主要缺点是杂草太多，且多为与马蹄金同科同属的杂草。由于马蹄金草坪不进行修剪，杂草种子传播极为迅速，清除极困难，只能通过人工不断地挑出，否则马蹄金将被酸浆草等杂草取缔。由于马蹄金匍匐茎生长旺盛、蔓延极快，而草密度过高，致使部分草坪被茎挤压死亡形成枯斑。生长旺季，我们采用切剪掉部分草坪，留下生长空间的办法，才使枯斑现象得到控制。一般夏季切2～3次即可，冬季则不切剪。虫害严重也是马蹄金草的一大特点，4月份以后，地下蛴螬开始出现，高峰期甚至可达100条/m²以上，应加大农药用量（一般浓度为600倍以下），每周施2次才可基本控制。

1. 企事业单位绿地草种选择应考虑哪些因素？
2. 企事业单位草坪建植与养护过程中重点要控制好的环节有哪些？并结合所学知识对家乡所在地企事业单位进行草坪建植规划设计。

任务 3　城市公共绿地草坪的建植与养护

知识目标

了解城市公共绿地的组成及不同类型，分析掌握不同城市公共绿地草坪的建植方法、养护管理技术，结合实际案例将草坪建植养护的基础知识运用到城市公共绿地的实践之中。

 **技能要求**

掌握城市公共绿地草坪草种选择方法。熟练掌握种子直播、草皮移植等几种主要的草坪建植方法。掌握城市公共绿地草坪养护管理技术。

 **情景设计**

1. 问题提出

(1) 草坪在城市公共绿地景观中的作用是什么？
(2) 不同城市公共绿草坪建坪前应如何进行坪地准备？
(3) 怎样混合使用草种？

2. 实训条件　参观当地城市公共绿地草坪情况，实地调查建坪区域的环境状况、建坪的目的以及建坪草种及品种、草坪面积、草坪的生长状态、景观效果等，了解该区域草坪建植与养护现状。并结合所学知识完成一个新区域的草坪建植规划。以学校草坪实训基地为实训场所，并以小组为单位，在教师的指导下进行实训操作。

 **知识储备**

公共绿地草坪的特点和类型

城市公共绿地的绿化装饰设计要满足公共绿地的功能设计要求，利用植物的姿态、色相变化，力求大色块，形成简洁、明快、大方的公共绿地气氛。公共绿地草坪建设在总体设计上要力求选用优良草坪，以建植成绿期长、平坦、致密、观赏价值高的综合性草坪。公共绿地草坪按其组成可以分为单一草坪和复合草坪。

单一草坪是为了方便群众性聚会和大型游乐活动而建植的公共绿地草坪。大面积的单一优良品种的草坪，可以给人们以一个开阔和壮观的感觉。草种常选用绿期长、平坦、致密、耐践踏、有观赏性的禾草，或与莎草混播，亦可少量点缀花灌木。

复合草坪是在面积小或形状不规则的公共绿地而建植的草坪。可以以草坪为背景，花、草、树木等合理配置，由花丛、绿篱、草坪、零星树木组成各种图案，并与周围建筑物等各种景观有机地联系，互为背景，相映成趣。在各种公共绿地绿化的设计上，都要按照公共绿地的功能，因地、因景而异。

1. 纪念性公共绿地草坪　纪念性公共绿地应布置一定的纪念设施。可供群众集合、节日联欢。绿化时，要合理地组织交通，满足最大人流集散的要求；公共绿地后侧或纪念物周围的绿化风格要完整，用大片的草坪或规整的花坛，点缀有代表性的常绿树种，以其优美的树形来衬托雄伟的纪念物，给人以宏伟壮观、气势非凡的形象；公共绿地的局部也可布置小游园，设置坐凳供人们休息；在公共绿地周围可结合街道绿化种植行道树，但要与公共绿地气氛相协调。

2. 中心公共绿地草坪　一般设在市区中心、市政府前侧等，是城市集会、聚集的公共绿地。规划采取了中心与周边相结合的形式。在绿地中心部分，也是视域最突出点，高耸着一尊象征这个城市精神和气质的抽象雕塑，造型明快，内涵丰富。绿地的中心与城市建筑相对应。除中心雕塑花坛之外，其余被划分成几块对称式而各异的绿地，形成丰富多彩、富于变化、令人赏心悦目的多层次绿地。为了体现构图，尽量少种树，仅在路旁种植庭荫树。大面积种植草坪，在大草坪上和边角地点缀几组由紫叶小檗球和黄杨球构成的小树丛。

3. 集散公共绿地草坪　　最常见的集散公共绿地草坪是各种站前公共绿地，其特点是人流多，交通、运输量大。绿化布置一般沿周边种植，或为了组织交通，可在公共绿地上设绿地、种植草坪、花坛，形成交通岛的作用，亦可装饰公共绿地，但一般行人不能进入，不供休息用。另外在剧院、展览馆、大型旅馆、体育馆前的公共绿地，也有人流集散的要求。同时，这类建筑往往形成城市中的重点街景，公共绿地作为前景，应很好地衬托建筑立面。在不妨碍人流活动的情况下。公共绿地上可设置花坛、草坪、喷泉、雕塑，并设坐椅供人们休息。一般在建筑前不宜种植高大乔木，以免遮挡建筑立面，两旁可点缀庭荫树，以免公共绿地过于暴晒。

4. 交通公共绿地草坪　　交通公共绿地草坪往往是设在几条道路的交叉口上，主要作组织交通用，也可装饰街景，如广州的海珠公共绿地、大连市中山公共绿地，一般公共绿地上可种花、草坪、绿篱、低矮灌木，或点缀一些常绿针叶树，要求树形整齐、四季常青。这类公共绿地上也有的设置喷泉、雕像或标语塔，一般不让行人进入，但也有的允许行人进入休息，起街心花园的作用。

一、任务分析及要求

参观附近广场及公园等地的绿化情况，对城市公共绿地绿化加深了解，了解该广场的基本情况、植物配置情况，熟悉植物特别是草坪草的种类名称及特性。在此基础上完成一个新广场草坪的规划设计。

通过相应的方案实施，系统地学习广场草坪的规划设计、建植养护，熟悉和掌握种子直播建坪和草皮铺植建坪的程序、操作规程及有关技术。

二、实训准备

场地准备：选定某处草坪一块。

工具材料：所需草种及常用草坪建植工具。

分组：6~8人一组，分别执行不同的任务。

三、实训操作

（一）规划与设计

通过资料搜集和现场实地考察，运用广场绿化有关知识，规划制订一套完整的广场草坪建植养护方案，要求有规划图纸、规划说明、植物配置方案、草坪种植方案、草坪养护管理方案等。

(二) 建植施工

利用种子直播法或者草皮铺植法建植广场草坪。根据规划设计的方案，系统的完成草坪建植的各个过程。包括：场地清理→土质改良→坪地整理→施用底肥→坪地灌溉→播种种植（草皮移植）→苗期养护（幼坪养护管理）→成坪。

1. 场地平整 因场地的平整与否，直接关系到以后草坪的生长质量，所以这一工序尤为重要。

（1）初步整平：先将表层垃圾拣拾干净后翻耕土地，翻耕深度不低于30cm，而后将土块打碎。对于杂物较多的土地可用10mm×10mm的筛网筛一遍，以确保杂物除净，而后用铁耙把将地整平，土质较差的地段须局部或全部换土。换土的深度不低于30cm，换土后灌水，使其下沉压实，再回填土，如此反复几次，直至场地平整。

（2）建坪前除杂草及病虫害的防治：为防止草坪建成后杂草的滋生，除整地时清除树根、草根外，可用草甘膦、百草枯等内吸传导性除草剂，每667m^2用75~100g进行喷洒，一般在建坪前一个月使用。为防止虫害，可在建坪前一周喷洒辛硫磷等杀虫剂，以达到灭虫的效果。

（3）植草前施肥：对整平好的场地，均匀撒施熟化的有机肥3kg/m^2、复合肥0.08kg/m^2，再进行土壤翻耕，然后耙平，耙细，准备播种。

2. 草坪种植施工 土壤整平耙细后，就可进行草坪的种植。

（1）播种法。种子量一般为8~10g/m^2，播种方法采用撒播与机械播种相结合。播种后，应及时覆盖土，土层厚度为0.5~1cm，而后用铁辊镇压，以保证出苗均匀。浇水工作及保持水分：可在坪地上盖草帘子，以减少浇水次数。待草苗出齐后，再将草帘揭去，注意揭草帘时须在阴天或傍晚前进行，防止太阳直射灼烧草苗。

（2）草坪栽植法。在平整好的地面上以20~30cm为行距，开5cm深的沟，将撕开的草块放入沟中，然后填土，踩实。为提高成活率，缩短缓苗期，移栽过程中要注意两点：一是草皮要带适量的护根土，二是尽可能缩短掘草到植草的时间，最好当天掘草当天栽，栽后要充分灌水，清除杂草，养护一个月后可成坪。

(三) 养护管理

根据规划设计中制订的广场草坪养护管理方案，结合现场的实际情况，有效地利用各种设备完成草坪养护各项作业，包括：修剪、灌溉、施肥、病虫害防治、打孔、梳草等。

四、评价考核

根据广场的实际情况和广场草坪的设计建造原则，系统地评判各组方案的可行性和优劣，再根据各方案的执行情况及现场处理状况综合评判。

上海人民广场绿地草坪的改造及管理

上海位于北纬31°14′，东经121°29′，属北亚热带季风气候，四季分明，年平均气温

16℃，年平均降水量在1 200mm，降水主要集中在夏季，属于草坪应用过渡区。冷季型草坪草除夏季外其他季节表现良好，很多暖季型草坪草都可以在上海应用，但其绿色期较短。上海人民广场北靠市政府，南临博物馆。由于其显要的位置，对绿化的要求标准较高。原来用高羊茅建植的草坪，虽然可以实现四季常青，但是在炎热的夏季，遇上雨季会滋生病害，造成大片秃斑，导致草坪质量下降。另外，高羊茅叶片较宽，质地粗糙。为了解决这个问题，经过多年试验，掌握了在暖季型草种矮生百慕大上补播多年生黑麦草的技术。对上海人民广场绿地进行了改造，现将建植管理关键技术作一介绍。

一、建植材料

矮生百慕大是杂交狗牙根系列中的一个品种，为禾本科狗牙根属多年生草本植物。该草除保持狗牙根原有一些优良性状外，还有叶丛密集、低矮、叶色嫩绿而细弱、茎略矮等特点，且耐频繁的修剪，践踏后易于恢复，在长江流域以南地区，绿色观赏期长达280d。耐寒，病虫害少，也能耐一定的干旱，该草种属杂交品种，不结实，靠营养体繁殖。

二、建植过程

1. 清理场地 首先要铲除原有的高羊茅草坪，由于地形复杂，障碍物较多，主要采用人工铲草皮。每块30cm×30cm，10块一捆，草皮可再利用，铲完草皮后，需要投入大量人力来清除杂草残留根系，其中以香附子的球茎和野生狗牙根的主根为主，此项工作非常重要，为后期管理省去很多麻烦，可起到事半功倍的效果。根据其体地块大小、形状，采取中间高、四周低的龟背形或向一边倾斜，坡度0.2%～0.5%以利排水。

2. 排灌系统施工 为了保证草坪草的正常生长，减少时旱时涝的水分胁迫，安装了排灌系统。排水是在绿地草坪中设置地下排水管，排水沟间隔6～7m，按白线挖掘，白线为其中心线，深30cm，宽30cm，需准确挖掘，底面和侧壁（特别是底面）需平整，不出现凹凸。暗渠排水沟挖好后进行检查，合格后方可进行碎石垫铺工程。（沟底）碎石厚5cm，碎石匀铺时须注意排水沟各角落不得崩塌。在有孔波纹管铺设时，连接部需要特别仔细以免排水机能出现故障。有孔波纹管铺设后应在管子上缘作水平测量以保证其倾斜度（与地基的相同），倾斜度检验合格后开始用碎石将管子盖住，碎石倒入沟时管子会移动和上升，为此，在管子固定前需先倒入少量碎石，然后再将管子整个盖住。接着在碎石表面铺无纺布，上面再铺搅拌过的黄沙和改良剂。为促使快速成坪和非雨季草坪草的正常生长，灌水系统也是必要的。考虑到管理的便利，安装了地埋式固定喷灌系统，选用额定工作条件下压力在2.0～5.0kg/cm²、射程在8～15m、流量为0.22～2.64m³/h的喷头。这类喷头一般120～180m²/只，喷灌强度在13～20mm/h。在人民广场绿地喷灌系统中选用了Rainbird R-50、Hunter-PGP、Toro-V1550三种品牌的喷头，在实际安装及使用过程中，Toro-V1550无需更换喷嘴就能自由调节水流、洒水半径以及轨迹，大大方便了喷灌设计和安装调试。

3. 坪地准备 这一步对以后草坪的生长至关重要，由于广场地块比较分散，面积也较小，而且绿地上还有较多的广告牌及草坪灯，这些给机械施工带来不便，主要用斗容约0.7m³装运车将黄沙摊铺12cm厚，然后将改良剂和基肥按比例均匀洒在黄沙表面，再人工将改良剂和黄沙搅拌混匀。接着粗平整，多次浇水滚压，创造平整而稍实的良好坪地。最后在场地上每隔10m下桩，用标高按0.2%~0.5%的坡度在全场拉线，细致平整坪地。

4. 撒草茎 撒茎前，先施20~25g/m²的复合肥（氮、磷、钾配比16：16：16）作基肥，以保证成坪前的养分供给。然后将洗净的矮生百慕大草茎按1：3的比例均匀地撒在平整好的坪地上，用铁辊轻压，上面再铺上0.5~1.0cm厚的细沙，大约有80%的草茎被覆盖即可，覆沙后用0.5t重的铁辊碾压，保证坪地平整以及草茎与坪地紧密结合，然后盖上无纺布，最后浇水。

5. 成坪前管理 此期管理对成坪起着决定性的作用。首先是浇水要及时，每天2次，保证土壤湿润为原则；其次，在2周以后，草茎生根发芽后取走无纺布；再次，在草坪长到大约4cm时进行第一次修剪，促进匍匐茎生长发育，修剪后要及时施肥，施肥量为20g/m²复合肥。经过45d，草茎就可以铺满地表，一块高质量的草坪就形成了。

三、成坪后的管理措施

要使矮生百慕大草坪平整、美观，关键是要在管理上多下工夫。

1. 灌溉 灌水是草坪养护中最重要的措施，灌水的时间、频率、数量没有统一标准，通常是表土层干至3cm就需要浇水，一次浇透，至少浇湿土层10cm以上，尽可能将浇水时间安排在早晨或傍晚，避免中午暴晒时浇水。

2. 修剪 修剪的目的是控制草坪的生长高度，促进分蘖，从而增加草坪的密度及整齐度。选用滚筒式剪草机（剪幅64.6cm），修剪高度为1.5~2.5cm，修剪严格按照1/3原则进行，即草高达到2.3~3.8cm时就进行修剪。根据草坪生长速度的快慢，生长季节大致3~5d修剪一次，非生长季节10~15d修剪一次。剪下的草屑及时清理，以免滋生病害。

3. 施肥 为了保证草坪生长均匀一致，需要定期施肥。根据矮生百慕大的生长特性，一般在生长季每隔10~15d施一次肥，每次施复合肥10g/m²，尿素（国产含氮46%）5g/m²，施肥安排在修剪后进行。施后先洒一次水（约5min），30min后再洒第二次水，使肥料充分溶解。这样可以防止肥料灼伤草坪草的茎叶，同时利于草坪草吸收营养。

4. 病虫草害防治 未观测到病害发生。虫害以斜纹夜蛾、黏虫、草地螟、水稻切叶螟为主，可通过喷施辛硫磷、除尽、乐斯本等杀虫剂来防治。杂草主要是莎草科的香附子，还有少量稗草、马唐、牛筋草。杂草主要采用人工拔除，对于香附子要挖开草皮，清除其地下球茎。另外结合强修剪来逐渐消灭杂草危害。

5. 覆沙 矮生百慕大草坪容易形成枯草层，在修剪后影响美观，可通过及时覆沙来盖住枯草层，同时利于根系匍匐茎的生长，还可以使凹凸不平的坪地表面得到平整。覆沙要用筛过的细沙，以免在修剪时石子损伤刀片。小面积草坪用人工撒沙，若沙子潮湿，待其晾干后用板刷（长2m、宽1m的木板上钉上菱形毛刷）将黄沙刷进草丛中。

6. 打孔 水、氧气、氮、磷、钾等，是对草坪生长至关重要的养分。土壤板结，使这些养分难以到达根系。营养不充分，影响根系健康，对草坪生长十分不利。为了解决这个问题，在12月12日运用打孔机对草坪进行打孔，注意不要在土壤太干或太湿的时候作业。如果土壤紧实程度严重，可采取数个方向交叉进行操作。

1. 公共绿地草坪成坪后易出现哪些问题？
2. 公共绿地草坪建植与养护过程中重点要控制好的环节有哪些？
3. 结合所学知识对家乡所在地的某一块公共绿地进行草坪建植规划设计。

任务 4　足球场草坪的建植与养护

了解足球场草坪的基本特征以及足球场草坪草选择、建植及养护。主要掌握包括足球场规划设计、给排水工程、坪地准备、草种选择、建植、播后养护、成坪后的日常养护的原理和具体养护技术。

掌握足球场草坪草种选择方法。熟练掌握种子直播、草皮移植等几种主要的草坪建植方法。掌握足球场草坪养护管理技术。

1. 问题提出

（1）足球场草坪一般应具备哪些功能？

（2）足球场草种选择应考虑哪些因素？

2. 实训条件　通过实地参观，现场分析足球场草坪的功能及特点，了解该区域草坪建植与养护现状。掌握足球场场地比赛后的管理技术。以学校草坪实训基地及足球场为实训场所，并以小组为单位，在教师的指导下进行实训操作。

足球是世界第一大体育运动，它成为一种文化和社会产业，它既为亿万人提供精神享受，又为社会创造巨大财富。由于它的普及性和商业性，使得足球场草坪的建植和养护水平越来越高。为了在寒冷的冬季，使球迷们观赏到绿茵场上拼搏，已采用土壤加温、塑料膜保暖、耐寒草种交播等技术来使足球场草坪常年青绿、生机盎然。

足球场草坪，除了草坪共同的质量要求外，特别强调的是草坪强度，也被人们习惯称为耐践踏性。因此，足球场草坪首先要满足足球运动对场地的技术要求，如草坪的刚性、弹性、摩擦力等；其次是草坪植物的生态适应性，包括对环境和使用强度的耐受能力；最后也要满足观众审美情趣，如草坪的质感和色泽等。

一、任务分析及要求

1. 田径足球场规划设计　我国的大多数足球场都是将足球场与田径赛场建造在一起的体育场结构，足球场布置在田径场跑道中间，称之为田径足球场。标准的 400m 体育场的田径跑道内圈一般为 400m 长，因此，足球场只能在周长 400m 的长椭圆形区域内加以布局，图 6-4-1 是典型的田径足球场布局。

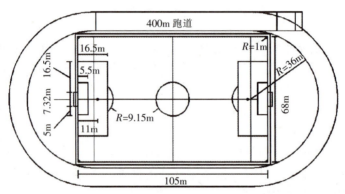

图 6-4-1　田径足球场的布局

田径足球场的面积应为 1.9 万～2.0 万 m^2，其中足球场草坪面积设置为 105m×68m 左右。设施齐备的体育场还设有观众席和防雨顶棚，在足球场两端的半圆形区域内，通常设有跳远沙坑、铅球投掷区和跳高台等竞技运动区。

2. 专用足球场　世界足球运动发达国家都建筑有专供足球比赛用的运动场地，根据国际足球联合会规定，世界杯足球赛决赛阶段使用的足球场必须是 105m×68m。边线和端线外各有 2m 宽的草坪带，故标准足球场草坪的面积为 109m×72m。通常草坪外还有 10～15m 的缓冲地带，多用来设置商业广告和教练员及球员休息棚。

足球场的横中线将全场分为两个半场，中线的中点有一个半径为 9.15m 的中圈；两端线的中点两侧各有 3.66m 的球门线至球门柱，球门前有 5.5m×18.32m 的球门区和 16.5m×40.32m 的罚球区（俗称大禁区）；罚球区内有一距球门线 11m 的罚球点，以罚球点为圆心，半径为 9.15m 的弧线交于罚球区内在线，称为罚球弧；场地的四角各有半径为 0.914m 的角球区。

二、实训准备

场地准备：选定某处草坪一块。

工具材料：草坪修剪机、肥料、水管。

分组：6 人一组，分别执行不同任务。

三、实训操作

(一) 建植施工

1. 坪地制作 坪地是足球场草坪的基础,也是决定足球场草坪运动质量最主要的因子之一。良好的坪地结构不仅有利于草坪的养护管理,而且还可以为运动员创造良好的训练和比赛条件。重要的足球比赛都是按照规定日程进行,因此一个良好的足球场要求具有良好坪地结构,在任何气候条件下都能维持一个很好的草坪运动场地,保证足球比赛的正常进行。

(1) 床基平整。床基坡度须与足球场的设计表面坡度一致,这样才能保证排水坡度和坪地厚度的一致。床基须建造在坪地表面40cm以下的位置。坪地结构中如有中间过滤层,床基须在坪地表面下45~50cm的位置。床基要求夯实,如果场地基础有湿软之处,必须挖出、换土并夯实,以保持场地基础的紧实。床基平整可以用大型的压路机来操作。

(2) 坪地酸碱性改良。坪地土壤的改良主要分两个方面:化学改良和物理改良。化学改良又分为酸性土壤改良、碱性土壤改良和盐性土壤改良。物理改良主要是土壤质地和结构的改良。

①酸性土壤的改良。酸性土壤不利于草坪草的生长。强酸性土壤严重阻碍草坪草残根的腐烂分解,使之不易形成有机质;在pH5.5以下的酸性土壤中,矿质磷和高浓度的铁、铝结合,会降低磷的有效性;酸性土壤中,细菌对有机物的分解作用减弱;强酸性土壤中活性Al^{3+}和还原态Fe^{2+}浓度增加,会毒害根系,使根系腐烂。

改良酸性土壤最常用的材料是粉状石灰($CaCO_3$)。施入适量的粉状石灰可以提高pH并促进植物对养分的吸收。

②碱性土壤的改良。改良碱性土壤常用的改良剂是硫。硫最好在草坪覆沙时混入沙中施到草坪上,尽量避免在夏季高温时施硫。

一些肥料可以增覆土壤的酸性,另一些则可以减小其酸性。如硫酸铵、硝酸铵、磷酸铵等能让土壤酸化。含有氰化钙、氰化钠、氰化钾和硝酸钙的化肥和骨粉则能降低土壤的酸性,此肥料不可用在正在碱化或者需要降低pH的土壤中。单一地采用氮肥来酸化土壤可能效果不显著,特别是在黏性大、有机质含量高的土壤上。如果需要快速降低pH,那就要配合使用其他原料。

在建植草坪前将石膏或硫拌入床土中,可以有效地改良碱性土壤。在土壤表面施的改良材料需要经过多次降水或灌溉才能使其深入地下。在已建植的草坪上单施硫,不应超过$25g/m^2$,过量施硫会烧伤草坪,年施硫量为$75g/m^2$,分3~5次施入比较理想。在春季和秋季施硫比较适宜,因为春、秋两季雨水较充足,不易造成草坪灼伤,且生长最需要。颗粒大的硫不应在草坪上使用,大的颗粒不会很快的溶解,也不易渗入土壤,反而很容易灼伤草坪。在降低pH之前,首先应对土壤进行测试,以免2.5~5cm的表层土壤pH被降得太低。检测的土样要从2.5~5cm和5~15cm深处同时取样,从不同深度的土样分析结果就可以掌握改良工作的进程。

③盐性土壤的改良。草坪土壤含盐量应在0.2%以下,含盐的临界值为0.5%,极限值为0.7%,但某些耐盐性很强的草坪草,如草地早熟禾的某些品种,可在含盐量高达1.1%的土壤中生长。草坪草种的耐盐性因草种而异,同一种内,不同的品种其耐盐性也有差异。

(3) 坪地的铺设、平整和压实。混合好的种植层原料须搬运至场地均匀铺设,厚度为30cm,误差不应超过1.3cm。在铺设时,混合物应保持湿润以利于压实,并防止扬尘。种植层要求紧实、平整、表面疏松、坡度达到设计要求。

①粗平整。按照一定的坡度和坡向进行。作业时把标桩钉在固定的坡度水平之间,在进

行填土时，每个间隔区均应设置标桩，由于细质土通常下沉 12%~15%，填土后要反复整平、压实。

足球场的地表面排水坡度一般控制在 0.3%~0.5%。运动场草坪的坡向一般是沿长轴线走向，在短轴线中部隆起呈龟背式，以便从场地中心向四周排水，足球场坡向就属于这种中间高、四周低的龟背型。

②细平整。是用于平滑土表为播种作准备的一项作业。通常细平整在播种前进行，以防止播种时表土板结，另外在细平整时应注意土壤的湿度。

2. 草坪建植

（1）草种选择。草种选配是关键，足球场草坪要求草种好，配方佳；长势好，耐践踏；时间长，不退化。其中主要具备生长旺盛，覆盖力强，根系发达，有弹性，耐践踏，耐修剪，绿期长，持续性能好等基本特点。

总体上讲，暖季型草坪草在耐磨损性上要强于冷季型草坪草，这是因为暖季型草坪草茎叶结构粗糙、植株密度大、茎叶组织中纤维素含量较高等。

（2）草坪建植。

①种子直播法：用种子播种建植足球场草坪是最理想的方式，因为便于控制草种组成、均一性和密度，缺点是成坪时间较长，幼苗期管理技术要求较高。

②种茎撒植法：将匍匐茎切成含有 2~3 个节的茎段，并将此材料撒在准备好的坪地上，一般 $1m^2$ 的营养枝可铺撒 5~8m^2，然后覆沙或营养土 0.5~1.0cm，要求部分茎叶露出以利光照和发芽。为控制覆沙或覆土效果，可用成卷的铁丝网先压在营养枝上，然后覆土耙平，移出铁丝网，实践证明这样覆沙或覆土既可以保证覆盖厚度均一，又可以大幅度提高工作效率。此种方法适用于暖型草坪的建植。

③草皮铺植法：将培育好的草皮直接铺植在坪地上的建坪方法。此种方法是足球场草坪建植中较为常用的方法，1998 年和 2002 年世界杯足球赛上，许多球场就是采用了草皮直铺的方法建造的。用起草皮机将草皮切成宽 25cm、长 20m 的草皮卷，打捆后运到施工现场。为使草皮能快速生根，草皮不易切得太厚，一般不要超过 5cm，而且在铺植后马上进行镇压和浇水。虽然草皮铺植相对于种子直播，所需的时间较短，但也要留有足够的时间以使草皮新根系得到充分发育，否则在比赛中不牢固的草皮极易被掀起。

（二）养护管理

足球场草坪坪地构造的特殊性，故使其在养护管理上也有别于其他类型的草坪。具体表现在以下几个方面。

1. 灌溉 由于沙质壤土持水力差，故加强灌溉始终是足球运动场草坪最关键的养护管理措施。灌水的时间、频率、数量等没有统一的标准，可视草坪的表现确定灌水指标。通常应少量多次，一般在清晨或傍晚灌溉较好。夏季为了降温，中午也可以进行喷灌，同时配合提高留茬减少修剪次数等措施。此外，冬季干旱时期加强灌水也是十分重要的。

2. 杂草的防除 一般说来足球场草坪是人工新培植的草坪，杂草较少，但也会出现杂草。当杂草达到危害程度时可用手工拔除，有时可用化学除草剂，再配合高度的修剪，草坪中的杂草是难以形成群落的。

3. 修剪 足球场草坪第一次修剪应在草坪草长至 7~8cm 时进行，其留茬高度为 5~6cm 以后根据草坪草的状态，每 3~5d 修剪一次，留茬根据草坪的类型不同保持在 2.5~4.5cm，修剪应遵循1/3原则。加强草坪的修剪对提高足球场草坪的品质,具有十分重要的意义。

4. 施肥 在草坪第一次修剪后立即施氮肥,施量以 $5g/m^2$。之后每年施2~3次,每次 $10\sim 20g/m^2$ 为宜,夏季应少施氮肥,多施磷、钾肥,以增加草坪草的韧性。

5. 滚压和覆沙 足球场草坪每次使用后,由于剧烈运动,使场地出现凸凹不平,因此应定期覆沙,并进行镇压,使草坪保持平整。

6. 修复和补播 在南方,由暖季型草坪草建植的草坪,在冬季需保持绿色时,可以采用交播技术,一般用黑麦草或黑麦草与粗茎早熟禾混合的草种补播,时间应在每年的9~10月进行。进行交播时,可与修剪、划破、打孔、施表土等作业结合进行。

7. 比赛前的管理 比赛前一周左右应对球场草坪进行综合培育管理(修剪、施肥、灌水等),有条件的可施用草坪染色剂,使之更加符合运动员的视觉,利于运动员水平的正常发挥。在比赛前1~2d,划线、镇压、制造草坪花纹,使之呈现美丽的景观。

比赛结束后立即清场,修补草坪、补播,特别注意损坏地地块的修补和镇压、灌溉,让草坪尽快恢复。一个赛季结束后还应封闭场地进行封育,投入更多的人力、物力和财力,进行综合处理,以满足下一赛季的利用。

四、评价考核

在规定的区域和环境内对足球场进行规划,并针对足球场的不同区域设计草坪建植方案。

重庆市奥林匹克体育中心足球场坪地建造及草坪建植管理

重庆市奥林匹克体育中心足球场是重庆市为迎接2004年7月在中国举行的亚洲杯足球赛建设的4个主赛场之一,是重庆市政府当年举行外事活动、展示重庆形象的重要场所。工程项目地处重庆市袁家岗,建设规格为能容纳6万人的综合性体育场,整个工程项目2002年7月开始动工,为重庆市至今已建成占地面积、跨度最大的单体建筑。此项目建设任务重、工期紧,整个项目的主体结构至2004年3月才得以完工,按此时间推算,球场草坪照常规建设是很难完成的,在保证球场的透水性和平整度、草坪质量的前提下,草坪建植顺利完工是此项目的关键因素,必须采取特殊措施才能得以实现。

工程进度实施:足球球场草坪建植能否成功,成为能否保证该届亚洲杯顺利举行的关键因素之一。根据整个工程项目的总进度安排,2003年9月至2004年4进行球场草坪的易地种植,2004年3月5日开始球场基础和灌溉系统施工,2004年5月1日进行球场草地铺植,2004年5月10日完成球场草地铺植,由此保证了2004年6月20日进行中国国家足球队的友谊赛,对球场整体情况进行综合实战检验。2004年7月18日,正式进行亚洲杯足球赛,运动强度为2d一场,4个球队共计6场,运动强度较大,在新建球场较少见。经赛后对球场草坪质量和平整度综合评价,均达到优良效果。

草种选择:重庆属亚热带季风性湿润气候,年平均气温在18℃,冬季最低气温平均在

6~8℃，夏季平均气温在27~29℃，日照总时数1 000~1 200 h，常年降水量1 000~1 400 mm，冬暖夏热，无霜期长、雨量充沛、温润多阴、雨热同季。特别是夏季的高温高湿，导致对草种的选择要求相当高。根据足球场的运动功能特点，结合重庆的气候特点，草种必须满足如下几个要求：①耐磨性、耐践踏性好；②抗逆性强，特别是耐高温、高湿能力强；③草色均一鲜艳，纯净度高。为此，选择了在重庆市表现优良的'兰引Ⅲ号'（*Zoysia japonica* cv. Lanyin No. 3）结缕草为球场专用草种。该品种具有绿期长（重庆300d）、耐践踏、再生性强、根系发达、病虫害少、生长的可控性高、草坪表面摩擦性和弹性好等优点，是目前南方最优良的运动场草种。

草皮易地培植按同样方法进行，由于主体工程实施进度无法跟上，在奥林匹克体育中心足球场就地现场培植草坪是很难达到工期要求的，因此，只能选择草皮易地培植的方案进行。2003年9月5~10日，在重庆市洋河体育场专用跑道上进行成坪草坪种植。'兰引Ⅲ号'结缕草无生产用种籽，只有靠茎进行无性繁殖，从成都国际高尔夫球场引进草种（母本草），按1∶5的比例进行撒茎繁殖。

具体做法如下：先在球道表面铺1层塑料薄膜作为隔离层，然后在其上铺1~2cm厚的细沙与发酵锯木屑混合基质（充分拌匀）。再将无纺布铺于其上，接下来将草茎按一定密度撒于无纺布上，然后用铁丝网将草茎压住，并在其上铺约1cm厚的新鲜河沙。刮平，去除铁丝网。最后浇水养护。浇水时注意水压且洒水要均匀，特别注意保湿但不得将草茎冲出、裸露。大约20d就长出了新芽。但进入10月份后重庆温度下降，且阴天较多，结缕草生长严重减缓，为了保证2004年4月15日前草坪成坪，对草坪进行加温处理，至11月底，草坪开始发出新芽。2003年12月至2004年2月15日，草坪基本处于保绿停止生长阶段。2004年2月15日后，增加光照处理，同时整个气温也有所回升。整个培植过程中的肥料以叶面喷施为主，肥料种类为高效复合肥。至2004年4月15日，草坪基本成坪。

4个足球场地的球场和草坪应有的特点是：坡度严格，地面平整，土壤肥沃，排灌设施先进等。为满足这些要求，采取以下几项措施：整个球场采用厚度为40cm的沙作基础层，以有效地排水和防止积水。基础结构分为排水系统、灌溉系统及40cm厚的草坪种植基础层。适合草坪生长的土壤有机质含量应达到3%以上，因此，在施基肥时，在基础层中除施有机肥和复合肥外，每平方米土壤中还掺入3kg充分腐熟的鸡粪，并拌和均匀。

不同地区的足球场草坪赛后是否需要修复？如需要修复，如何进行修复？

任务 5 高尔夫球场草坪的建植与养护

了解高尔夫球场的基本组成以及高尔夫球场草坪草选择、建植及养护，针对高尔夫球场

的不同区域,熟悉球洞区、发球台、球道和长草区草坪的特点。掌握草种选种、坪地准备、建植、播后养护以及成坪后的日常养护和具体养护技术。

 技能要求

掌握高尔夫球场草坪草种选择方法。熟练掌握种子直播、草皮移植等几种主要的草坪建植方法。掌握高尔夫球场草坪养护管理技术。

 **情景设计**

1. 问题提出

(1) 高尔夫球场一般有哪些功能区?

(2) 不同高尔夫球场功能区草坪一般应具有哪些特点?

2. 实训条件 与高尔夫球场进行校企合作,利用高尔夫球场作为校外实训基地,在球场养护总监与教师的指导下,学习球场不同分区的功能及养护要点,在高尔夫球场进行工学结合实训。

 **知识储备**

高尔夫球是世界上颇为流行的一种高雅球类运动。它是以棒击球入穴来完成运动的全过程。高尔夫球场一般设在风景优美的地区或公园草地上(图6-5-1)。标准球场长5 943.6~6 400.8m,占地面积50~60hm²。一个高尔夫球场(或一个洞穴)由发球台、球道、球盘和障碍区四个主体部分组成。

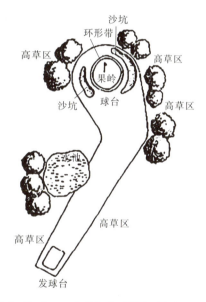

图6-5-1 一个高尔夫球洞击球场的基本结构(韩烈保,1999)

 **任务实施**

一、任务分析及要求

对高尔夫球场进行初步规划设计,高尔夫球场一般包括标准球场、练习场、会馆及一些附属设施(图6-5-2)。一般标准球场为18洞(图6-5-3),但有时也有9洞的或者9洞的整数倍数,例如,有27洞、36洞等。这需要根据场地的大小和高尔夫俱乐部要求而决定。标准18洞球场既有18个距离不等、走向不同的球洞组成,每一个球洞从发球台经过球道到达球洞区。在每一个球洞中除有发球台、球道和球洞区外,还有沙坑、水域、树木等障碍。标准球场的总长度在5 000~8 000码不等。

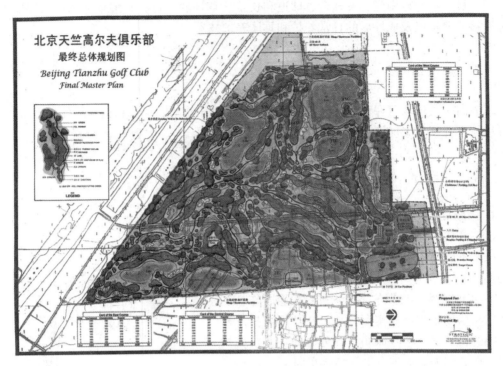

图 6-5-2 高尔夫球场总体规划

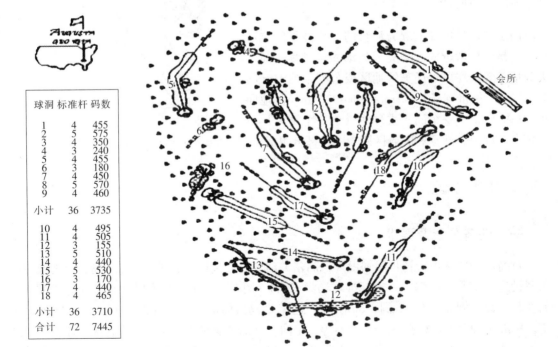

球洞	标准杆	码数
1	4	455
2	5	575
3	4	350
4	3	240
5	4	455
6	3	180
7	4	450
8	5	570
9	4	460
小计	36	3735
10	4	495
11	4	505
12	3	155
13	5	510
14	4	440
15	5	530
16	3	170
17	4	440
18	4	465
小计	36	3710
合计	72	7445

图 6-5-3 国际标准 18 洞高尔夫球场

二、实训准备

场地准备:以学校高尔夫球场为实训场所。
工具材料:所需草种及常用草坪建植工具。
分组:8~10人一组,分别执行不同的任务。

三、实训操作

(一)建植施工

1. 洞区草坪建植　熟悉球洞区草坪建植的方法,高尔夫球场的建造工程应按流程在最适宜草坪生长的时间之前完成。由于绝大多数球洞区都有喷灌系统,因此,影响球洞区植草的主要因素就是温度。冷型草种在16~30℃发芽出苗,而暖型草种则需要在21~35℃的温度条件下发芽,在27~35℃的温度范围内正常生长。因此,晚春适宜暖季型草种种植,而冷季型草种则在夏末或早秋种植。

首先,不论选择何种方法建造球洞区,根据设计要求对球洞区的根层材料进行取样并分析,分析的结果是决定在播种前如何调整pH和磷、钾数量的重要依据。土壤分析不仅要测试混合物的理化性状,还要检查其质量。这些分析结果不仅能确定营养水平、结构性状,还可以作为制订以后的养护管理措施的依据。在当地自然条件下,如果有必要还可进行微量元素的分析以及盐分、钠含量、硼含量的分析。这些准备工作完成后,就可以实施球洞区的草坪建植。球洞区环的建植方法和球洞区相同。球洞区的建造要严格按照设计或USGA的方法去做。

(1)土壤改良。如果在球洞区使用的土壤或混合物的pH需要调整,就必须在播种前完成。改良剂必须均匀地混合在10~15cm的根层中。碳酸钙也就是农业中使用的石灰是改良酸性土壤经常使用的改良剂。白云石灰可用在改良缺镁的酸性土壤。硫黄可用来改良碱性土壤。每种改良剂的用量要根据土壤的分析报告而作具体确定。

(2)肥力改良。在大多数情况下,球洞区的根层材料都要在播种前和肥料混合。具体肥料的用量和比例也要根据土壤的分析报告确定,尤其是磷和钾的用量更要依据分析报告确定。在一般情况下,每年纯氮的使用量为每$100m^2$ 0.73~1.5kg或更高一些,其中40%~60%的氮应为缓释性肥料。如果土壤分析表明有微量元素缺乏,也可以把微量元素添加剂加入氮、磷、钾复合肥中。由于球洞区根层种植基质主要是沙子,往往容易发生微量元素缺乏症。

(3)坪地准备。在播种之前,应该对坪地进行浅耙,以便使坪地湿润、颗粒均匀、无土块和杂质。坪地在播种前的准备中,可以用人工耙地、机械拖网拖地。在准备坪地的时候要注意保护球洞区的表面造型,坪地表面要尽量平整光滑。局部的不平整会带来日后大量的覆沙工作,也会影响或推迟球场的开业。

(4)播种。球洞区植草的基本方法是播种和匍匐茎繁殖。翦股颖可以用这两种方法建植,但狗牙根只能用匍匐茎繁殖(表6-5-1)。

表6-5-1　球洞区草坪建植播量

草　种	每$100m^2$匍匐茎播量(m^3)	每$100m^2$种子播量(kg)
匍匐翦股颖	0.26~0.4	0.25~0.5
狗牙根	0.4~0.5	—

①播种法建植草坪。利用种子播种建植草坪是最传统的方法。种子一般由播种机（包括机械的和人工的）播种，种子的播种深度根据种子大小不同而有所不同，一般情况下，种子越大播种越深，播种后要对坪地进行轻微的镇压，使种子周围的床土能和种子充分接触。不论是机械还是人工操作，当在球洞区上行走时，不要留下明显而深的痕迹。为了保证种子能被均匀地播在整个球洞区，种子可以分成两份，每份再在一半播量的情况下，在相互垂直的两个方向完成播种，再用同样的方法完成另一份种子的播种。

②撒草茎法建坪。在球洞区建植翦股颖或改良型狗牙根草坪，都可以通过撒播匍匐茎法进行建植草坪。撒播草茎建植草坪主要有以下几个过程：人工撒播匍匐茎；将匍匐茎压入土壤；覆沙（使用的材料应和坪地材料一致）每 $100m^2$ $0.25\sim0.5m^3$；轻微镇压，保证匍匐茎和土壤的充分接触；喷水保持地面湿润。

③铺设草皮法建植草坪。只有单个球洞区需要重新建植草坪，并且要很快恢复正常运营的情况下才用草皮铺设建植整个球洞区。在建植草皮苗圃的时候，就要选择单一草种并且单一品种建植草皮苗圃。同样，草皮苗圃的根层材料也要与需要铺设草皮的球洞区的根层材料一致。草皮的大小原则上为宽600mm、长600mm，草皮的收获厚度为坪地上层大约13mm。

（5）覆盖。所有种植翦股颖的球洞区都应该在播种后进行覆盖。覆盖也是达到快速、均匀成坪的最好的保证措施。在比较干旱的球洞区建植草坪，覆盖就尤其重要。传统方法是利用作物秸秆进行覆盖，大约每 $100m^2$ 37kg，秸秆的铺设是通过秸秆撒播机铺设的，在撒播的过程中要避免对球洞区表面的破坏。现代高尔夫球场已经很少采用秸秆的方法覆盖球洞区。现在人们常用一种化学纤维材料，也称为无纺布，这种化学纤维材料具有透气、透水的作用，在炎热的夏季也不会引起对植物的伤害。这种方法被广泛采用。在传统播种后，采用无纺布覆盖的方法覆盖整个球洞区。如果用水力播种的方法，其喷播液中可以加入较高浓度的纸浆纤维就可以起到覆盖的作用。

（6）播种后的养护管理。

①灌溉。播种后的养护管理对能否成坪起到至关重要的作用。其中最重要的养护措施就是灌溉。如果是匍匐茎建植草坪，浇水就更加重要，尤其不能出现植物因干燥而死亡。浇水越早种子发芽越快。第一次灌水时要彻底灌透根层。以后的灌水应该少量多次保证地表湿润。目的是在播种后的第一个2~3周的时间内保证成功出苗。即每天应对覆盖的球洞区灌溉1~2次，如果是沙子球洞区没有覆盖，而且蒸发量又大就应该每小时浇水一次。

②剪草。新草坪的第一次剪草应该是在草坪已经比较牢固地扎根后开始，就是当植株体的生长高度达到8~16mm的时候。第一次剪草的最佳时间应该在草坪叶片干燥的中午时分，剪草后的草屑不收集，这样，切断的草茎落在地面后还可继续生根发芽，加快草坪的建植速度。

③施肥。根据球洞区所选根层材料的不同，播种后的肥力需求量也不同。以沙子为主的球洞区坪地，其第一年的氮肥需要量是以后正常年份年均需要量的2~3倍。当植株体高度达到25mm的时候开始第一次施肥，施氮肥量为每 $100m^2$ 240g，此后的施肥间隔为10~20d，施氮肥量为每 $100m^2$ 100~300g。如果坪地以沙子为主，施肥的间隔应该缩短。狗牙根每年的氮肥需求量要比翦股颖高。每次施肥后应立即进行浇水灌溉，防止灼烧叶片。带有缓释成分的氮肥和含有微量元素的复合肥料应交替使用。这种施肥计划应该持续到草坪完全成坪。

④杂草防治。由于球洞区的剪草高度非常的低，大多数杂草都不能生存而不会成为问

题。但有几种阔叶型的杂草如繁缕、鸡肠菜、三叶草、宝盖草、灯笼草，可以通过喷施丙酸进行防治。使用这些含氧苯基的除草剂应该在种子出苗后6～8周后方可。一些一年生的杂草如马唐、蟋蟀草和香附子可通过使用除草剂进行除草，使用间隔为7～14d。总之，除草剂的使用应在种子出苗至少6周后，最好在8～10周后再开始，而翦股颖球洞区则建议在次年春季开始使用除草剂。

⑤覆沙。为了达到球洞区表面的平整光滑，在建植期间经常对球洞区覆沙是非常重要的。覆沙的频率取决于球洞区的平整程度。在建植后的6～8周，每周对球洞区进行覆沙也是非常有效的。第一次覆沙的量可以达到每$100m^2$ $0.25m^3$（2.5mm厚），逐渐降低到每$100m^2$ $0.08m^3$（0.8mm厚）。第一次大量的覆沙也可以起到覆盖匍匐茎的作用，促进匍匐茎的再生根和发芽。覆沙的材料应该和建造球洞区坪地的一致。覆沙一般用覆沙机进行，再由拖网把沙子拖入草丛中。

⑥镇压。镇压是播后管理中常用的一项措施，主要目的是镇压土壤使其紧实，但也有助于把植物茎压入土壤中。使用的频率取决于球洞区表面的平整程度，尤其在干燥松散的沙性球洞区，镇压显得更加重要。根据球洞区表面的紧实和平整的情况，每年需要1～4次的镇压，镇压由镇压机完成。带辊子的剪草机在一定程度上也能起到镇压的作用。

2. 发球台草坪建植 发球台草坪的建植标准和步骤基本上与球洞区的草坪建植方法相同。

3. 球道草坪建植 球道是发球台与球洞区之间的草坪区域，其剪草高度比周围的长草区要低。球道草坪低修剪目的是为了向球手提供一个紧密、均匀的草坪，并且鼓励球手利用球在球道处于相对较好击球位置的优势把球击出。理想的球道草坪应包括：高密度、均匀、平整、紧实、有弹性。

（1）土壤酸碱性改良。土壤酸碱性的调整和改良最好在播种前进行，把石灰或硫黄搅拌混合在根层上部100～150mm的土层中。碳酸钙通常用来改良和调整酸性土壤，石灰的颗粒越细土壤的pH也就反应越快。如果土壤缺镁就要用白云石灰。硫黄主要用来改良碱性大的土壤。硫黄的用量要根据土壤的分析结果来确定，也许每一条球道的用量可能有所不同。

（2）施肥。虽然，土壤在播种前一定要进行施肥，但是，肥料种类和数量要根据土壤分析结果确定。氮肥的使用量（N）一般为$4.5～11.2g/m^2$，如果经费比较充裕，氮肥的使用量还可以加大。如果氮肥的使用量较大，其中一半可以是缓释性的。肥料要施入土壤上层70～100mm的根层中。如果土壤分析或经验表明当地有某种微量元素缺乏，就可以选施含有微量元素的完全复合肥料。施肥通常在播种前通过施肥机（人力或机械）实施。

（3）播种前坪地准备。在播种前要完成球道坪地的最后准备工作，主要包括坪地表面光滑平整、紧实、湿润和具团粒结构。如果在土壤酸碱性调整和肥料已经施入土壤后，坪地经过雨水的沉降，在播种前就要对地表进行轻轻的浅耕或浅耙，使坪地表面的颗粒在1～5mm呈颗粒状。因此，在准备坪地的过程中就会使用拖平架或平整器等工具，有助于平整和压实土壤。最后的坪地准备过程要有足够的时间。

（4）播种。球道建植的方法很多，但主要是播种和匍匐茎繁殖两种方法。大多数的冷型草种都是采用播种的方法，普通狗牙根也是用种子的方法建植。球道播种一般使用播种机。在播种过程中要注意镇压土壤，使其与种子充分接触，播种深度2.5～10mm，才能保证种子的出苗。

（5）覆盖。对新建植的区域进行覆盖是一项非常有效的措施。它不仅能有效的控制水土流失，而且能保持新建植区域的水分以保证种子出苗。但对整个球道进行覆盖不是关键，由于球道上的水土流失不像长草区那样明显，而且，球道上往往有喷灌可保证种子出苗的土壤水分。如果球道部分区域的坡度较陡，有明显的水土流失，就应该进行覆盖。覆盖球道最常用的就是作物秸秆，用量为每 $100m^2$ 45kg，在使用秸秆的时候最好能和一些黏合剂一起使用，如沥青。在有水道和水流速度较快的地方，既可以使用草皮也可以使用用麻编制的网子或刨花垫子控制水土流失。在通过穴植和埋设茎节方法建植的球道上一般不进行覆盖。

（6）播后管理。播后管理是成功建植中非常重要的一步。例如，在埋设茎节后应该立即浇水，防止茎节由于脱水死亡。对于穴植，虽然时间没有像埋设茎节那样关键，但最好也在种植后立刻进行浇水。播后浇水越及时，种子或种苗的出苗越快。

通常播后的灌溉浇水在中午每天一次，如果为了保持地表湿润，浇水频率也可以加大。当播后坪地进行了覆盖，浇水的频率可以减少。地表浇水的工作要持续 2～3 周，直到种子或种苗出苗建植。每次浇水的水量不要很大，以保证地表湿润为原则。刚刚出苗的草坪极易受到践踏的伤害。因此，在建植后的 6～8 周应尽量减少践踏，控制人员或其他设备对新草坪的破坏。

4. 长草区草坪建植　通常情况下，长草区是指围绕高尔夫每个洞，包围球洞区、发球台和球道的草坪区域。长草区又分为初级长草区和次级长草区。初级长草区是指球道两边，比球道剪草高度高的草坪区域；比初级长草区离球道更远的，有树或灌丛的草坪区域为次级长草区。

土壤表层的处理和水土流失的控制也是长草区建植期间一个很重要的问题。

（1）土壤酸碱度调整。如果土壤化学分析结果显示土壤酸碱度需要调整，应该在播前进行。酸性土壤用石灰，碱性就应加入硫黄。在播种以前的较长时间内，在土壤表层 100～150mm 以内混入石灰或硫黄是最有效的方法。

（2）施肥。根据土壤的分析结果决定肥料的比例和数量。土壤含磷量的改善最好在播种前进行，因为磷在土壤中的移动很慢。在土壤施肥中，除施磷肥和钾肥外，还应该施氮肥，氮肥用量为每 $100m^2$ 450～900g，如果氮肥的施入量较大，其中一半可以是缓释型的肥料。所有肥料都应该施入土壤上层 76～100mm 的土壤层中。

（3）播种前坪地准备。长草区坪地的播前准备应该和球道的坪地准备一样，要能保证快速完全的建植。尽管长草区的日常养护管理不像球道那样严格，但这不代表长草区的播前坪地准备可以有任何的质量下降。同样，长草区的播前坪地也应该是湿润、紧实、颗粒状表面，没有杂质和土块。颗粒状的表面是指土壤颗粒的大小在 1～5mm，如果太细就会形成灰尘。最后的坪地准备包括镇压和平整都应该在播种前完成。

（4）播种。大多数长草区都是通过种子建植，而狗牙根、结缕草则是根茎繁殖。播后的土壤表层镇压（25～100mm）对种子快速出苗非常重要。播种最好使用带有碎土镇压器的播种机进行。如果在坡度较陡的地方应该使用水力喷播机。如果选用狗牙根或结缕草作为长草区的草种，其建植方法参考球道草坪的建植方法。

（5）覆盖。长草区播后最常用的覆盖方法是用作物秸秆。作物秸秆通过覆盖喷播机喷撒，秸秆的使用量为每 $100m^2$ 45kg，在喷撒后再喷洒一定的沥青或其他黏合剂起到黏合固定的作用。在长草区有坡度或水土流失的地方，既可以使用草皮也可以使用用麻编织的网子或刨花垫子进行覆盖和控制水土流失。在通过穴植和埋设茎节方法建植的长草区一般不进行覆盖。

（6）播后养护管理。长草区草坪能否成坪取决于播后的养护管理。如果条件允许，对新播种的长草区提供一定量的喷灌浇水，尤其是在比较干旱的季节。喷灌浇水对用埋设茎节建植的草坪也同样很重要。最有效的办法就是在播后立刻进行大量浇水灌透土壤上层100～150mm，然后每天中午少量浇水保持地面湿润。这样的喷灌浇水应该持续2～3周或到草坪完全成坪。如果长草区进行了覆盖，灌溉的频率就会少得多。在没有喷灌的地方，就要选择一年中自然降水和土壤水分较高的时间播种。

（二）养护管理

1. 球洞区草坪管理

（1）剪草。在每一次球洞区剪草前都应该仔细检查球洞区表面是否有异物，如树枝、石子、金属等坚硬的杂物，如果有必须清理，以免被压入球洞区草坪，或被卡入滚筒剪草机，或损伤滚刀或底刀。同时，也应该检查球洞区是否有病虫害、局部干旱区域或积水区域、叶片褪色等情况，如果发现问题应立即向球场汇报并作相应处理。

（2）球疤修理。如果在球洞区表面存在球疤，在每次剪草前都要对其进行认真的修理。没有经过修理的球疤就会在草坪上形成高于地面的凸起，这些凸起就会被剪草机"剃头"而产生秃斑，并可能保留1～2周。如果较深的疤痕没有被修复就会由于下陷而破坏球洞区的平整性。

（3）剪草频率。为了能达到最佳的推球效果，球洞区需要每天剪草，尤其在生长旺季。如果剪草的频率过低就会导致草坪密度的降低和品质细腻程度的下降，也会引起高尔夫球无法控制的移动和滚动速度的下降。在这种情况下，球洞区就会被认为是慢速球洞区。由于草坪的叶片生长主要发生在夜间，因此，球洞区剪草的最佳时间是在早晨开始打球前。在高频率使用的球洞区上，为了有效地提高草坪的生长活力，每周可以有一天不进行剪草作业。

（4）剪草高度。球洞区的剪草高度在3～8mm，如果草坪密度很高而且地表造型起伏不是十分的突然，其剪草高度还可以降低。为了抵抗夏季的高温、草坪秃剪和其他问题，剪草机的剪草高度可以暂时升高1～2mm。同样，在狗牙根球洞区冬季交播以后也可以把剪草高度升高2～3mm。

（5）剪草方向。在每次剪草时都应改变剪草方向，以免形成草坪纹理现象。剪草方向可以用钟表的形式来描述，即12:00～6:00、3:00～9:00、4:30～10:30 和 1:30～7:30。当这四个方向完成后，可以继续重复这个循环，这样就可以产生色差非常明显的草坪条纹。单联剪草机产生的色差条纹要比三联剪草机产生的条纹清晰得多。每一次剪草过程中的草坪条纹应该是连续的。剪草方向也可以按场地横、竖、斜不同方向进行（图6-5-4）。

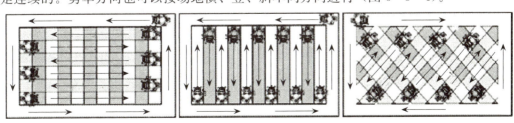

图6-5-4 剪草方向

(6) 草屑收集。现代球洞区剪草机都带有集草箱，草屑会被自动收集到集草箱中。但在实际操作中，手扶式剪草机的集草箱不能过于装满，以免增加重量引起剪草高度的不均匀。每次剪草完成后都要清理草屑并运出场地，堆放在指定的存放地点。

(7) 草坪纹理控制。草坪纹理是特指草坪的匍匐茎、植株或叶片由于受到外部因素的作用出现了不需要的平伏生长而不是垂直向上生长，这会导致滚动的高尔夫球偏离其球员预计的真实方向。在草坪生长的旺盛季节，可以每隔5～10d的时间进行一次垂直修剪就可以有效地改善球洞区草坪纹理的状况。在三联剪草机上配套使用垂直修剪机，可以大大提高防止或减轻草坪纹理的效果。在球洞区剪草机上配备草坪刷或草坪梳，也可以起到防止和减轻草坪纹理的影响。草坪梳或草坪垂直修剪机要刚好设置于或略高于草坪表面。在球洞区的实际操作中要非常小心和认真，不能把垂直修剪机或草坪梳推上斜坡、台阶或凸起区域。球洞区一年生早熟禾穗头的控制也可采用这种方法进行，在这种情况下，垂直修剪机的刀片间距为64mm，需要经常、轻微和交叉的垂直修剪。

(8) 施肥。球洞区营养元素的需要量取决于球洞区的浇水量、土壤营养元素的保持能力、天气条件和草坪品种。一次施肥也不可能完全解决土壤中各种营养元素的缺乏或满足其需要。因此，高尔夫球场的草坪养护师就要根据球场的土壤分析结果甚至每个球洞区的分析结果具体地决定施肥的时间、数量和种类。

全价复合肥通常是在春天和夏末、初秋施用。如果每年只施一次全价复合肥，最佳施肥时间是夏末、初秋。在其他生长季节可以分阶段追施氮肥和根据需要追施钾肥和铁肥。

追施氮肥的间隔取决于氮肥的种类、使用量、养分通过土壤淋失的速度以及希望得到的草坪颜色和期望的植株生长的速度。翦股颖球洞区在夏季炎热期间或在有低温冻害地区的氮肥的使用量应该适当减少。狗牙根球洞区的草坪通常追施正常数量的氮肥，但在出现低温伤害和冬季休眠前以及春季枝芽发芽2～3周后的时间内应该控制其氮肥的使用量。

翦股颖球洞区在夏季期间应该追施铁肥和钾肥。在不利环境因素出现之前，追施钾肥有利于草坪提高其抗践踏、抗热、抗冻和抗干旱的能力。狗牙根在春季返青和此后的根系退化期间会出现缺铁性萎黄病，因此需要追施铁肥来保持草坪的色泽和提高植物的光合作用的能力。

(9) 土壤酸碱度的调整。翦股颖草坪能正常生长的pH在5.5～6.5，狗牙根在6.0～7.0。在大量灌溉及淋失比较严重的沙性土壤上，需要对土壤酸碱度进行调整，如果灌溉水呈碱性或酸性也需要进行调整。土壤酸碱度的调整最好在草坪建植之前进行。

(10) 灌溉。喷灌是球洞区养护管理中最重要也是最难操作的一项工作。每一个球洞区的灌溉都应该根据其具体的地形、方向位置、土壤类型、草种、使用频率、根系深度以及蒸腾速率来确定。球洞区现在使用的喷灌系统都是自动升降的永久固定型远程控制的旋转喷头系统。喷灌系统的设计要能覆盖整个球洞区和球洞区环以及周边区域。

①灌溉频率。比较理想的灌溉方式是一次灌溉的量大而间隔的时间较长。由于球洞区的剪草高度非常低，这就导致了草坪的根系很浅，也就限制了草坪的水分吸收，最终导致灌溉频率的提高。在炎热的夏季，以黏质土壤为主或含沙量很高但草坪草的根系很浅的根层上则每天需要少量的灌溉。

②灌溉时间。因为高含水量的土壤很容易产生板结、球疤痕、脚印及滋生病菌，大多数的大强度深层次的球洞区灌溉都在夜间进行。因此，每次深层灌溉应该在球洞区频繁使用前

进行，以便土壤上层过多的水分有足够的时间向下渗漏。同样，在夜间灌溉时，也应该留有足够的时间允许叶片表面的水分散发。在黎明时分进行轻微的灌溉能有效地移除露水和叶片渗出液，减少真菌的繁殖和提供一个早晨适宜的打球条件。

③灌溉量。球洞区的灌溉浇水应该均匀，不应该出现水量过多或过少的地方。水量的大小应与土壤的渗透能力相匹配。喷头的出水量可以通过选择喷头嘴的大小得到控制。喷灌量一般在每周25~50mm或每天4~8mm，但是要取决于当地的天气条件、草种、养护管理措施、土壤类型、田间持水量、土壤的渗透率及可利用的水分等条件。以沙子为主的球洞区很容易发生疏水性的问题，这种情况可以在根层中加入湿润剂或保水剂得到缓解。

(11) 覆沙。在球洞区，覆沙是最有效的控制枯草层的方法。同时，也是改善球洞区表面平整度的有效途径，以达到球洞区的坚实、紧密和草坪质地的均匀细腻，同时也可以控制和改善草坪纹理问题。尽管，覆沙的成本较高，但可以得到高质量的球洞区。

如果为了改善球洞区表面的平整和控制枯草层的问题，冷型草坪的覆沙可以在春季和秋季进行，而暖型草坪如狗牙根则在夏季生长旺季和使用强度低的季节每隔6~8周进行。另外，覆沙也可以按一定的时间间隔进行，如每周或每月，在这种情况下，每次覆沙量要严格控制，因为，在夏季炎热的条件下，过量的覆沙会给翦股颖草坪带来问题。

在高质量的球洞区上，每次覆沙的量以少为宜。对于成坪后的翦股颖和一年生早熟禾其最大的覆沙量为每$100m^2 0.25m^3$，每月的覆沙量为每$100m^2 0.08m^3$。有枯草层的狗牙根草坪的覆沙量为每$100m^2 0.16~0.33m^3$。高质量的球洞区并且枯草层问题不严重时的覆沙量为每$100m^2 0.04~0.08m^3$。覆沙通常由专门的覆沙机完成，然后再用拖网或专门的刷子把沙子拖入草坪中。

(12) 平整。在球洞区上由于各种原因都会出现一些非正常的凹凸不平，如球疤、土壤湿的时候留下的脚印、不规范的洞杯更换技术留下的痕迹、小型动物留下的痕迹、人为因素、耕作措施等。覆沙对改善或修补这些凹凸不平都是非常有效的。

(13) 冬季交播。狗牙根球洞区在入冬前进行冬季交播是非常普遍的。在开始冬季交播之前就要安排好种子的选择、购买和到位，这样就可以根据天气的情况随时调整播种的时间。

(14) 病虫杂草防治。翦股颖球洞区会出现许多病害（表6-5-2）。一些冬季的病害如枯萎病、镰刀斑、冬季颈腐病等都可以通过在第一场雪之前，喷施预防性的杀菌剂得到控制。镰刀斑也会在早秋的时候出现。钱斑病会出现在比较冷的春季和秋季。相反，褐斑病和腐霉病会出现在炎热潮湿的夏季，尤其在排水不好的球洞区。

表6-5-2 翦股颖和狗牙根球洞区常见的病害

病害等级及可控程度	翦股颖球洞区	狗牙根球洞区
严重且很难用杀菌剂控制		春季死斑病
分布广可用合适的杀菌剂控制	褐斑病、钱斑病、立枯病、叶斑病、腐霉病、灰雪腐病	钱斑病、叶斑病
偶发病	炭疽病、铜斑病、霜霉病、仙人圈、镰刀斑、红线病、黏液菌、黑穗病、全蚀病、冬季颈腐病（LTB）	褐斑病、仙人圈、腐霉病、黏液菌

在温暖天气条件下，狗牙根球洞区的虫害要比在寒冷地区的翦股颖球洞区严重得多（表

6-5-3)。在20世纪70年代，不管是狗牙根还是翦股颖都出现了大量的虫害，这主要是由于政策不再允许使用残留性杀虫剂的结果，如氯代烃类的杀虫剂。因此，广谱性的杀虫剂逐步地被放弃使用，取而代之的是根据发生的虫害选择使用有针对性的杀虫剂进行杀虫。但是在南方狗牙根球洞区，蝼蛄是一个经常出现的虫害，但目前还没有非常有效的针对它的杀虫剂。

表6-5-3 翦股颖和狗牙根球洞区常见的虫害和小型动物

等级及可控程度	翦股颖球洞区	狗牙根球洞区
严重且很难用杀虫剂控制		蝼蛄
分布广可用合适的杀虫剂控制	草坪黑金龟、麦长蝽、地老虎、草皮结网虫、蛴螬	行军虫、狗牙根草螨、地老虎、草皮结网虫、蛴螬
偶发虫害	行军虫、瑞典杆蝇、金龟子、象鼻虫	狗牙根皓盾蚧、地蛛、水蜡虫
小型动物破坏球洞区表面	蚂蚁、白骨顶鸟、蚯蚓、鹅、松鼠、黄蜂、鼹鼠、囊地鼠、野鼠	蚂蚁、白骨顶鸟、蚯蚓、松鼠、鼹鼠

由于球洞区的剪草高度非常低，基本上抑制了大多数的直立生长的杂草及限制了表6-5-4中列出的一些球洞区特定的杂草。出现在已经成坪的球洞区上的大多数持久匍匐生长的阔叶杂草可以用选择性的除草剂得到控制。在选择除草剂的时候要特别注意含有苯氧基的除草剂对植物的毒性。丙酸（2-MCPP）是一种较为常用的除草剂。如果球洞区草坪不是一年生早熟禾，有时麦草畏也和丙酸一起混合使用，但是，如果球洞区附近有树，而且其树根可能延伸到球洞区下面，就不能使用丙酸，因为树根可以吸收丙酸而导致死亡。

蟋蟀草和香附子是翦股颖和狗牙根球洞区上的恶性杂草。在过去一段时间内还没有较合适的控制方法。现在虽然已经有几种除草剂，但如果只是少量的杂草出现，最有效的方法就是用手工方法清除。

表6-5-4 翦股颖和狗牙根球洞区常见的杂草

杂草等级及可控程度	翦股颖球洞区	狗牙根球洞区
严重且很难用选择性除草剂清除	一年生早熟禾、狗牙根、蟋蟀草	蟋蟀草、香附子
分布广可用选择性除草剂清除	繁缕、马唐、蒲公英、车前草、白三叶	一年生早熟禾、马唐
偶发性杂草	海藻、天蓝苜蓿、苔藓、漆姑草、婆婆纳、大戟、绒毛草、西洋蓍草	海藻、普通狗牙根、马蹄金、狼尾草、苔藓、莎草

现在已经有在狗牙根球洞区上控制一年生早熟禾的除草剂，但是，在翦股颖球洞区上要用化学的方法清除一年生早熟禾杂草就一直没有得到突破。用选择性除草剂控制一年生早熟禾的多年生种的杂草要比其一年生种的杂草困难得多。自从20世纪20年代以来，世界上许多地方一直在有效地使用砷酸铅，但是现在由于受到农药法规的限制而已经停用。尽管苗前除草剂如氟草胺、敌稗、地散磷可以有效地控制一年生早熟禾，但是，它们也都会对翦股颖产生危害。

2. 发球台草坪管理 高尔夫球场发球台的养护管理措施的原理和具体应用技术与球洞区的养护管理措施一样。因此，这里主要讲述与球洞区有明显不同的技术环节。

（1）剪草。发球台的剪草频率一般为每周2～4次。如果氮肥的施肥量较高且剪草高度也比较高，则剪草的频率也随之提高。草屑最好予以清除，尤其当养护管理水平较高而且剪草高度很低的时候。

（2）施肥。发球台施肥的原理和球洞区的有所不同。由于发球台上挥杆造成草坪严重损伤，这就要求草坪的恢复能力要很强。因此，发球台就必须保证有足够量的氮肥来促进植株生长和分蘖进而维持草坪的色泽、密度以及恢复能力。剪股颖、草地早熟禾、结缕草发球台的氮肥每年的施入量为每 $100m^2 1.5\sim 3kg$，狗牙根为每 $100m^2 2.5\sim 5kg$，施肥时间间隔为 $15\sim 30d$。

在同一个高尔夫球场，尽管所有发球台的根层和喷灌都一样，但每个发球台的氮肥的施入量可能有所不同。在 3 球洞和第一个发球台由于受到的大量的击球损伤，其氮肥的施入量可能是受损很小的大发球台的 2 倍，这样高的氮肥的施入量就是要提高草坪因受损的疤痕和过度践踏的恢复能力，尤其当这些发球台的面积比较小的时候，提高氮肥的施入量尤为重要。相反，在面积较大而受损较小的发球台上，氮肥施入量过高会引起枯草层问题，进而需要采取相应的改良措施。

（3）土壤改良。有关土壤改良的详细内容可参考球洞区的土壤改良。

（4）灌溉。发球台的喷灌和球洞区的喷灌一样，同样也非常严格。发球台总体上的水分要比球洞区干燥一些，原因是为了击球的稳定，发球台必须更加坚实。由于发球台的剪草高度要比球洞区略高，其根系的深度也要比球洞区的深，这就有益于保持比较干燥的状态，因此，喷灌就要采用低频率且深灌溉，同时，深层的灌溉和较深的根系也就降低了在炎热的夏季进行喷水降温的工作。除此以外，喷灌的原则基本和球洞区一样。

（5）覆沙。覆沙也是发球台经常使用的管理措施，是保持发球台理想状态的措施。但是，发球台的覆沙却往往被忽略。在球场的 3 球洞上，由于击球损伤严重，覆沙尤其非常重要。通过覆沙不仅可以修补疤痕，而且可以提高草坪的恢复能力和平整发球台表面，保证击球的平稳。覆沙量一般要比球洞区大，每 $100m^2 0.21\sim 0.41m^3$（$2\sim 4mm$ 厚）。在正常情况下每年覆沙一次，但在有的发球台上可能要每年覆沙 4 次。除了这些不同的地方外，发球台的覆沙基本与球洞区的覆沙一样。

（6）枯草层控制。发球台上的枯草层控制有很大差异，3 球洞的发球台和那些面积虽小但使用频繁的发球台都很少有枯草层问题。但是，那些使用强度适中面积又大和氮肥施入量较大的发球台需要经常进行枯草层的清理，如垂直修剪，以及用来平整球疤痕的覆沙也是非常好的控制枯草层的方法。其他控制枯草层的方法与球洞区的基本一样。

（7）耕作。由于发球台根层的土壤改良通常没有像球洞区那样彻底，在发球台上发生土壤板结的可能性要比球洞区大得多。对于使用强度来说，发球台的面积修建得过小加剧了土壤板结的出现。因此，在面积小而且使用频繁的发球台上就要每隔 $3\sim 6$ 周进行一定的耕作措施，改善土壤板结的状况，相反，在面积较大而且土壤改良好的大发球台上可能就不需要任何改善土壤板结的耕作措施。大多数没有进行根层土壤改良的发球台至少要在每年的春季和秋季进行改良耕作，空心打孔和表层间断性划破就是常用的两种办法。如果采用空心打孔的办法，其土芯一般留在表面破碎后再拖入孔中，但是，如果是黏性土壤，土芯就要被清除。其他耕作措施如尖齿实心打孔、叉耙打孔、连续性划破和土壤地下破碎都很少在发球台上使用。其他有关土壤板结问题以及改良可参考球洞区。

（8）冬季交播。发球台冬季交播一般在那些高预算高维护的球场进行。冬季交播前的准备工作与球洞区交播前的工作基本一致，尤其是要注意枯草层的清除。黑麦草是最常用的交播草种。播量为每 $100m^2 9\sim 15kg$。交播的过程和球洞区的交播过程一样，但发球台交播完以后一般不进行覆沙来覆盖种子。播后的养护管理和狗牙根发球台在夏季的养护管理相同，但在交播的苗期要注意每天的发球台发球线位置的变换，以减低损伤和避免草坪稀疏。

3. 球道草坪修剪管理　高尔夫球在球道草坪上和地表上的相对位置对高尔夫球手来说是至关重要的，这关系到球手能否完全有控制地从球道完美挥杆击球。高尔夫球在草丛中的位置取决于球下面草坪叶片的硬度和数量。叶片的数量又取决于剪草高度、施肥水平和浇水的程度，而叶片的硬度取决于浇水和钾含量的水平。如果球道草坪没有被科学合理地养护管理好，就不得不降低剪草的高度，从而使地面托起高尔夫球，而不是理想状态下通过低剪的草坪和具有一定硬度的叶片托起球。这样过低的剪草高度就会导致草坪生长虚弱，进而降低草坪抵御外界不利环境因素的能力，以及降低其抗杂草、抗病虫害的能力，也降低了草坪的恢复能力。

（1）剪草频率。球道剪草的频率取决于草坪植株生长的速度。在有喷灌的条件下，草坪则在每隔2～3d或每隔一天半进行1次剪草；而没有喷灌条件的草坪由于受到阶段性的干旱影响，在其生长的旺盛期间每周剪草2～3次。因此，在温度和水分环境条件适宜于草坪草种生长的时期，其剪草的频率就要增加，尤其是当使用的草种的垂直生长速度较快，或草坪的追肥水平尤其是氮肥的水平较高的时候，剪草的频率也会增加。如果球道每天修剪，其效果最好。但这仅限于当球场有大型比赛和重大活动的时候。但是，当早熟禾球道草坪的修剪高度超过25mm而且希望能有较好的击球位置，就必须每天修剪。每天修剪草坪的人工成本和机械成本都非常高。球道剪草应该在早晨进行，要求地表干燥并在出现高密度打球之前，这样可以降低土壤板结和草屑在球道上的堆积，提高球道的剪草效果。

（2）剪草高度。球道所选的草种、球员对打球的要求以及球场的经费都会影响球道草坪的剪草高度。一般情况下球道剪草的高度在13～30mm。翦股颖、狗牙根和结缕草的剪草高度较低，而在低预算的球场细叶羊茅、草地早熟禾的球道剪草高度可达30mm。在草种能承受的剪草高度限制的范围内，一般选择比较低的剪草高度。草坪修剪的越低，高尔夫球所处的位置也就越利于打出高质量的击球，因此，最好的球道就是翦股颖草坪或改良狗牙根草坪，修剪高度13mm，每隔1d剪草。如果垂直生长比较快的草种如草地早熟禾用于球道，其剪草高度就必须要比翦股颖要高才能达到理想的效果，同时也能抵御一年生早熟禾的侵入。因此，对那些直立生长较快的草种，其剪草高度的选择就要在为了保证草坪的正常生长需要与有较好的击球位置之间做出选择。

（3）剪草方向。剪草机在球道上剪草时行走的方向应该经常变换以保证草坪植株的直立性生长，也能使高尔夫球在草丛中处于更加有利的击球位置。剪草机剪草时不仅要沿着球道的方向纵向行走而且也要沿着垂直于球道的方向横向行走，至少应该每月横向剪草一次。但是，横向剪草也要根据球场的具体情况如经费、剪草机的数量以及初级长草区是否有足够的区域允许剪草机调头等而定。即使每月都横向剪草，但是每次的剪草方向都要有变化，以保证植株的直立生长，降低剪草机引起的板结，增加剪草的视觉效果。如果球道的剪草能沿着等高线的方式修剪，其剪草效果会更好。

4. 长草区草坪管理

（1）剪草。

①初级长草区。为了能满足人们的打球需求，加快球场的打球速度，现在的高尔夫球场把初级长草区修剪得越来越低，目的就是帮助球员能很快找到球，而且球也处在一个相对较好的击球位置。但是，初级长草区仍具有惩罚的特征，也就是说初级长草区的剪草高度仍然

比邻近的球道草坪要高,但在同样的施肥和喷灌的条件下,初级长草区的草坪密度比球道大而蓬松,大多数比较难打球的长草区就是这种类型。

②过渡长草区。在一些管理比较精致的高尔夫球场,设有过渡长草区,处于初级长草区和球道之间,宽度一般为1.8~2.7m,通常用单联或双联剪草机剪草,剪草高度在球道和初级长草区之间,25~50mm,每隔5~10d修剪一次。过渡长草区实际就是给球员一个惩罚较轻的区域,也就是说允许球员轻微偏离球道而不会受到像在初级长草区里面那样的惩罚。过渡长草区也同时具有更加蓬松的草坪表面,有利于像翦股颖匍匐生长的草种能侵入长草区。在球道上进行施肥和喷灌的时候往往会覆盖初级长草区,这会使初级长草区的草坪密度增大,而提高了对那些轻微偏离球道线的击球的惩罚,这也是为什么过渡长草区经常要低修剪的原因。

(2) 树木和草坪的修整。树木和草坪的修整非常耗时,成本也很高。由于树木在初级长草区的生长,增加了剪草的难度和成本。因此,长草区使用的剪草设备就要选择转弯半径小而且能靠近树木进行剪草的剪草机。另外,树木下面及其周围的草坪要定期进行修剪,可以使用旋转式剪草机、甩绳打草机或化学修剪方法。化学修剪方法有燃油或草甘膦除草剂等。不论选择什么化学材料,这些材料都要能很快生物降解或能很快与土壤结合起来减少对树木的毒害。化学修整的方法常常在暖季型草坪上使用。在使用化学方法进行修整的时候,避免把化学材料喷施到树皮上面,同时,在树木周围尽量小的范围内喷施化学材料,喷施范围不要超过380mm,同时要注意清理一些阔叶杂草在这个区域的侵入。

(3) 杂草控制。在大多数草坪修剪的长草区,杂草控制主要是清除阔叶杂草,因为,这些阔叶杂草可能就是旁边球道杂草种子的来源。因此,经常会使用2,4-D和二甲四氯丙酸(MCPP)或麦草畏控制阔叶杂草。如果在长草区有树木就要避免使用麦草畏,因为麦草畏对树木有毒害作用。在冷季型草坪上,应在秋季喷施阔叶杂草除草剂,在暖季型草坪上应该在春季喷施。有些阔叶杂草如婆婆纳属的杂草就要用选择性的除草剂进行防治。在非灌溉的长草区,一年生的杂草是可以接受的,很少使用除草剂控制这些杂草。在灌溉的长草区,如果一些一年生杂草如马唐可能成为问题,偶尔会使用苗前除草剂或苗后除草剂。在暖季型草坪中,不论是一年生的还是阔叶性的冬季杂草都需要进行防治。

四、评价考核

在规定的区域和环境内对高尔夫球场进行规划,并针对高尔夫球场的不同区域设计草坪建植方案,加以点评。

案例借鉴

高尔夫球场草坪建植方案——以华北地区建植为例

一、草坪用草种的选择

大连某高尔夫球场,地处辽东半岛南端,三面环海,一面依山,属海洋性季风气候。年平均气温为10.8℃，年平均降水量为550mm，无霜期220d。根据气候特点，选择了由美国俄勒冈种子公司提供的冷季性草种，采用混播的方式，分别在球道、果岭、发球台种植了多年生黑麦草（*Lolium perenne*）、肯塔基早熟禾（*Poa pratensis*）、匍匐翦股颖（*Agrostis stolonifera*）、草甸羊茅（*Festuca pratensis*）等。

二、土壤改良

大连某高尔夫球场建于辽南丘陵地区，地势起伏较大，土层薄、质地粗、砾石含量高，土壤比较贫瘠，属棕壤土。通过取样分析，土壤pH偏高、有机质贫乏、养分含量偏低。要取得好的种植效果，必须采取改良土壤的措施。将从外地购进的河床泥沙土和草炭，按1份草炭、5份泥沙土混合拌匀铺在地表，厚度在15cm左右，或在0~15cm土壤中加入3~4kg/m^{2}的草炭。实践证明，改良后的土壤大大改善了草坪的生长环境，对加快草坪的新陈代谢，增加透气透水性起着决定性的作用。

三、草坪的养护与管理

1. 修剪 当草坪草长到一定高度时要进行适当的修剪，修剪频率及保留高度应根据不同区域、不同草种而采用不同的修剪方法。果岭，从3月初到12月初，每周修剪4~5次，修剪后高度为5~6mm。发球台，从4月中旬到12月初，每周修剪3~4次，剪后高为1~1.5cm，中心打道和高草区从4月底到12月初，每周修剪1~2次，修剪后高度为中心打道1.5~2cm，高草区3~4cm。修剪的方式采用每次不同的方向进行，剪下来的草要及时清除。

2. 施肥 由于多次的定期修剪，草坪的养分消耗较大。因此，需要连续不断地定期施肥，才能保证草坪正常生长。施肥过程中，施肥量需要根据草的品种、生长状况、土壤结构、气候条件及肥料种类而定。一般每年施氮肥15g/m^2，钾肥7.5~10g/m^2，并施少量磷肥和微量元素。果岭每4周施肥1次，发球台每1.5个月施肥1次，中心打道及高草区每个季度施肥1次。无论是什么区域都应遵循少量多次，撒布均匀。需要注意叶片表面有水时，切勿施肥，以免灼伤叶片。另外，施肥后要立即浇水。

3. 灌溉 适度的灌溉是保证草坪质量必需的环节。由于低修剪使草坪根系变浅，从而减少了草坪从土壤中获取水分的能力。因而要满足草坪生长的要求，必须在生长季节和干旱、高温时进行灌溉。灌溉时间和灌溉量应根据气候条件、湿度状况、土壤结构、草的品种、生长情况而定。

4. 覆沙 覆沙的目的是修正凹凸不平的草坪表面，改善土壤结构。具体方法是：在生长季节，果岭3~4周覆沙1次，厚度为1~2mm；发球台每3~4周覆沙1次，覆沙厚度2mm；中心打道和高草区每年9~10月覆沙1次，厚度为4mm。覆沙材料必须是淡水沙子，粒径为0.25~1mm，其中有75%的0.25~0.5mm的颗粒为最好。覆沙一定要在晴天进行，撒布均匀，然后用扫帚按不同方向扫几次，使地表平整。

5. 打孔 打孔的目的是为清除枯草层，使新生的根系有充足的生长空间，改善土壤的通气透水性能，增强根系吸收养分、水分的能力，让老化的草坪恢复青春，保持长久的生命力。具体时间：在每年生长季节果岭需打孔2次，分别在4月底至5月初和9月初进行；发球台也需打孔2次，在5月中旬和9月中旬；中心打道和高草区可在9月中旬各进行1次。

6. 碾压　碾压是保证草坪表面平整的重要手段。同时，还有利于草皮与土壤充分接触。此项工作通常是在果岭、发球台、中心打道打完孔进行。在建植草坪初期和进行重大赛事时也经常进行。碾压时要注意设备的质量，千万不要过重，以免损坏草坪。

7. 移动果岭杯　为了防止果岭放杯位置的周围遭过度践踏，同时为了增加比赛的变化，需要经常移动果岭杯的位置。移动的次数视实际情况和比赛要求而定，一般每周移动4次。

8. 梳理沙坑　沙坑是用沙子填充的障碍区。为了清除沙坑内的脚印和落叶碎草，保持沙坑表面平整干净，每天必须用耙沙机或耙子把沙坑梳理一遍。

9. 清除杂草　每年6～9月是杂草生长的高峰期，要安排人工清除杂草，尽量不用化学药剂。

10. 补种　由于多种原因使部分草坪死亡时，应对草坪进行及时补种。常用方法是用种子直接补种或从苗圃挖草坪进行修补。

1. 高尔夫球场不同功能区草坪草种选择应考虑哪些因素？
2. 不同功能区草坪建植与养护过程中重点要控制好的环节有哪些？
3. 结合所学知识对家乡所在高尔夫球场进行草坪建植规划设计。

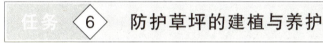

任务 6　防护草坪的建植与养护

了解道路绿化草坪、边坡绿化草坪以及水土保持等防护草坪在设计中应考虑的事项，并结合实际案例分析了解其建植程序，以及养护措施。

掌握防护草坪的设计、建植与养护的技能。

1. 问题提出
（1）防护区一般地形复杂、坡度较大，建植草坪会存在哪些困难？
（2）防护草坪草种的选择应依据哪些原则？

2. 实训条件　参观公路、铁路等不同区域的防护草坪，实地调查建坪区域的具体位置、地形以及建坪草种及品种、草坪面积、草坪的生长状态等，了解该区域草坪建植与养护现状。并结合所学知识完成一新区域防护草坪的建植规划。以学校草坪实训基地内坡地为实训场所,并以小组为单位,在教师的指导下进行实训操作。

铁路、公路边的裸露坡面,许多地段含有较多数量的风化岩石、砾石、沙粒等,河流堤岸的坡地因裸露遭受风雨的侵蚀,均易产生地表径流、水土流失,甚至发生坍塌和滑塌。一旦塌方发生,将给经济建设和生命财产带来严重损失。过去多采用工程固土、石块、水泥铺在坡面上,投资大,效益差。

草坪因具致密的地表覆盖和在表土中有絮结的草根层,因而具有良好的防止土壤侵蚀的作用。草坪植被及其根系可以有效地保护土壤免受雨水冲刷,草地上形成径流几乎是清流而不含任何泥土的。采用建植水土保持草坪来保护路基堤岸,这样不仅投入少,寿命长,而且还起到绿化作用,具有经济和生态双重效益的效果。

一、任务分析及要求

了解水土保持草坪的基本特征以及水土保持草坪草选择、建植及养护。主要包括坪地准备、建植、播后养护、成坪后的日常养护的原理和具体养护技术。

二、实训准备

场地准备:选定某处坡地区域。

工具材料:草种2kg左右、五齿耙、铁辊、绳子、皮尺、简易浇灌设备等。

分组:6人一组,分别执行不同任务。

三、实训操作

在坡度大于45°,土壤条件较差的地段,应首先采用工程固土以种草为主,边缘用石块或水泥砌成网格,网格砌成菱形或方形,每边宽50cm,每块菱形面积9m²左右,在菱形中栽植草本植物。在坡顶和坡脚应栽植1~2行固坡能力强的灌木。灌木既能防风固沙,又能封闭坡面,防止行人穿行践踏。

用石块、卵石、砾石先铺设在斜坡上,然后在间隙中种植草本植物或直播草种。用石块、砾石固坡和排水,首先在斜坡上进行土方调整,使之成为梯田型。外边缘用石块垒成石坝,石坝与斜坡之间低层用砾石铺装,厚度一般为15~200cm,砾石与斜坡面交接处铺设排水管,在砾石面上敷土,厚度为15~25cm,播种草籽或栽植草本保土植物。

其他工程措施与种草结合。一般采用水泥、钢筋、空心砖等建筑材料筑成谷坊来代替石谷坊。例如用柳树枝编成篱笆,把树桩固定在斜坡上,将直径5~10cm、长1.5~2cm的树桩按间距为20~30cm埋在土里,露出地面50~80cm。每座谷坊可播3~5排,间距为40~50cm。坝的前端或其他适宜位置可培土,土层厚度为20~30cm,凡是有土层的地方,可以播种草籽或采用营养繁殖方法,栽植草本固土植物。

(一) 植物的选择

护坡植物应选择耐寒、耐旱、抗风、抗逆性好、根系发达、茎叶繁茂、覆盖地面能力强的植物种类。常用的护坡植物见表6-6-1。

表6-6-1 保土、固沙、护坡植物

(孙本信等,1999)

地区	植物名称
华北	白草、百脉根、膜荚黄芪、沙枣、山黧豆、紫花苜蓿、沙蒿、荻、蒙古岩黄芪、沙棘、紫穗槐、黄花草木樨、柽柳、红豆草、华北岩黄芪、葛藤、小冠花、达呼里胡枝子、苦参、老芒麦、小叶锦鸡儿、羊草、芨芨草、长柔毛野豌豆、冰草、披碱草、多花胡枝子、芦苇、歪头菜、无芒雀麦、獐毛、直立黄芪、三齿萼野豌豆
东北	黄芪、山黧豆、长柔毛野豌豆、沙枣、歪头菜、三齿萼野豌豆、沙蒿、老芒麦、小叶锦鸡儿、柽柳、披碱草、紫花苜蓿、羊草、多花胡枝子、冰草、芦苇、蒙古岩黄芪、荻、白草、无芒雀麦、葛藤、黄花草木樨、草木樨
西北	黄芪、小冠花、紫花苜蓿、沙枣、草木樨、长柔毛野豌豆、沙棘、山黧豆、三齿野豌豆、柽柳、红豆草、华北岩黄芪、梭梭、歪头菜、小叶锦鸡儿、沙蒿、紫穗槐、蒙古岩黄芪、花棒、沙拐枣、黄花草木樨、羊草、沙打旺、无芒雀麦、冰草、芨芨草、披碱草、白草、老芒麦、葛藤、獐毛、芦苇、斑茅、沙鞭、芦苇
西南	黄芪、山黧豆、达呼里胡枝子、沙棘、紫穗槐、葛藤、柽柳、披碱草、斑茅、芦苇、老芒麦、白草
华东	柽柳、紫穗槐、多花胡枝子、葛藤、五节芒、达呼里胡枝子、芦苇、沙苇、荻、斑茅
华中	柽柳、山黧豆、紫穗槐、葛藤、歪头菜、三齿萼野豌豆、苦参、斑茅、獐茅
华南	斑茅、铺地黍、甜根子草、葛藤、毛俭草、华三芒草、芦苇、钝叶草、老鼠艻、五节芒、水蜈蚣、海滨莎

表6-6-1的植物都是根蘖性强,串根自繁,形成密集茂盛的群体。主要用作保土、固沙、护坡植物。较常用的护坡植物是小冠花、紫花苜蓿、草木樨、羊草、沙打旺、无芒雀麦、高羊茅、结缕草、野牛草、狗牙根、葛藤、披碱草、偃麦草、冰草等。

(二) 坡面处理

坡面一般为不易着生植物的裸地,土壤也为非耕作地,土壤硬度高,温度、水分条件十分差,因此建坪的难度很大。为使草坪定植,首先要对坡面土壤进行改良,在坡度较大的地方要挖鱼鳞坑或水平沟,在坑或沟内栽植灌木或穴内播种草本植物。

(三) 坪地处理

在坡面播种时为了防大雨引起水土流失、草种被水冲失,可用沥青乳剂对坪地面进行固化处理,或加覆盖物。如草帘、秸秆、木屑、化学纤维等。应在土壤中加入保水剂,以保持土壤水分。

(四) 坡地种植

可采用灌草植物混合栽植,铺草皮块、铺植生带、喷播等方法。

1. 灌草混栽技术 采用灌木、草坪混栽,进行固定护坡,灌木生长初期比草本植物生长缓慢,覆盖地表能力较差,但其持久护坡能力好。草本植物初期就能很好地起到拦蓄斜面地表径流,覆盖地表速度快,减免侵蚀作用好。灌、草结合,能持久地保护铁路、公路、水库、河岸等斜坡。

可供混栽配置的保土植物种类很多,如紫穗槐与野牛草混栽效果较好,可采用1行紫穗槐 4 行野牛草,行距 20cm,形成横向水平沟栽植。注意压实土壤,使固土植物的根系与土壤紧密结合,才能确保新栽植物成活。

野牛草生长迅速,覆盖地面严密,杂草不易侵入,且能降低蒸腾强度,改善周围环境,对紫穗槐生长非常有利;紫穗槐地下部分有根瘤,可利用空气中的游离氮,增加土壤氮素,有利于野牛草的生长蔓延。紫穗槐的根系发达,遇干旱时可深入土层吸收水分;野牛草有 75% 的根系分布在 20cm 土层内;紫穗槐和野牛草都能耐盐碱,对保护在盐碱地上的铁路、公路、水库等斜坡非常有利。

小叶锦鸡儿、胡枝子等灌木都可与野牛草、其他禾本科草混合栽植。

2. 铺草皮 采用生产的草皮切成 30cm×30cm、厚 2~3cm(或不同规格)的草皮块,一块一块衔接,铺成草坪,在坡度大的地方,每块草坪需用桩钉加以固定。

3. 铺设草坪植生带 铺设草坪植生带可防止因雨水冲刷而造成种子流失,还可减缓冲击力,并且可使水顺着纤维流入土中,起到良好的保土作用。植生带上的种子发芽和出苗迅速,很快成坪,同时用植生带建植的草坪杂草较少,在铁路、公路等斜坡上的用植生带建植草坪,一般沿等高线铺设。

4. 植生袋 植生袋是在斜坡上采用重点保土、固坡的种草方法。选用质地柔软且有网眼的植生袋,装入沙质土壤和草籽。袋中土壤含水量保持在 20% 左右,袋内底部放入基肥。把植生袋埋入斜坡时,应 1/2 露出坡面,1/2 埋入土中。每个植生袋必须用木桩固定,木桩插入土中。植生袋之间的距离以 50cm 为宜。

5. 喷播 把草种、肥料、水、黏合剂、保水剂、防侵蚀剂等混在一起,用高压水或压缩空气向地表喷射。这种播种方法效率高,而且种子不会流失;或者先播种,再在撒种后的表面上撒防侵蚀剂。在植物未能发芽、草苗还很小时,防侵蚀剂可以暂时起到防止土壤侵蚀,防止种子或幼苗流失和播种面干燥。

喷射乳液植被法是应用合成树脂乳液防止土壤侵蚀的方法,最近几年在我国的铁路、公路、高速公路、水库等斜坡上,得到广泛应用。此法采取的是化学和生物的措施结合来加以预防水土流失。

四、评价考核

在规定的区域和地形上对防护草坪进行规划,并针对现场种植情况,加以点评。

甘肃水土保持草坪管理技术实例

试验地位于甘肃省水土保持科学研究所试验场内,海拔 1 685m,年降水量 324mm,只有适时修剪才能提高草坪的均一性,保证正常的生长发育,促进分蘖,同时能有效地抑制杂草生长。当草坪长到平均高度为 10~20cm 时进行修剪,留茬高度以 5~6cm 为宜,修剪频率为 2~4 次/月。最后一次修剪应在初霜前 15~20d 进行,这样有利于根系存贮足够养分,以利翌年返青。

一、水肥管理

一般在正常生长过程中,施肥要坚持少施勤施的原则,灌足水,并注意施磷肥和钾肥,其 N、P、K 施用比例一般为 3∶1∶1,施肥时间宜在秋季。施肥量根据草皮的生长情况和土壤情况而定,化肥一般为 $3\sim5\text{g/cm}^2$。

二、杂草控制

试验地内的杂草有:荠菜、黄花蒿、苣荬菜、蒲公英、藜、反枝苋、铁苋菜、马齿苋、龙葵、刺儿菜等。这些杂草不及时清除会严重影响草坪的正常生长和美感。根据杂草的生长规律,草坪杂草防除的最佳方法是生物防除,即通过选择适宜的草种混配组合及最佳播种时期,避开杂草高发期;对草坪进行合理的水肥管理;增加修剪频率,促进草坪的长势,增强与杂草的竞争力,以抑制杂草的发生。其次是人工拔除,在人工除草时,最好在杂草的根系较小时进行,以免杂草根系过大对草坪造成损害。化学防除一般以除双子叶杂草效果比较明显,可用 2,4-D 或 20% 的二甲四氯乳剂 $0.2\sim1.0\text{mL/m}^2$ 喷杀,喷杀宜在气温较高、晴朗无风的条件下进行,以充分发挥药效。另外当草坪出现斑秃时应及时进行补栽,对退化或毁坏严重的草坪应采取补栽和更新措施,提高草坪质量。

1. 防护草坪草种选择应考虑哪些因素?
2. 防护草坪建植与养护过程中重点要控制好的环节有哪些?
3. 结合所学知识对家乡所在地某一公路坡面进行草坪建植规划设计。

任务 7 屋顶绿化草坪的建植与养护

掌握屋顶草坪在草种选择、坪地建造、草坪建植以及草坪养护过程中所需的专业知识,并掌握相关实践技能。

掌握屋顶草坪设计、建植屋顶草坪、养护屋顶草坪的实践技能。

1. 问题提出

(1) 屋顶绿化草坪主要有哪些方面的作用？
(2) 屋顶绿化草坪建植养护过程中会出现哪些问题？

2. 实训条件 以学校某一建筑物楼顶为实训场所，并以小组为单位，在教师的指导下进行实训操作。

屋顶草坪是指在平顶屋顶、建筑平台或斜面屋顶建植的草坪。屋顶绿化可以增加住宅区的绿化面积，使房子具有冬暖夏凉的特点。大面积的屋顶草坪，对城市生态环境的改善和生物气候的调节都会起到重要的作用。屋顶草坪也是昆虫、鸟类生存的空间、繁衍的场所和食物的源泉。凹形屋顶及倾斜屋顶草坪结构如图 6-7-1、图 6-7-2 所示。

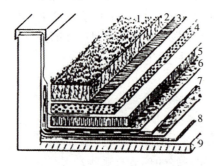

1. 草坪植物层
2. 坪床层（60~300mm）
3. 过滤吸附层
4. 排水防护层（60~100mm）
5. 保温层
6. 隔离层
7. PVC 防止根系穿通的水密封层
8. 屋顶水泥面
9. 砖石结构的层顶

图 6-7-1 凹形屋顶草坪结构示意

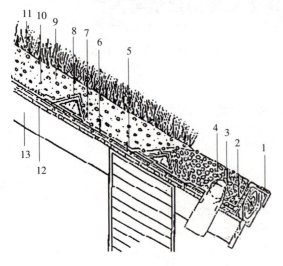

1. 屋顶边缘断面
2. 排水管道
3. 卵石填充层
4. 排水管外套壳
5. 网套层（300g/m²）
8. 倾斜屋顶超过 23°所采用的防滑动三棱形木块
9. 混合的坪床土壤（约 10cm 厚）
10. 超过 20°倾斜的屋顶所用的带钩刺的状物
11. 草坪植物或适宜的草皮
12. 屋顶
13. 木装板

图 6-7-2 倾斜屋顶（超过 10°的）草坪结构

一、任务分析及要求

了解屋顶草坪的基本特征以及屋顶草坪草选择、建植及养护。主要包括草种选种、坪地准备、建植、播后养护、成坪后的日常养护的原理和具体养护技术。

二、实训准备

场地准备：选定某处草坪一块。

工具材料：所需草种及常用草坪建植工具。

分组：6 人一组，分别执行不同任务。

三、实训操作

1. 设计　屋顶草坪按植物种类的类型不同可分为：单一草坪，缀花草坪，灌、草、地被组合草坪等。

（1）单一草坪。单一草坪在这里指的是纯草坪，屋面植物仅有草坪，没有草花和木本植物，草坪植物可以是单一草种、混合草种或区域性不同草坪的组合，以达到最佳的使用目的。

①单一草种。

a. 矮生百慕大。草坪低矮，叶片细腻，耐干旱，耐高温，耐践踏。但全年绿色期较短，冬季枯黄，要防止爆竹等引发火灾。

b. 马尼拉。与矮生百慕大类似，但叶质更坚硬，更耐旱。

c. 高羊茅。在冷季型草种中高羊茅耐高温干旱能力强，相比暖季型草种它具有全年绿色期长的优点，但修剪、浇水、防病等要求更高。

d. 马蹄金。最大的好处是不用修剪。养护管理中注意防虫。

e. 白三叶。全年绿色期长，不用修剪。养护管理中注意防虫。

f. 黄花佛甲草。多浆类特别是景天科的植物有许多可用来建造屋顶草坪，主要是基于这类植物抗高温、干旱能力特别强，所需基质层薄。

②混合草种。包括同种不同品种间的混播及不同种的混播以提高草坪的抗逆和观赏能力等，如狗牙根草坪中盖播黑麦草是常用的延长草坪绿色期的方法。

③区域性不同草坪的组合。在我国许多地方特别是南方，可用来建造屋顶草坪的植物种类、色泽是极为丰富的，可借助园林色块组合的办法进行屋顶草坪的艺术化设计。

（2）缀花草坪。让草坪中长有一些草花以提高草坪的观赏价值。

（3）灌、草、地被组合草坪。除了高大的乔木因屋顶基质层薄不宜种植外，低矮的灌、草、地被等组合能形成色彩和群落层次分明的生态景观效果。

2. 施工　施工包括做防水层（已做过防水层的新屋顶可免去这一步）、铺防根穿透层、排水层、过滤层、基质层、安装喷灌系统和播种（撒茎段、铺草毯等）等步骤。坡屋顶更要注意各层物料的固定。由于屋顶草坪面积通常不大，若有疏漏返工不易，施工更要讲求

"精"和"细",同时高空作业,更要注意安全。

3. 养护 屋顶草坪成坪后,养护特别是浇水和施肥通常交由业主和住户管理,修剪和病虫害防治须专业人员提供指导。不允许使用剧毒农药。必要时可用一些高效低毒的农药和生物农药,防止农药飘入居民水箱或带农药的虫子爬入水箱。

四、评价考核

在规定的区域和环境内对屋顶草坪进行规划,并针对不同区域设计草坪建植方案。

屋顶草坪建造养护中的技术要点

建造屋顶草坪关键是通过造园家科学艺术手法,合理设计布置花、草、树木和小品建筑等。在工程方面首先要正确计算花园在屋顶上的承重量,合理建造花池和给排水系统。土壤要有30~40cm厚,根据树木大小,局部可设计60~100cm厚,草坪处20cm厚即可。种植池中的土壤要选用肥沃、排水性能好的壤土,或用人工配制的轻型土壤,如田园土1份、多孔页岩沙土1份和腐殖土1份的混合土,也可用腐熟过的锯末或蛭石土等。要施用足够的有机肥作为基肥,必要时也可施追肥,氮、磷、钾的配方为2∶1∶1。草坪不必经常施肥,每年只要覆1~2次肥土即可,方法用壤土1份和腐殖土1份混合晒干后打碎,用筛子均匀地撒在草坪上。给水的方式很多,有土下给水和土上表面给水两种,一般草坪和较矮的花草可采用土下管道给水,利用水位调节装置把水面控制在一定的位置,利用毛细管原理保护花草水的需要。土上给水可用人工喷浇,也可以用自动喷水器,平时要注意土中水分含量,依土壤湿度的大小决定给水的多少,要特别注意土下排水必须流畅,绝不能在土下局部积水,以免植物受涝。

1. 屋顶绿化草坪草种选择应考虑哪些因素?
2. 屋顶绿化草坪建植与养护过程中重点要控制好的环节有哪些?
3. 结合所学知识对家乡所在某一居住区屋顶进行草坪建植规划设计。

附录

附录1　常见草坪草

一、主要冷季型草坪草

(一) 羊茅属 (*Festuca* L.)

禾本科多年生植物，广泛分布于温带和寒带地区，我国有23种，其中高羊茅、紫羊茅、匍匐紫羊茅、羊茅、草地羊茅、硬羊茅等6种可以作为草坪草利用。

1. 高羊茅 (*Festuca arundinacea* Schreb，附图1)　又名苇状羊茅、苇状狐茅，为利用率最高的冷季型草坪草之一。

（1）识别要点。疏丛型禾草，茎通常直立，茎基部紫红色；叶片带状披针形，叶先端渐尖，叶边沿有细锯齿，心叶卷曲；叶色深绿色，叶脉明显；圆锥花序，直立或下垂，披针形到卵圆形。

（2）习性。冬季－15℃可以安全越冬，夏季可耐短期38℃高温，但是受低温、高温伤害后，寿命缩短，甚至成为一二年生植物。在年降水量450mm以上，海拔1 500m以下的半干旱地区均适宜生长。低温条件下，无论干、湿，受损害较小；但在高温、高湿条件下（如温度高于25℃），极易致病；高温条件下，持续干旱10d以上，可导致大量植株死亡。喜光，但中等耐阴。除沙土等轻质土壤外，均宜生长，适宜pH为5.0～7.5。北京地区表现为夏绿，绿期240～280d；南京地区表现为冬绿，绿期近300d，有"两黄"现象。

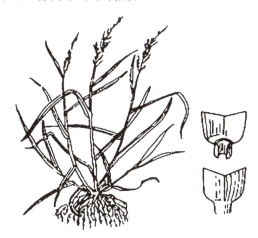

附图1　高羊茅

2. 紫羊茅 (*Festuca rubra* L.，附图2)　别名红狐茅、紫狐茅、红羊茅等。广布于北半球温、寒地带，我国东北、华北、西北、华中、西南等地均有分布。

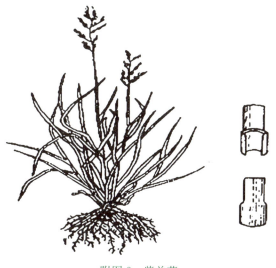

附图2　紫羊茅

(1) 识别要点。禾本科羊茅属长期多年生禾草。具横走茎。秆基部斜生或膝曲，株高 45～70 cm，基部红色或紫色，叶大量从根际生出，叶鞘基部红棕色并破碎成纤维状，叶片光滑柔软，叶面有绒毛，对折或内卷，呈窄线形；圆锥花序狭窄，稍下垂，分枝较少。

(2) 习性。温、寒地带型草坪草，喜凉爽湿润气候。气温 4℃，种子即可萌发；10～25℃为生长最适温度。不耐热，气温 30℃时，即萎蔫；38～40℃，植株枯死。耐寒，−40～−30℃安全越冬。适应湿润、半干旱地区湿润环境生长，较耐旱。喜光，中等耐阴。沙质土壤中生长良好，耐瘠薄，适宜的 pH 为 5.2～7.5。北京地区夏绿，越夏死亡率 30%左右，绿期 270d 左右；南京地区冬绿，绿期 300d 左右，越夏死亡率通常超过 50%；受过高温损伤后，越夏率逐年下降变成短期多年生，甚至二年生禾草。

(二) 早熟禾属 (Poa L.)

分布于温带和寒带地区，应用于冷季型草坪草的主要有 4 种，即草地早熟禾、早熟禾、加拿大早熟禾、粗茎早熟禾。

1. 草地早熟禾 (*Poa pratensis* L.，附图 3)

别名六月禾、牧场早熟禾、蓝草，是典型的大陆东岸型、温带亚型草坪草种，为全世界温带湿润地区，尤其是年均温 15℃左右的地区引种著名草坪草。

(1) 识别要点。禾本科早熟禾属多年生长寿禾草。自然株高 20～50 cm，矮生型品种 15～20cm，须根发达，有细长匍匐根状茎，疏丛型，秆直立，茎秆光滑，圆形，压扁或圆桶状，多分蘖。叶片扁平，柔软光滑，条形或细长披针形，对折内卷，先端船形。叶舌膜质，截形；叶鞘粗糙，疏松，具条纹，长于叶片。圆锥花序，卵圆形或塔形，开展，先端稍下垂。

附图 3　草地早熟禾

(2) 习性。喜冷凉湿润环境。5℃开始生长，15～32℃全株可以充分生长，温度低于 5℃或高于 32℃，随温度的下降或升高，生长速度相应减弱。−9℃不枯黄。土壤水分状态能明显影响植株对低温或高温的耐性。如空气潮湿与高温相结合，植株易感病。发育良好的根状茎具有一定的耐旱性和较强的抗寒能力，−38℃下可以安全越冬。全日照下生长发育良好；如土壤湿度适宜，养分充足，可耐轻度遮阳。适宜于中性至微酸性、肥沃且排水良好的土壤中生长。能耐 pH 8.0～8.3 的盐碱土，耐瘠薄。高寒地区夏绿，绿期 200d 左右，北京地区绿期 270d 左右；南京地区冬绿，绿期 300d 左右。越夏存株率小于 50%，随苗龄的增加逐渐下降，数年后消亡，成为短期多年生禾草。

2. 早熟禾 (*Poa annua* L.，附图 4)　别名小鸡草、一年生早熟禾等。世界广布型禾草，我国南北各省均有分布。在北方通常为一年生；在南方则为越年生。

(1) 识别要点。丛生，色泽淡绿色，成熟期株高 8～25 cm，须根系，具有细长横走的根状茎。茎秆圆形、细弱光滑，常有很多分蘖；叶鞘自中部以下闭合；叶舌钝圆，膜质，较宽大。大部分基生叶比草地早熟禾短，叶片扁平，质地柔软，常出现皱缩，叶尖先端船形。

圆锥花序开展，疏松。小穗卵圆形，草绿色。

（2）习性。适宜温暖潮湿的生态环境，喜潮湿、肥沃、pH 5.5～6.5 的偏酸性土壤，不耐水淹，耐盐碱性较差。抗严寒，耐阴湿，在西北、华北、东北等海拔高、寒冷、阴湿的山地生长茂盛，怕干旱，一旦高温、干旱同时出现，迅速枯死。喜肥，也耐瘠薄。温寒地带夏绿，过渡带与亚热带、热带则为冬绿。

一年生早熟禾具有非凡的种子自繁能力。南京地区，几乎整个生长季节都能结籽，晚春结籽最多。

（三）黑麦草属（*Lolium* L.）

黑麦草（*Lolium perenne* L.，附图 5）

附图 4　一年生早熟禾

别名多年生黑麦草、宿根黑麦草、矮生黑麦草。分布于欧、亚、非三洲交界处。

（1）识别要点。短期多年生禾草，疏丛型，具有细弱根状茎，茎直立，茎秆多数丛生，质地柔软。须根发达而稠密，根系较浅；叶鞘疏松，通常短于节间。叶舌短小，叶片窄长，先端渐尖，富弹性，呈深绿色，具光泽。叶片质地柔软，上面被微毛，下面平滑，叶脉明显，幼叶折叠于芽中。穗状花序直立，小穗扁平无柄，含花 3～10 朵，互生于主轴两侧。种子扁平，呈土黄色，长 4～6mm，夏季开花结实。

（2）习性。黑麦草喜温暖湿润气候，喜光不耐阴，生长周期一般为 4～6 年，较耐践踏和修剪，再生性好。生长最适温度 20～27℃，耐寒，抗霜，−10℃时，能保持良好的绿色，能耐−15℃低温，低于−15℃产生冻害，并随低温程度的加强而冻害加剧，甚至死亡。春、秋季生长较快，冬季生长缓慢，在北方地区入冬后生长停滞，盛夏进入休眠。气温 10℃时生长较快。不耐热，35℃以上生长不良，39～40℃分蘖枯萎，甚至全株死亡，南方地区越夏困难，东北、内蒙古、西北等地，则不能或不能稳定越冬。北京地区，秋播越冬率接近 50%；上海越夏休眠；南京地区越夏率小于 50%，而且所余植株受到热伤害后，次年越夏往往全部消亡。年降水量 1 000～1 500mm 的地区生长良好。干旱可以加剧低温或高温的不良影响。喜光，耐阴性差。pH6～7、中等肥沃、湿润、排水良好的壤土或黏壤土生长良好，不耐瘠薄。

一般采用种子直播建坪，单播种子用量为 15～24 g/m²，春、秋均可播种，以秋播较好。由于黑麦草冬季绿色好，分蘖力强，早春生长，比一般草坪植物早。多用于与其他草坪草种混合铺建高尔夫球场及

附图 5　黑麦草

其他草坪。

(四) 翦股颖属 (Agrostis L.)

禾本科，约 200 种，广布世界各地，主要分布于温带及热带和亚热带的高海拔地区。我国有 26 种，广泛分布各地。常用于草坪的有匍匐翦股颖、细弱翦股颖、绒毛翦股颖和小糠草 4 种。

1. 匍匐翦股颖（*Agrostis stolonifera* L.，附图 6） 别名匍枝翦股颖、匍茎翦股颖、本特草、四季青、窄叶四季青等。广布欧亚大陆温带，为世界各地引种。我国河北、河南、浙江、江西、四川、甘肃等地的河滩、谷地较为常见。

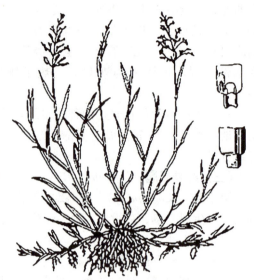

附图 6 匍匐翦股颖

（1）识别要点。长期多年生禾草，复合型。株高约 30cm，须根系，根系较浅，具有长的匍匐枝，茎节着生不定根。秆直立，多数丛生，细弱。叶鞘无毛，下部长于和上部短于节间。叶舌膜质，长圆形，长 2～3mm，先端近圆形，微破裂。叶片线形，长 7～9cm，扁平，宽达 5mm，边缘和脉上微粗糙。圆锥花序开展，卵形，小穗暗紫色。

（2）习性。匍匐翦股颖用于世界大多数寒冷潮湿地区，也被引种到过渡气候带和温暖潮湿地区稍冷的一些地方。耐寒，0℃ 左右尚能缓慢生长，15～30℃ 生长充分。中等耐热，喜潮湿，能耐短期涝、渍，较耐旱，但干、热交加的情况下，易死亡；如湿、热交加，极易致病，严重时一个晚上即能毁尽。喜光，中等耐阴。pH 5.2～7.5，排水良好，肥沃湿润的沙质土壤生长较好，坚实土壤生长不良。京津地区夏绿，绿期 250～260d。长江中下游地区冬绿，南京地区绿期 300d 左右，但由于伏天的影响，存株率第一年在 50% 左右，以后逐年下降，数年后消亡，变成短期多年生禾草。但如有遮阳，在无病害的情况下，则可基本保持常绿，且能延长生存期。

2. 细弱翦股颖（*Agrostis tenuis* Sibth，附图 7） 别名棕顶草、本特草。分布于欧亚大陆温带及我国山西、河北等地区，为英国著名的传统草坪草种。

（1）识别要点。禾本科翦股颖属多年生禾草，须根系，具根茎；株体低矮致密，高 20～36 cm；茎秆丛生，直立，叶扁平、纤细，近轴面有脊且光滑；幼叶旋卷，无叶耳，叶舌膜状，

附图 7 细弱翦股颖

长 0.3~1.2 mm，平截形；圆锥花序，花序疏松。

（2）习性。细弱翦股颖生态特性及其对环境的要求，生长发育习性与草坪栽培管理特点、应用均和匍匐翦股颖相仿。从南京地区细弱翦股颖的几个品种栽培来看，绿期与匍匐翦股颖相近，但对水的要求略低，耐旱性略强。如将细弱翦股颖与匍匐翦股颖混种，可以获得近似于"纯一"的草坪，同时也能提高适应性和抗逆力。细弱翦股颖对我国北方和过渡带气候具有广泛的适应性，表现优秀。

二、主要暖季型草坪草

(一) 狗牙根属 (*Cynodon* Richard)

禾本科植物，含十几个种，各自包括几个种间杂种，用作亚热带和热带草坪。

1. 狗牙根 [*Cynodon dactylon* (L.) Pers.，附图 8] 别名百慕大草、铁丝草、扒根草、爬根草、绊根草等。在世界热带、亚热带和温带随处可见，我国广泛分布于黄河以南地区，黄河以北的东北、华北、西北也均有分布，典型的世界广布型禾草。

（1）识别要点。禾本科狗牙根属多年生草本。具根茎，须根细而坚韧，匍匐茎平铺地面或埋入土中，圆柱状或略扁平，光滑、坚硬，节处向下生根，两侧生芽发育成抽穗枝，上部数节直立，光滑、细硬，株高 10~30cm。叶鞘稍松，茎基部因节间较短，叶鞘丛密。叶片平展，披针形，心叶折叠，叶基部近叶舌处有丝状毛。叶舌纤毛状。穗状花序。

附图 8　狗牙根

（2）习性。高度耐热，日均温达到 24℃或以上时，生长旺盛，其中有的品种能耐持续的 40~45℃的高温；日均温降到 6~9℃时，生长缓慢，趋于停顿；日均温降至−2~3℃时，地上部分茎叶枯黄或枯死，以其根状茎、埋入土中的匍匐茎以及休眠冬芽越冬。−15℃时，则影响越冬器官的生存率。年降水量 600~1 800mm 地区，广泛生长；干旱与半干旱地区则分布在江河沿岸。能抗较长期的干旱，但怕浅层淹水和渍水，尤其与高温交加，易窒息而死。喜光，不耐阴。具有广泛的土壤适应性，从沙土至重黏土，都能生长，耐肥也耐瘠薄，但以排水良好、pH6.5~7.0 的湿润土壤最佳。

狗牙根在南、北回归线之间，一年四季常绿；越过回归线，则为夏绿，绿期随纬度的升高而缩短，如，我国广州、深圳一带为常绿；在温州一带，绿期 300~365d；上海、南京、杭州一带，绿期 270d 左右；北京地区仅为 180d 左右。

狗牙根已被公认为最引人的一种优良草坪草种，其使用范围十分广泛，但不适宜于低培育管理或不管理，又要求保持相当景观效益的草坪。值得注意的是，未经改良、选择的狗牙根，形成的草坪粗松，但对肥水的要求极低。

狗牙根的改良品种通常针对野生植株节间长、质地粗糙以及耐践踏，耐旱、耐寒、耐盐渍等性状的不足，予以选育、改良。

此外，用于草坪的本属植物还有非洲狗牙根（*C. transvaanlensis*）、布拉德雷氏狗牙根（*C. Bradleyitent*）、买格尼斯狗牙根（*C. trnagenisitharcombe*）等，均原产于非洲热带。

2. 天堂草（*Cynodon dactylon* × *C. transvadlensis*）　又名杂交狗牙根、杂交天堂草。是非洲狗牙根与普通狗牙根（*Cynodon dactylon*）杂交后，并在其子一代的杂交种分离选出。杂交狗牙根主要性状除了保持狗牙根原有的一些优良性状以外，还具有叶丛密集、低矮、色绿而细弱，根状茎节间短等特点。又能耐频繁的修剪，践踏后易复苏，长江流域以南绿期一般280d。在华南建植时绿色期更长，它不仅耐寒性强，病虫害少，而且能耐一定的干旱。由于其优良的特性，在推广应用过程中发现，大部分地区建植的天堂草草坪只要养护得当，均能获得比当地狗牙根更优良的草坪。

主要用营养繁殖，方法同狗牙根。由于繁殖系数大，因此易于推广，一般形成的草坪均需精细养护，才能保持平整美观。尤其是夏秋生长旺盛期内，必须定期修剪，高度为1.3～2.5cm，则有利于控制其匍匐茎的向外延伸。由于修剪次数的增多，水肥管理也要相应增加。

天堂草是较好的运动场及娱乐场地的绿化材料，广泛适用于各种运动与休闲草坪。常用品种有：天堂328、天堂419、天堂57和矮生天堂草等。

（二）结缕草属（*Zoysia* Willd.）

禾本科植物，共50多种，其中结缕草、中华结缕草、细叶结缕草和沟叶结缕草常用于草坪建植。

1. 结缕草（*Zoysia japonica* Steud，附图9）　别名日本结缕草、老虎皮草、锥子草、延地青、大爬根、虎皮草。分布于我国辽宁、河北、山东、江苏、安徽至浙江中部，以及朝鲜、日本，多生于滨海、路边、河岸、丘陵。

（1）识别要点。禾本科结缕草属多年生草本。具直立茎，一般秆高12～15cm，秆淡黄色。须根较深。具坚韧的地下根状茎及地上爬地生长的匍匐枝，并能节节生根及节部分生新的植株。叶片革质，扁平，具一定的韧度，表面有疏毛，较粗糙。叶舌不明显，有白柔毛。

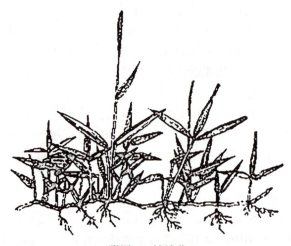

附图9　结缕草

总状花序，结实率较高，成熟后易脱落，种子表面附有蜡质保护物，不易发芽。

（2）习性。耐热，又耐寒。−20℃能安全越冬。耐湿，中等耐旱，不耐湿热。喜光，不耐阴。对土壤要求不严，但喜深厚肥沃排水良好的沙壤土。pH5.5～7.5范围能适应。夏绿，绿期于哈尔滨130d左右，上海、南京、杭州一带260d左右，成都地区280d左右。

2. 中华结缕草（*Zoysia sinica* Hance，附图10）　又名老虎皮。本种与结缕草在植株形态上很难区分，主要凭小穗形态区别鉴定。分布区与结缕草大部重叠，但一直分布至香港、海南以及东南亚和南亚,可见,该草种较结缕草更耐热、湿。

在中华结缕草与结缕草重叠分布区内,虽也可以见到它们各自的单种群落,但常见的是两者的混生群落,形成的自然草坪无不均一的感觉。

附图10 中华结缕草

附图11 沟叶结缕草

3. 沟叶结缕草［*Zoysia matrella*（L.）Merr.,附图11］ 别名马尼拉草、台湾草等。广布于亚洲和澳洲热带以及相邻的亚热带地区,多生于海岸沙地。我国分布于海南、台湾、福建、广东、广西以及云南一带,1990年后,逐步北引至青岛。属热带型。

（1）识别要点。禾本科结缕草属多年生草本。沟叶结缕草在结缕草属中属于半细叶类型,叶的宽度介于结缕草与细叶结缕草之间,叶片宽度2mm左右,叶片细长披针形,叶片表面内陷,形似沟状,心叶卷曲。总状花序,短小。

（2）生态习性。喜热,较耐寒,短期-8℃不影响越冬器官的安全越冬,-13℃影响越冬器官的安全,冻死或冻伤,冻伤的植株至次、后年陆续死亡。喜湿,较耐旱。喜光,不耐阴。对土壤要求不严,在pH 5.5~7.5范围内,适应生长,比较耐盐。热带常绿,进入亚热带则为夏绿,绿期随纬度升高而缩短,上海、南京一带绿期260d左右,青岛180~190d,北京露地栽培不能越冬。

4. 细叶结缕草（*Zoysia tenuifolia* Will. ex Trin,附图12） 别名天鹅绒、绒毡草、朝鲜草、天鹅绒芝草、朝鲜芝草等。分布于亚洲、非洲热带。

（1）识别要点。禾本科结缕草属多年生草本。通常呈密集丛状生长,叶丛可高达10~15cm,茎秆纤细,具地下匍匐茎及地上爬地生长匍匐枝,能节间生根及萌

附图12 细叶结缕草

发新植株,须根多,浅生。叶片线形,内卷,长 2~6cm,宽 0.5mm。总状花序,顶生。

(2) 生态习性。喜热,较耐寒,短期-15℃不影响越冬器官的安全越冬。喜湿,较耐旱,叶片内卷成针状,可明显减少蒸腾。喜光,不耐阴。对土壤要求不严,在 pH5.5~7.5 范围内,适应生长,比较耐盐。热带常绿,进入亚热带则为夏绿,绿期随纬度升高而缩短。北京、西北地区露地种植不能越冬。

(三) 假俭草属 (*Eremochloa* Bueese)

禾本科多年生植物,含 10 个种,目前仅假俭草用于草坪建植,主要分布于热带和亚热带。

假俭草 [*Eremochloa ophiuroides* (Munro) Hack,附图 13] 别名苏州草、百脚草、蜈蚣草、爬根草、大爬根草、扒根草、中国草坪草等。分布于我国苏、浙、皖、鄂、台、粤、桂、川、黔、赣、琼以及中南半岛。主要生长在比较潮湿的山坡、路旁、草地。现已为世界各地引种。

附图 13 假俭草

(1) 识别要点。多年生草本植物。株丛低矮,高 10~15 cm,具有贴地生长的匍匐茎,形似爬行的蜈蚣,故又称为蜈蚣草。秆自基部直立,常基生,压扁状。叶片线形偏平,基部有疏毛,先端略钝,心叶折叠。总状花序顶生。

(2) 生态习性。喜热,较耐寒。温度降至 10℃,叶色由绿色逐渐染红而成特殊的紫绿色,-15℃下可保证越冬器官安全越冬。喜湿,但相对怕旱。喜阳,耐阴。湿润、疏松的沙质土壤生长发育良好;贫瘠的粗质土壤也能生长,但需肥水补充,故名"假俭"。耐盐性较差。喜酸性土壤。热带地区常绿;亚热带地区夏绿,并随纬度的升高绿期缩短,上海绿期 250~260d,南京绿期 230~250d,连云港 200d 或略短。

(3) 栽培管理要点。该草叶片肥壮,质地坚韧,生长迅速,再生能力强,耐践踏,耐修剪,又耐粗放管理,并具有很强的吸附灰尘的能力。

假俭草既可以种子繁殖又可以营养繁殖,采种后,次年春季播种,发芽率较高。适宜发芽温度为 20~35℃ 单播种子用量为 16~18g/m²。条播行距 20~30cm,播后覆土 0.5~1.0cm,保持土壤湿润,10~16d 出苗,60d 左右成坪。营养繁殖可采用散铺草皮块、匍匐茎扦插、匍匐茎撒播等方法。1m² 种草可扩繁 6~8m²。草坪,播后加强管理,40d 左右可建成新草坪或草圃,该草平整均一,作为园林游憩草坪,可免修剪或少修剪;如作运动场草坪每年可修剪 10~15 次,即 4 月份 1 次,5~8 月每 10~15d 修剪 1 次,9 月份修剪 2 次,勤剪时平整美观,并使草坪产生良好的弹性。

假俭草是我国南方的优良草坪草种。可用以建植各类运动场草坪、园林游憩草坪、观赏草坪、飞机场草坪、水土保持草坪、厂矿抗 SO_2 和灰尘污染草坪等。

(四)地毯草属(*Axonopus* Beau.)

禾本科多年生草本,含10个种,目前常应用地毯草和近缘地毯草建植草坪。

地毯草〔*Axonopus compressus*(Swartz)Beau.,附图14〕 别名大叶油草、热带地毯草。主要分布在西印度群岛、美国东南沿海平原及中、南美洲热带。我国广东、海南、台湾省也有生长于荒野、道旁等潮湿处。

(1)识别要点。禾本科地毯草属多年生草本植物。株丛低矮,具匍匐茎,秆扁平,节上密生灰白色柔毛,高8~30cm。叶片柔软,翠绿色,短而钝,长4~6cm,宽8mm,属于阔叶类暖季型草种。穗状花序。

(2)生态习性。适合热带与亚热带地区生长,高温多湿生长最佳,旱季或冬季少雨,生长甚少。能耐短期涝、渍。喜光,耐阴,郁闭度达70%的乔木林下,叶色浓绿。特别适于排水良好的沙土、沙壤土。能在pH 4.5~7.2的范围内生长。热带地区常绿,亚热带夏绿。南京地区试种,或为一年生,或为短期多年生,数年后消亡。

附图14 地毯草

(3)栽培养护要点。地毯草既可进行种子繁殖,又可进行营养繁殖建坪。播种繁殖在3~6月均可进行,种子发芽适宜温度为20~35℃,单播播种量为6~10g/m²。播时应细致整地,施足基肥,条播、撒播均可,播后覆土1cm左右,保持土壤湿润,10~15d出苗,50~60d可形成新草坪。营养繁殖可采用草皮块散铺、分株栽植、匍匐茎扦插、匍匐茎撒播等方法,5~7月均可进行。

地毯草生长迅速,匍匐枝互相交错拥挤,草层过厚时易引起下层枝叶枯黄。因此,要及时修剪,一般每月修剪3~4次,留茬高度3~4cm。该草易发生锈病,修剪后不要立即灌水,以免病害侵入。

地毯草是我国华南地区的主要暖季型草种之一。该草生长快、草姿美、耐修剪、耐阴和耐践踏。可用于建设运动场草坪、园林专用草坪、林下草坪、游憩草坪、飞机场草坪、水土保持草坪、高速公路草坪。

(五)雀稗属(*Paspalum* L.)

共有300多种,其中应用于草坪的有百喜草、双穗雀稗、海滨雀稗等。

1. 百喜草(*Paspalum notatun* Flugge,附图15) 又名巴哈雀稗。属禾本科雀稗属多年生草本植物,为暖季型草种。

(1)识别要点。百喜草叶片基生,平展或折叠,边缘具有短柔毛,叶片扁平且宽,茎秆粗壮。根系发达,种植后当年根深可达1.3m以上,并且具有强劲粗壮的短匍匐茎,是世界著名的多用型水土保持草种。

(2)生态习性。百喜草具有适应性广,抗逆性强,生长迅速,能耐一定程度的高温和干旱、耐修剪、耐践踏、较耐阴、抗微霜,该草性喜温暖湿润的气候,在年降水量超过1 000mm的地区长势最好,在稀土矿沙地或风沙化土地上,种植第二年单株产生的匍匐茎分蘖多达30

多个，能形成致密的草皮，有效限制其他杂草的侵入。由于百喜草匍匐茎紧贴地表，根系深，穿透力强，对土壤有一定的固着力，所形成的草皮能有效拦截雨水并使其下渗入土，使得土壤的含水量增加，因而具有较强的防止土壤冲刷和固土护坡的能力，尤其在缓坡地上表现出相当好的水土保持效果。此外，百喜草比狗牙根对土壤的适应性要广，在干旱贫瘠、土壤 pH 为 4.6～6.0 的酸性红壤土、黄壤土上都能生长良好。耐水淹性强，抗旱。在肥力相对较低的干燥土壤和沙质较多的土壤上，其生长能力比其他多数禾本科植物都强。百喜草抗病虫害能力尤其强，最适合在贫瘠土壤中栽植。

百喜草类型繁多，主要栽培品系有 Pensacola、Argentine、Tampa、Wilmington、Tifton - 7、Tifton - 9、Wallace、Parayuay 等。通常，人们还根据叶的宽度将百喜草分为两类：其中把叶宽小于 0.65cm 的称为窄叶种，大于

附图15　百喜草

0.65cm 的称为宽叶种。我国引进的百喜草品系多为窄叶型的 Pensacola，窄叶品系的耐寒、耐阴性强于宽叶种。

（3）栽培要点。百喜草强大的固土能力以及耐贫瘠的特性使得百喜草成为在南方广泛用于水土保持的草种之一。除此之外，百喜草还可以用作草坪、牧草、生态恢复等。百喜草的种子卵圆形，有密封的蜡质颖苞，播种时要划破种皮。播种量 10～15g/m²。另外，要特别注意百喜草发芽的适温为 20～35℃。一定要在适宜的温度下播种，低温下播种百喜草不萌发。

2. 双穗雀稗（*Paspalum distichum* L.，附图16）　别名水扒根、水爬根等。分布于热带，我国产于华南、云南和长江中下游。习见于路边、水边、湿地，形成茂盛的单种自然群落。

禾本科雀稗属多年生草本。有根茎，株高 20～60cm。茎秆粗壮，直立可斜生，下部茎节匍地易生根，节上常有毛。叶片线状，扁平；叶鞘边缘常有纤毛。叶舌长 1.0～1.5mm。总状花序，生于秆顶，小穗两边排列，椭圆形。

3. 海滨雀稗（*Paspalum vaginatum* Swartz）海滨雀稗最早在澳大利亚作为草坪草应用，它适于热带和亚热带气候，南非、澳大利亚的海滨和美国从得克萨斯州至佛罗里达州的沿海都有野生。

海滨雀稗具有匍匐茎和根茎。经过修剪留茬高度 4.5cm 或更低时，可以提供非常稠密的优质草坪，其深绿的颜色可与早熟禾媲美。它的突出特点是具有很强的抗盐性，甚至可以用海水进行灌溉。生长于盐湖周围，不同品种适应的土壤 pH 范围可达 3.6～10.2。耐旱性强于大多数暖季型草坪草；

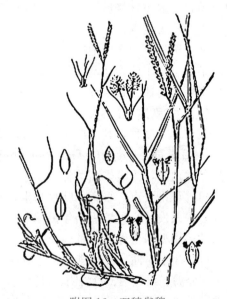

附图16　双穗雀稗

同时耐水淹，耐阴湿，耐贫瘠的土壤。抗病虫害，但在养护过程中也需要利用化学制剂、除草灭虫防病等管理措施。不耐遮阳，抗寒性比狗牙根差。

可种植在海滨的沙丘地区，用于水土保持。近年来培育出的海滨雀稗的新品种具有耐低修剪的特性，修剪高度可达 3～5mm。可以用于高尔夫球场的球道、发球台和果岭。

（六）野牛草属（*Buchloe* Engelm）

野牛草（*Buchloe dactyloides* Engelm.，附图 17）别名水牛草、牛毛草。分布于北美洲半干旱地区，我国及世界各地均引种栽培。

（1）识别要点。禾本科野牛草属多年生草本植物。具根状茎或细长匍匐枝。秆高 5～25 cm，较细弱。叶片线形，长 10～20cm，宽 1～2 mm，两面均疏生有细小柔毛，叶色绿中透白，色泽美丽。花雌雄同株或异株，排成总状。

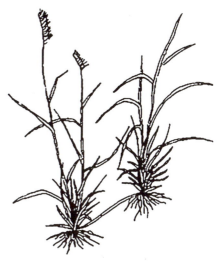

附图 17　野牛草

（2）栽培要点。野牛草目前已成为我国北方地区推广面积最大的草坪草种之一。耐寒又耐热，在东北、西北地区，−39℃仍能顺利越冬；南京地区连续 17d 35℃以上高温无须灌溉，生长正常。耐旱力极强，2～3 个月严重干旱，仍能维持生长。具一定的耐湿能力，但怕淹和渍，尤其在高温交加的情况下，往往导致青枯、死亡。病虫危害较少。喜阳，但耐阴性较强，郁闭度达到 70%～85%，尚能生长。耐盐，土壤 NaCl 含量 0.8%～1%、pH 8.2～8.4 的盐土，仍能正常生长。耐瘠薄。北京地区夏绿，绿期 180d 左右，有的年份"两黄"，即在冬季和春夏之交，两次黄枯休眠，绿期仅余 150d 左右。南京地区也是夏绿，绿期 230～240d。但无论北京、南京，都始终是长期多年生禾草。

三、其他草坪草

（一）白三叶草（*Trifolium repens*，附图 18）

别名白三叶、白车轴草、荷兰翘摇等，豆科（Leguminosae）三叶草属植物。原产于亚、非、欧三洲交界之温暖地带，该草及其变种是世界上分布最广的一种豆草，我国亦广为分布，目前中国黑龙江、新疆、云南、贵州地区均有野生资源发现。该草为世界广布型。

（1）识别要点。白三叶草株丛低矮，株高仅为 15～25cm，主根较短，侧根、不定根发达，集中分布在表层 15cm 以内。根部分蘖能力及再生能力极强。匍匐枝爬地生长，节间着地生根并萌生新芽。掌状三出复叶，叶柄细长。小叶倒卵形或心脏形，叶缘有细锯齿，叶面中央有 V 形白斑。托叶细小，膜质，包于茎上。头形总状花序，着生于自叶腋抽出的比叶柄长的花梗上，小花众多。

（2）生态习性。喜温凉、湿润气候，不耐干旱与渍水，年降水量 800～1 000mm 地区生长良好。种子在 1～5℃下萌发，最适为 19～24℃。−25℃积雪 20 cm，时间 1 个月能安全越冬。月均温大于 35℃，短期 39℃仍能安全越夏。喜阳，有明显的向光性运动，但具一定的耐阴性。适应 pH 4.5～8 的土壤，pH 6～6.5 时最有利于根瘤的形成。种子落地有相当的自繁能力，匍匐茎扩展时的营养繁殖能力甚强，所以，一旦形成"草坪"或"地被"，只要注意保护开花结实，促进匍匐茎扩展，则越长越茂盛。茎、叶多汁，践踏或坐卧后，绿色汁液不仅能染颜衣服，而且使草坪滑腻，故一般只用作封闭草坪或地被。

南京地区的绿期，因品种而异，有的为常绿。

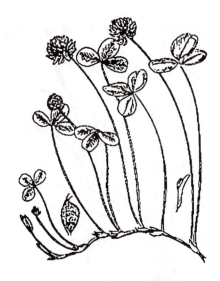

附图 18　白三叶

附图 19　马蹄金

（二）小花马蹄金（*Dichondra micranthus* Urban，附图 19）

别名马蹄金、小马蹄金、金马蹄金、荷包草、肉馄饨草、玉馄饨草、金钱草等。欧洲、美国南部、新西兰等广泛用于观赏草坪和交通安全草坪，世界广布型长期多年生草本。我国江、浙、赣、闽、湘、粤、桂、滇、台亦有分布。

（1）识别要点。旋花科马蹄金属。具匍匐茎，节着地生根，新老交织。叶扁平，基生于根部，具细长叶柄，叶片肾形，近圆形，能密覆地面。

（2）生态习性。喜光及温暖湿润气候，耐阴性很强。对土壤要求不严，但在肥沃之处，生长茂盛。缺肥时叶色黄绿，覆盖度下降。能耐一定低温，华东地区栽培，冬季最冷时，上层部分叶片表面变褐色，但仍能安全越冬。能安全越夏，基本常绿，但因当年气候，夏绿或"两黄"。耐旱力不强。

（三）麦冬类

麦冬类包括了百合科的多种植物，如麦冬、土麦冬和阔叶麦冬。麦冬类植物并不完全符合草坪草的特征，它介于典型的草坪草和其他地被植物之间，但许多人习惯上把它们作为草坪应用。由于该类植物具有比较广泛的适应性，在园林绿地建设中得到了比较广泛的应用。

麦冬类植物耐低养护管理，在密度要求不高的情况下也能形成较好的地面覆盖。

1. 麦冬［*Ophiopogon japonicus*（L. f.）Ker-Gawl.，附图 20］　又名沿阶草。但它与植物学上的沿阶草（*Ophiogon bodinieri* Levl.）并不是同一种植物，应用时应注意区分。麦冬分布于东南亚、印度和日本。在我国除华北、东北、西北外，其他省区均有分布。生于海拔 2 000m 以下的山坡林下或溪旁等地，为多年生常绿草本植物。须根较粗壮，根的顶端或中部常膨大成为纺锤状肉质小块根。叶丛生于基部，狭线形，叶缘粗糙，长10～30cm，宽 1.5～3.5mm。花茎常低于叶丛，稍弯垂，总状花序短小，小花淡紫色，5～9 月开花。果为浆果，蓝黑色。

2. 土麦冬（*Lirope spicata* Lour.） 又名山麦冬，分布于越南和日本，在我国的华北、华东、华中、华南、陕西、四川、贵州广泛分布。生于海拔 50～1 400m 的山坡、山谷林下、路旁湿地，为矮小簇生草本，根稍粗，有时分枝多，近末端常膨大呈矩圆形、椭圆形或纺锤形的肉质小块根。根状茎短、木质，具地下匍匐茎。叶基生成丛，禾叶状，长 25～60cm，宽 4～6mm。花茎长于叶丛或与叶丛等长，少数短于叶。总状花序长 6～20cm，花淡紫色或淡蓝色。花期 5～6 月，果为浆果，果 10～11 月成熟，果黑色下垂。

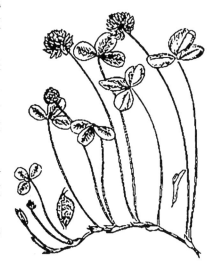

附图 20 麦 冬

3. 阔叶麦冬（*Lirope platyphylla*） 又名大叶麦冬，阔叶沿阶草。分布于广东、广西、福建、江西、安徽、浙江、江苏、山东、河南、湖南、湖北、四川、贵州等地。日本也有分布。生于海拔 100～1 400m 的山地林下或潮湿处。

（1）识别要点。为多年生常绿草本，株高 30cm 左右。根细长，分枝多，有时局部膨大呈椭圆形或纺锤形的肉质小块根，根状茎短、木质。叶基生密集成丛，禾叶状，长 25～65cm，宽 10～35mm，革质。花茎长于叶丛。总状花序长 25～40cm，花紫色或红紫色。花期 6～9 月，果 9 月中旬成熟，浆果紫蓝色。

（2）生态习性。麦冬类草坪草喜温暖湿润气候，适生于年降水量 1 000mm 以上，年平均气温 16～17℃ 的地区。较耐寒，遇冬季 －10℃ 低温植株不会受到冻害，在常年气温较低的山区和华北地区亦能正常生长。耐阴，能在荫蔽条件下，生长良好，叶色亮绿，生长旺盛，但是强阴易引起地上部分徒长。在强光而干旱时叶片粗短，叶尖发黄。宜土质疏松、肥沃、微碱性而排水良好的壤土和沙壤土。在积水、重沙、重黏壤土上生长不良。耐热和耐灰尘性能强，不耐践踏。

（3）栽培要点。主要采用分株繁殖，分株繁殖在冬、春、秋季均可进行。种苗用量为 1 100～1 500g/m²，株行距 15～25cm，每穴栽植 8～10 株，栽植深度 3～4cm。栽植前应深翻整地，翻土深度为 20～25cm。栽植时将叶片和须根短切，留叶长度 4～6cm，留根长度 3～4cm，栽前用清水将苗浸 2～3h，这样有利生根发苗。

在雨水过多时，沿阶草易染黑斑病，防治的方法是早晨露水未干时撒草木灰 150g/m²，或修剪病叶后喷施波尔多液。每隔 10～14d 1 次，连续 3～4 次，防治效果良好。

麦冬类草坪草四季常绿、草姿优美，在全光和遮阳条件下均能良好生长，耐热抗尘，管理粗放，取材方便，是优良的观赏草坪和疏林草坪、地下植被草种。

附录2 长江中下游地区常用草坪草种介绍

一、长江中下游地区草坪草种的主要类型

主要类型

二、长江中下游地区常用的冷季型草坪草介绍

| 1. 高羊茅 | 2. 紫羊茅 | 3. 草地早熟禾 |
| 4. 一年生早熟禾 | 5. 黑麦草 | 6. 匍茎剪股颖 |

三、长江中下游地区常用的暖季型草坪草及其他乡土草坪草介绍

1. 百慕大　　　　2. 结缕草　　　　3. 沟叶结缕草

附录 2　长江中下游地区常用草坪草种介绍

4. 假俭草

5. 地毯草

6. 海滨雀稗

7. 百喜草

8. 野牛草

9. 小花马蹄金

参 考 文 献

陈佐忠.2000.面向二十一世纪的中国草坪科学与草坪业[M].北京：中国农业出版社.
韩烈保.1999.高尔夫球场草坪[M].北京：中国林业出版社.
何芬,傅新生.2011.园林绿化施工与养护手册[M].北京：中国建筑工业出版社.
黄巧云.2006.土壤学[M].北京：中国农业出版社.
强秦.2004.土壤与植物营养[M].西安：西安地图出版社.
任继周.2008.草业大辞典[M].北京：中国农业出版社.
石伟勇.2005.植物营养诊断与施肥[M].北京：中国农业出版社.
孙吉雄.2008.草坪学[M].3版.北京：中国农业出版社.
孙彦.2001.草坪实用技术手册[M].北京：化学工业出版社.
王乃康,茅也冰,赵平.2000.现代园林机械[M].北京：中国林业出版社.
许志刚.2009.普通植物病理学[M].4版.北京：高等教育出版社.
袁明霞,刘玉华.2010.园林技术专业技能包[M].北京：中国农业出版社.
张自和,柴琦.2009.草坪学通论[M].北京：科学出版社.
周兴元,刘国华.2006.草坪建植与养护[M].北京：高等教育出版社.
周兴元,刘南清.2011.草坪建植与养护[M].南京：江苏教育出版社.

读者意见反馈

亲爱的读者：

　　感谢您选用中国农业出版社出版的职业教育规划教材。为了提升我们的服务质量，为职业教育提供更加优质的教材，敬请您在百忙之中抽出时间对我们的教材提出宝贵意见。我们将根据您的反馈信息改进工作，以优质的服务和高质量的教材回报您的支持和爱护。

　　地　　　址：北京市朝阳区麦子店街18号楼（100125）
　　　　　　　　中国农业出版社职业教育出版分社
　　联系方式：QQ（1492997993）

教材名称：_____　　ISBN：_____

个人资料

姓名：_____　所在院校及所学专业：_____

通信地址：_____

联系电话：_____　电子信箱：_____

您使用本教材是作为：□指定教材□选用教材□辅导教材□自学教材

您对本教材的总体满意度：

　从内容质量角度看□很满意□满意□一般□不满意

　　改进意见：_____

　从印装质量角度看□很满意□满意□一般□不满意

　　改进意见：_____

　本教材最令您满意的是：

　□指导明确□内容充实□讲解详尽□实例丰富□技术先进实用□其他_____

　您认为本教材在哪些方面需要改进？（可另附页）

　□封面设计□版式设计□印装质量□内容□其他_____

　您认为本教材在内容上哪些地方应进行修改？（可另附页）

_____

_____

本教材存在的错误：（可另附页）

第_____页，第_____行：_____　应改为：_____

第_____页，第_____行：_____　应改为：_____

第_____页，第_____行：_____　应改为：_____

您提供的勘误信息可通过QQ发给我们，我们会安排编辑尽快核实改正，所提问题一经采纳，会有精美小礼品赠送。非常感谢您对我社工作的大力支持！

欢迎访问"全国农业教育教材网"http://www.qgnyjc.com（此表可在网上下载）

欢迎登录"中国农业教育在线"http://www.ccapedu.com查看更多网络学习资源

图书在版编目（CIP）数据

草坪建植与养护/周兴元主编.—2 版.—北京：中国农业出版社，2019.11（2023.12 重印）

"十二五"职业教育国家规划教材　经全国职业教育教材审定委员会审定　高等职业教育农业农村部"十三五"规划教材

ISBN 978-7-109-26194-5

Ⅰ．①草… Ⅱ．①周… Ⅲ．①草坪－观赏园艺－高等职业教育－教材 Ⅳ．①S688.4

中国版本图书馆 CIP 数据核字（2019）第 242724 号

中国农业出版社出版

地址：北京市朝阳区麦子店街 18 号楼
邮编：100125
责任编辑：王　斌
版式设计：张　宇　　责任校对：沙凯霖
印刷：北京中兴印刷有限公司
版次：2014 年 8 月第 1 版　2019 年 11 月第 2 版
印次：2023 年 12 月第 2 版北京第 3 次印刷
发行：新华书店北京发行所
开本：787mm×1092mm　1/16
印张：14　　插页：4
字数：340 千字
定价：49.00 元

版权所有·侵权必究
凡购买本社图书，如有印装质量问题，我社负责调换。
服务电话：010-59195115　010-59194918